はじめに

　日本全国の算数・数学好きの皆さん，こんにちは．算数仮面です．私たちが，算数仮面として活動を始めたのは 2008 年のことで，今年は活動 10 年目の節目に当たります．私たちが活動を始めた頃の問題意識をお話したいと思います．首都圏では多くの小学生が，タイトルマッチ（中学入試）を目指して塾に通い勉強しています．彼らは日々頑張っていて，たくさんの練習問題やドリルに取り組んでいます．たくさんの問題を解いて頑張っているのであるから，さぞや学力が上がっているのではないかと思いきや，実は塾側の都合に合わせたさほど意味のないドリルを解かされ苦役を強いられている場合が多い，という事実を私たちは憂いていたのです．「受験対策」の名のもとに，算数の問題を分類して，類型ごとの問題解法を教え込み，類題を繰り返して徹底的に訓練を積む．このように鍛え込まれた受験戦士が無事に中学校に合格したあと，科目名が「数学」に変わったあとの学習で何が起きているのか，私たちは熟知しています．大量のドリルプリントを「消費」することに慣れてしまった子どもたちは，テストの点数が上がることと引き換えに，自分の脳で新たな概念を学び獲得していく真の知力を失っているのではないか．そう，悪の組織から送り込まれた「暗記仮面」に支配されてしまうような事象が，少なくありません．子どもたちの学びにおいて「覚えること」の必要性には疑いがないのですが，「意味も分からずに覚えこむ」ことの弊害が，閾値を超え始めているのではないか，という危惧感です．

　私たちは，算数の勉強を，もっと中学校以降の数学の学びにつながるような，意味のある正しい学習法を広めていく必要性を強く感じていました．このまま，多くの有為な子供たちが，暗記仮面に支配され，才

能を伸ばしきれない様子を看過することはできない．そして初代および弐代目の2人の算数仮面が立ち上がったのです．

　私たちはミーティングを重ねて，正しい算数の学習とは何かを再定義する教材を提示し，それらをプリパスの教室で『闘う算数・ジュニアヘビー級講座』『同・ヘビー級講座』として実践に移しました．また，考えるとはどういうことか，を子供たちに伝えていくために，思考と解法のプロセスを詳細に分析した『解法の連写術』講義も世に問いました．またスーパー・ハイレベルな中学入試問題に立ち向かっていくためには，問題の解き方を覚えまくるような，記憶力に頼った学習では太刀打ちできないとの思いから，『秒殺の世界』講義と『殿堂入りの数学』をリリースしました．とくに後者の書籍では，最高峰レベルの中学入試問題が，まさに中学校・高校から大学へと学び続ける「数学の道」へとつながっていることを示すために，具体的なエビデンス（証拠）を逐一示しながら執筆しました．

　これらの講義と執筆の経験をもとに，『理系への数学』誌上において，『算数MANIA』の連載を24ヶ月にわたり行いました．連載当時，多くの読者の支持をいただくことができました．今回，算数仮面としての活動10年目の節目において，『算数MANIA』をリリースできることになったのは初代・弐代目算数仮面の大いに喜びとするところであります．覆面の貴講師として活動する私たちを受け入れてくれた現代数学社の富田淳社長の英断には心から敬意を表するものであります．本書がリリースされることによって，意味のある将来の学習につながるような「正しい算数」を学びたいという小学生諸君・保護者の皆様，また本当の意味で学力がつく指導を実践したいと考えていらっしゃる算数の指導者の皆様に本書が届くことを，大変うれしく思っています．ぜひ，本書の問題と格闘を重ね，数学格闘家として強くなっていく道の第一歩を踏み出していただけることを祈念しています．

2017年1月吉日

初　代算数仮面

弐代目算数仮面

目　次

はじめに ……………………………………………………………………… i

Round 1　円周率の研究 ── π は 3 ではない ……………………… 1
1. 円周率はおよそ 3 だと国家が認めた …………………………… 1
2. この一題 …………………………………………………………… 2
3. 円に内接する多角形を使う ……………………………………… 3
4. 微積分の技法を使う ……………………………………………… 6
5. 算数の世界で闘う ………………………………………………… 10
6. 円周率騒動の後日談 ……………………………………………… 12

Round 2　ベクトルの回転 ── まわれ大車輪 …………………… 15
1. 文系の高校生から回転の道具が奪われた ……………………… 15
2. オイラーの公式へ ………………………………………………… 18
3. 算数の世界の回転移動 …………………………………………… 21

Round 3　図形の回転 ── バック転キックとローリングソバット … 29
1. 小学生は何でも回転させる ……………………………………… 29
2. バック転キック …………………………………………………… 34
3. ローリングソバットで秒殺する ………………………………… 37

Round 4　定点の通過 ── ローリングソバットの使い手 ……… 41
1. 回転させるには回転中心が必要 ………………………………… 41
2. 平均するにも回転中心は存在する ……………………………… 47
3. ローリング・ソバットの神髄 …………………………………… 50

Round 5　光と影 ── リングを照らすスポットライト ………… 55
1. 点光源と影の間に相似あり ……………………………………… 55
2. 算数の世界の「動く点光源」 …………………………………… 61
3. 小学校から相似が奪われた ……………………………………… 67

iii

Round 6　反射 ──電光石火のロープワーク攻撃　73
1. ビリヤードで正確なショットを決めよう　73
2. リング内のロープワーク攻撃　75
3. 進化する反射の問題　81
4. ロープワーク攻撃から空中殺法へ　83

Round 7　正方形・正三角形・ルーローの三角形
　　　　　　──シンプルな図形たちの回転わざ　87
1. 初代算数仮面の顔の秘密　87
2. 折り紙を折る／重ねる　89
3. 三角形でもローリング・ソバット　93
4. ルーローの三角形　96
5. トライアングル・ドリル　99

Round 8　正五角形 ──黄金比と $\dfrac{\pi}{5}$ のゴールデンタッグ　103
1. 正五角形と黄金比の関係　103
2. $\cos\dfrac{\pi}{5}$ を求める　106
3. 正五角形の面積を求める　114
4. 中学入試における正五角形の面積問題　121

Round 9　正四面体・立方体・正八面体
　　　　　　──三位一体の正多面体　125
1. 翔べ！ フライング・ボディプレス　125
2. 立方体と正四面体のコンビ　127
3. 立方体と正八面体のコンビ　131
4. 廻れ！ 正八面体の回転体　138

Round 10　正十二面体・正二十面体 ──正五角形の包囲網　145
1. 正十二面体の中に潜む立方体　145
2. 正十二面体の体積を求める　150
3. 正二十面体の体積を求める　152

4. サッカーボールは球ではない!?　　　　　　　　　　　　　　　156

Round 11　球面　——世界地図を征服する　　　　　　　　　　　　163
　　1. 球面上の最短経路　　　　　　　　　　　　　　　　　　　163
　　2. 投影法のしくみ　　　　　　　　　　　　　　　　　　　　164
　　3. 大円経路を計算する　　　　　　　　　　　　　　　　　　168
　　4. 地球から宇宙へ　　　　　　　　　　　　　　　　　　　　172

Round 12　空間内の位置関係　——翔べ！宇宙へ　　　　　　　　　177
　　1. 日の出と日の入り　　　　　　　　　　　　　　　　　　　177
　　2. 日食と月食　　　　　　　　　　　　　　　　　　　　　　181
　　3. 衛星を観測　　　　　　　　　　　　　　　　　　　　　　186
　　4. 新型惑星が登場　　　　　　　　　　　　　　　　　　　　188

Round 13　数論編・序論　——数とおともだちになる　　　　　　　195
　　1. 末尾に並ぶ 0 の個数　　　　　　　　　　　　　　　　　195
　　2. 循環小数の世界　　　　　　　　　　　　　　　　　　　　198
　　3. 条件を満たす配列の数　　　　　　　　　　　　　　　　　200

Round 14　剰余　——余りを武器に大きな数とたたかう　　　　　　209
　　1. 剰余と周期性　　　　　　　　　　　　　　　　　　　　　209
　　2. 合同式　　　　　　　　　　　　　　　　　　　　　　　　211
　　3. べき乗を 10 or 100 で割った余り　　　　　　　　　　　213
　　4. 商についての規則性　　　　　　　　　　　　　　　　　　216

Round 15　互いに素
　　　　　　　——共通な素因数をもたないタッグ・チーム　　　219
　　1. 約数の和と単位分数分解　　　　　　　　　　　　　　　　225
　　2. 既約分数　　　　　　　　　　　　　　　　　　　　　　　219
　　3. オイラー関数　　　　　　　　　　　　　　　　　　　　　228
　　4. ユークリッドの互除法　　　　　　　　　　　　　　　　　231

v

Round 16　フィボナッチ数 ——神出鬼没な数論の貴公子　235
1. うさぎのつがい　235
2. 階段の昇り方　237
3. 剰余と周期性　240
4. 大学入試では　242
5. 集合の個数にも　246

Round 17　パスカルの三角形 ——三角形に潜む美の響宴　249
1. パスカルの三角形で遊んでみると　249
2. パスカルの三角形を立体化してみる　251
3. パスカルの三角形の偶奇性に注目する　254
4. パスカルの三角形の最大公約数に注目する　258

Round 18　規則性・周期性
　　　　——実験をくりかえし規則を見つけだす　261
1. 継子立て　261
2. 操作の繰り返し　268
3. 漸化式と周期性　270

Round 19　正三角形による平面充填
　　　　——縦横無尽に広がるトライアングル　275
1. 正三角形の頂点の移動　275
2. 正三角形の面の移動　276
3. 正四面体の移動　282

Round 20　ゲーム・パズル ——次の一手を見極める　291
1. チェスの駒の動き　291
2. 不可能性の証明問題　297
3. 碁石並べ　299
4. ハノイの塔　302

Round 21　カードシャッフル ——算術師からの切り札　307
　1．カードをきろう　307
　2．リフルシャッフル　310
　3．完全シャッフル　314
　4．分割シャッフル　316
　5．ルービックキューブ　319

Round 22　周回運動とダイヤグラム ——円周上のカーチェイス　323
　1．2地点の最短経路の長さの和の変化　323
　2．消えた!? ダイヤグラム　327
　3．相対的な位置関係　332

Round 23　相対的な位置関係 ——天動説派？地動説派？　341
　1．回れ，メリーゴーランド　341
　2．進化した"時計算"　343
　3．進化した"流水算"　347
　4．ドップラー効果　352
　5．プトレマイオスの天動説　354

Round 24　逆比 ——跳べ！フライング・クロスチョップ！　359
　1．「逆比」という飛び道具　359
　2．食塩水の濃度に関する問題　361
　3．最後の砦"ニュートン算"　364

あとがき　371

Round 1 円周率の研究
―― π は 3 ではない

　本書「算数 MANIA」は，数学を知る大人の眼から算数を楽しもうという企画だ．私＝初代算数仮面と，二代目算数仮面のタッグでお届けする．内容は，図形から数論・特殊算にわたるので，幅広く楽しんでいただきたい．

 1. 円周率はおよそ 3 だと国家が認めた

　まずは，「円周率 π」をテーマに取り上げる．

　小学校学習指導要領（平成 10 年 12 月，文部省告示第 175 号，平成 14 年度より施行）の第 2 章第 3 節「算数」には，驚くべき記述がある．

> (4)内容の「B 量と測定」の(1)のイ及び「C 図形」の(1)のエについては，**円周率としては 3.14 を用いるが，目的に応じて 3 を用いて処理できるよう配慮するものとする．**

　この記述は，かなりのインパクトをもって引用がくり返された．世間では「円周率が『約 3』になってしまった」と受け止められ，世の中の親たちは，子どもを公教育に預けても大丈夫かと心配した．

　ここで，「目的に応じて 3 を用いて処理できるよう配慮」という記述の背景をみてみよう．同じ学習指導要領の［第 5 学年］の別の箇所を

みてみると,「(2)内容の「A数と計算」の(3)のウについては,1/10の位までの小数の計算を取り扱うものとする.」という記述がある.小学校5年生では,小数の計算は,小数第1位までしか教えないということだ.そのため,円周率3.14という小数第2位の使用は「反則技」になってしまう.指導上の整合性をとるために,「目的に応じて3を用いて処理できるよう配慮」などという話になってしまったのである.

2. この一題

東京大学の出題は,文科省に皮肉を浴びせた.

> **問題** 円周率が3.05より大きいことを証明せよ.
> (2003年・東京大学・理系)

算数仮面の解説 まず問題となるのは,円周率の定義であろう.「大辞泉」の定義は次の通り.

> 円周の,直径に対する比.記号はπ(パイ)で表し,値は3.14159…で,ふつう3.14として計算する.

辞書上の定義では,4つの内容が述べられている.
① 円周の,直径に対する比(定義)
② 記号はπ(パイ)で表し(記法)
③ 値は3.14159…(数値)
④ ふつう3.14として計算(近似値)
ここでは①と③の区別ができていることが第一歩だ.この区別ができていないと,

【誤答例】「円周率は 3.14… であるから，明らかに 3.05 より大きい」

などという輩が出てくるかもしれない．この論理を勿体ぶったスタイルで表現すると，次のようになる．

(最高裁判所判決文風味の答案例)

「思うに，人類における円周率の真の値を求める営みは古今東西の伝統を有するものであって，これは普遍の慣習として尊重に値するものというべきところ……，本問においては小学生にまで広く知られた円周率の値に疑義を呈する点において歴史的意義を有し……，本件においては講学上，円周率の値は 3.141592…… であると解されており，このことは当裁判所の判例に照らしても顕著な事実であるところ……，この値の信頼性については疑義なしとせざるを得ないのであって……，かかる値が 3.05 より大きいとの自明の命題に疑いを向けることはできないといわなければならず，上告人の主張は原審および歴史上も定着した判断を徒に論難するものに過ぎず，所論は理由がない．」

大学入試の採点で，これと同様の論理を採る答案が一部に存在したであろうことは想像に難くない．

3. 円に内接する多角形を使う

▶解答 1 (円に内接する多角形の周の長さ)

半径 1 の円周の長さは 2π である．図において，(半円の円周) $> 4a$ である．

一方，余弦定理から，
$$a^2 = 1^2 + 1^2 - 2 \cdot 1 \cdot 1 \cos 45°$$
$$= 2 - \sqrt{2}$$

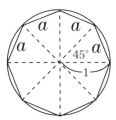

なので，$\pi > 4\sqrt{2-\sqrt{2}}$

すなわち，$\pi^2 > 32 - 16\sqrt{2}$

さらに，$\sqrt{2} = 1.4142\cdots < 1.415$ を用いて

$$\pi^2 > 32 - 16\sqrt{2} > 32 - 16 \times 1.415 = 9.36 > 9.3025 = 3.05^2$$

したがって，$\pi > 3.05$ が示された． ■

算数仮面の解説 最初の解答例では，円に内接する正8角形の周囲の長さを用いたが，誰しも最初に考えるであろう「内側からの近似」は，正6角形の周囲の長さを使うものだろう．

図のような正6角形を円に内接させてみると，正6角形の3辺分の長さ（図の太線部）が3であり，半円周の長さがで π あることから，$\pi > 3$ がわかる．

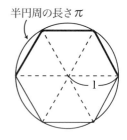

つまり，文部省が円周率を「目的に応じて3を用いて処理できるよう配慮」と言っているのは，「目的に応じて，円周の長さと，円に内接する正6角形の周囲の長さを，区別しなくてもよい」と言っているのと等しいくらいユルい近似なのである．

以上にみるように，正6角形では近似がゆるくてダメだと分かれば，次に考える（周囲の長さが計算可能な）多角形は正8角形であろう．さらに，正12角形あたりを考えると，近似の精度は向上する．半径1の円に内接する正12角形の周囲の長さを L とすれば，余弦定理から，

$$\left(\frac{L}{12}\right)^2 = 1^2 + 1^2 - 2 \cdot 1 \cdot 1 \cos 30° = 2 - \sqrt{3}$$

$$L^2 = 12^2(2-\sqrt{3}) = 72(\sqrt{3}-1)^2$$

$$L = 6\sqrt{2}(\sqrt{3}-1) > 6\cdots 1.41 \times 0.73 = 6 \times 1.0293 = 6.1758$$

一方，半径1の円周は 2π であり，$2\pi > L$ なので，

$$2\pi > L > 6.1758$$

$$\pi > 3.0879 > 3.05$$

が示される．一般に，半径 1 の円に内接する正 n 角形の周の長さを L_n とすれば，$L_n = 2n\sin\frac{\pi}{n}$ であり，n を大きくすることで，L_n は 2π に近づくはずである．実際，高校生レベルの極限の計算によれば，

$$\lim_{n\to\infty} L_n = \lim_{n\to\infty} 2n\sin\frac{\pi}{n} = \lim_{n\to\infty} 2\pi \frac{\sin\frac{\pi}{n}}{\frac{\pi}{n}} = 2\pi$$

▶解答 2 （円に内接する多角形の面積）

半径 1 の円と，これに内接する正 16 角形の面積を比較すると，

$$\pi > 16 \times \frac{1}{2} \cdot 1^2 \sin 22.5° = 8\sqrt{\frac{1-\cos 45°}{2}}$$
$$= 4\sqrt{2}\sqrt{1-\frac{\sqrt{2}}{2}} = 4\sqrt{2-\sqrt{2}}$$

（以下【解答 1】と同様）■

算数仮面の解説　今度は「面積」を利用することを考える．半径が 1 の円に内接する正 n 角形の面積 S_n を考えよう．

$$S_n = n \cdot \frac{1}{2} \cdot 1^2 \sin\frac{2\pi}{n} = \frac{n}{2}\sin\frac{2\pi}{n}$$

n を十分に大きくする極限をとれば，もちろん，

$$\lim_{n\to\infty} S_n = \lim_{n\to\infty} \frac{n}{2}\sin\frac{2\pi}{n} = \lim_{n\to\infty} \pi \frac{\sin\frac{2\pi}{n}}{\frac{2\pi}{n}} = \pi$$

となる．具体的な n の値のいくつかを調べよう．

$n = 6$ のとき；$S_6 = 3\sin\frac{2\pi}{3} = \frac{3\sqrt{3}}{2} = 2.59\cdots$

$n = 12$ のとき；$S_6 = 6\sin\frac{\pi}{6} = 3$

ここで面白いのは，半径が 1 の円に内接する正 6 角形の面積は無理数であるが，正 12 角形になるとその面積は有理数（今回は整数）になるということだ．これは，算数の視点からみると，正 6 角形の面積（無理数）を「算数」で求めることはできないが，正 12 角形の面積であれば求められるということだ．

実際，半径が 1 である円に内接する正 12 角形の面積を求めさせる中学入試問題（麻布中など）が出題されている．こんな具合に，簡単に解ける．

　図の斜線部の中に「三角定規の形（正三角形の半分）」を見つければ，三角形の底辺が 1，高さが $\frac{1}{2}$ と分かる．よって網目部の面積は $\frac{1}{4}$ であり，正 12 角形の面積は $\frac{1}{4} \times 12 = 3$ となる．

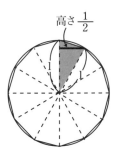

高さ $\frac{1}{2}$

　再び，S_n に戻ろう．$n = 16$ のとき；$S_{16} = 8 \sin \frac{\pi}{8}$ これを計算したのが解答 2 であった．

4. 微積分の技法を使う

▶解答 3 （不等式の利用）

$x > 0$ のとき $\sin x < x$ ……(1)

であることを証明し，利用する．

　図において，扇形の内部に二等辺三角形が含まれていることから，これらの面積について，

$$\frac{1}{2} \cdot 1^2 \sin x < \pi^2 \cdot 1 \cdot \frac{x}{2\pi} \quad (0 < x < \pi)$$

を得る．ここから (1) 式を得る．$x = \frac{\pi}{8}$ とすれば，

$$\frac{\pi}{8} > \sin \frac{\pi}{8} = \sqrt{\frac{1 - \cos \frac{\pi}{4}}{2}} = \frac{\sqrt{2 - \sqrt{2}}}{2}$$

$$\pi > 4\sqrt{2 - \sqrt{2}} \quad （以下同様）■$$

算数仮面の解説 微積分の世界では初等的な (1) 式を使ってみた．

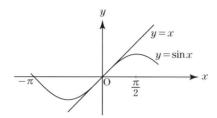

この式の意味しているところは，サインカーブ $y=\sin x$ と直線 $y=x$ とが原点において接していることにある．グラフを見れば，x が 0 に近づくほど，不等式の両辺の差が小さくなる（近似の精度がよくなる）ことが分かる．(1)式に値を代入してみよう．

$x=\dfrac{\pi}{6}$ のとき；$\sin\dfrac{\pi}{6}<\dfrac{\pi}{6}$ より $3<\pi$

ここで $x=\dfrac{\pi}{8}$ とすれば，解答 3 のように解ける．

▶解答 4 （ライプニッツの級数）

円周率に関連する無限級数として，次のものがある．

$$1-\dfrac{1}{3}+\dfrac{1}{5}-\dfrac{1}{7}+\dfrac{1}{9}-\dfrac{1}{11}+\cdots=\sum_{k=1}^{\infty}\dfrac{(-1)^{k-1}}{2k-1}=\dfrac{\pi}{4}$$

証明は，ここでは省略する．この級数によれば，$\pi=4\sum_{k=1}^{\infty}\dfrac{(-1)^{k-1}}{2k-1}$ であるから，$f(n)=4\sum_{k=1}^{n}\dfrac{(-1)^{k-1}}{2k-1}$ とおく．

$$f(2)=\dfrac{8}{3},\ f(4)=\dfrac{8}{3}+\dfrac{8}{35},\ f(6)=\dfrac{8}{3}+\dfrac{8}{35}+\dfrac{8}{99}$$

$$f(8)=4\left(1-\dfrac{1}{3}+\dfrac{1}{5}-\dfrac{1}{7}+\dfrac{1}{9}-\dfrac{1}{11}+\dfrac{1}{13}-\dfrac{1}{15}\right)$$

$$=\dfrac{8}{3}+\dfrac{8}{35}+\dfrac{8}{99}+\dfrac{8}{195}$$

このように，偶数番目を取り出してみると，この部分列は，単調増加しながら π に収束する．小数第 4 位まで残した切り捨てをしながら計算をしてみると，

$$f(8) > 2.6666 + 0.2285 + 0.0808 + 0.0410$$
$$= 3.0169$$

まだ 3.05 に届かない.

$$f(10) = f(8) + \frac{8}{323} > 3.0169 + 0.0247 = 3.0416$$

3.05 まで, もう一息だ.

$$f(12) = f(10) + \frac{8}{483} > 3.0416 + 0.0165 = 3.0581$$

よって, $\pi > 3.0581 > 3.05$ を得る. ■

算数仮面の解説　ライプニッツの級数は, π への収束が, なかなか「のろい」級数なのだが, 根性で 3.05 を超えたというところだ.

▶**解答 5**（他の級数の利用）
円周率に関連する無限級数として, 次のものがある.

$$1 + \frac{1}{2^2} + \frac{1}{3^2} + \frac{1}{4^2} + \frac{1}{5^2} + \cdots = \sum_{k=1}^{\infty} \frac{1}{k^2} = \frac{\pi^2}{6}$$

証明はやはり, ここでは省略する. この級数は単調増加しているので, $g(n) = 6\sum_{k=1}^{n} \frac{1}{k^2}$ とおき, ある n で $g(n) > 3.05^2 = 0.3025$ となることを示せばよい.

$$g(7) = 6\left(1 + \frac{1}{2^2} + \frac{1}{3^2} + \frac{1}{4^2} + \frac{1}{5^2} + \frac{1}{6^2} + \frac{1}{7^2}\right)$$
$$> 6 + 1.5 + 0.6666 + 0.375 + 0.24 + 0.1666 + 0.1224$$
$$= 9.0709$$

もう一息か？

$$g(8) = 6\left(1+\frac{1}{2^2}+\frac{1}{3^2}+\frac{1}{4^2}+\frac{1}{5^2}+\frac{1}{6^2}+\frac{1}{7^2}+\frac{1}{8^2}\right)$$
$$> 9.0709 + 0.0937 = 9.1646$$
$$g(9) > 9.1646 + 0.0740 = 9.2386$$
$$g(10) > 9.2386 + 0.06 = 9.2986$$
$$g(11) > 9.2986 + 0.0495 = 9.3481$$

よって，$\pi^2 > g(11) > 9.3481 > 9.3025 = 3.05^2$ ∎

算数仮面の解説　本来は，コンピュータで計算する領域だが，「人間，根性だ」という解法だった．

▶**解答6**（逆三角関数の利用）
$$(\arcsin x)' = \frac{1}{\sqrt{1-x}} = 1 + \sum_{n=1}^{\infty}\frac{1\cdot 3\cdot 5\cdots(2n-1)}{2\cdot 4\cdot 6\cdots(2n)}x^{2n}$$

（原点を中心とするテイラー展開）

両辺を積分し，$\arcsin 0 = 0$ に注意すると，
$$\arcsin x = x + \sum_{n=1}^{\infty}\frac{1\cdot 3\cdot 5\cdots(2n-1)}{2\cdot 4\cdot 6\cdots(2n)}\cdot\frac{x^{2n+1}}{2n+1}$$

$\sin\frac{\pi}{4} = \frac{1}{\sqrt{2}}$，$\sin\frac{\pi}{6} = \frac{1}{2}$，$\sin\frac{\pi}{3} = \frac{\sqrt{3}}{2}$ などから，

$$\frac{\pi}{4} = \frac{1}{\sqrt{2}} + \sum_{n=1}^{\infty}\frac{1\cdot 3\cdot 5\cdots(2n-1)}{2\cdot 4\cdot 6\cdots(2n)}\cdot\frac{1}{2n+1}\left(\frac{1}{\sqrt{2}}\right)^{2n+1}$$

$$\frac{\pi}{6} = \frac{1}{2} + \sum_{n=1}^{\infty}\frac{1\cdot 3\cdot 5\cdots(2n-1)}{2\cdot 4\cdot 6\cdots(2n)}\cdot\frac{1}{2n+1}\left(\frac{1}{2}\right)^{2n+1}$$

$$\frac{\pi}{3} = \frac{\sqrt{3}}{2} + \sum_{n=1}^{\infty}\frac{1\cdot 3\cdot 5\cdots(2n-1)}{2\cdot 4\cdot 6\cdots(2n)}\cdot\frac{1}{2n+1}\left(\frac{\sqrt{3}}{2}\right)^{2n+1}$$

といった形の，π の新しい無限級数表示が得られる．参考文献として，上野健爾『円周率 π をめぐって』（日本評論社，1999年）134頁を挙げておく．ここでは計算の手軽さを考え，二番目の級数を利用する．

$$\pi = 3 + \sum_{n=1}^{\infty} \frac{1\cdot 3\cdot 5 \cdots\cdots (2n-1)}{2\cdot 4\cdot 6\cdots\cdots (2n)} \cdot \frac{6}{2n+1}\left(\frac{1}{2}\right)^{2n+1}$$

ここで,

$$f(n) = \sum_{k=1}^{n} \frac{1\cdot 3\cdot 5\cdots\cdots (2k-1)}{2\cdot 4\cdot 6\cdots\cdots (2k)} \cdot \frac{6}{2k+1}\left(\frac{1}{2}\right)^{2k+1}$$

とおく.ある n で $f(n)>0.05$ となる例を示せばよい.そこで,$n=1$ から試してみる.

$$f(1) = \frac{1}{2}\cdot\frac{6}{3}\left(\frac{1}{2}\right)^{3} = \frac{1}{8} = 0.125$$

$n=1$ で $f(n)>0.05$ をみたしてしまった.すなわち,

$$\pi > 3 + f(1) = 3.125 > 3.05 \qquad \blacksquare$$

算数仮面の解説 ライプニッツの級数では $n=12$ までかかってしまったが,今回は速かった.やはり,テイラー展開は近似の精度に優れているということだ.

ここまでの解答3から解答6までは微積分を用いたが,そろそろ「算数」での解答に入ってみることにしようか.「算数」の世界は,使える道具が非常に限定されていて,まるで手足を縛られた状態で闘うことを求められているようだ.

5. 算数の世界で闘う

▶**解答7**(直角三角形を埋め込む)

半径が5である四分円を描き,その中に,三辺の長さが3, 4, 5である直角三角形2枚を図のように埋め込んでみる.すると,四分円弧の内側に,長さが $\sqrt{10}, \sqrt{2}, \sqrt{10}$ である3つの弦ができる.よって,

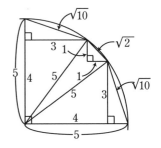

$$\frac{5}{2}\pi > 2\sqrt{10} + \sqrt{2}$$
$$\rightleftarrows \pi > \frac{2}{5}(2\sqrt{10}+\sqrt{2}) > \frac{2}{5}(2\times 3.16 + 1.41)$$
$$= 0.4 \times 7.73 = 3.092 > 3.05 \qquad\blacksquare$$

算数仮面の解説　これは，数学教員の集まる研究会で，東京大学の先生から示された解法だ．華麗な解法だ．しかし無理数が出てくるので，算数の世界での解決を超えている．ルートを避ければ，算数の世界で解ける．

▶**解答 8**（真に「算数」で解く）

半径が 17 である四分円を描き，その中に，三辺の長さが 5, 12, 13 である直角三角形 2 枚を図のように埋め込んでみる．ここで，1 辺が 12 である正方形の対角線の長さ $12\sqrt{2}$ が，この四分円の半径 17 よりもわずかに短いことを示す．

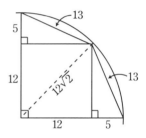

$$12\sqrt{2} < \sqrt{288} < \sqrt{289} = 17$$

正方形は四分円の中に収まっているから，

$$\frac{17}{2}\pi > 13+13 \rightleftarrows \pi > \frac{52}{17} = 3.0588\cdots > 3.05 \qquad\blacksquare$$

算数仮面の解説　真に「算数」で解ける方法と書いたのに，ルートが出てくるじゃないかと，お叱りを受けそうだ．ここは，小学生に分かるようにフォローしておこう．

「1 辺が 12 である正方形の対角線の長さが，この四分円の半径 17 よりもわずかに短い」という命題を説明すればよい．そこで，2 つの正方形 A，B を見てもらいたい．

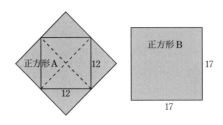

正方形Aの一辺の長さは，1辺が12である正方形の対角線の長さと等しくとってある．その面積は，$(12\times 12)\times 2=288$ である．正方形Bの一辺の長さは17で，その面積は $17\times 17=289$ である．

面積に関して，（正方形A）＜（正方形B）になったのだから，辺の長さについても同様に，

（1辺が12である正方形の対角線の長さ）＜17

ということになる．

もう一つ，小学生（算数の立場）からの疑問が想定されるのは「三辺の長さが5, 12, 13である三角形は直角三角形である」という命題だ．

1辺の長さが17である正方形Bから，図のように4枚の直角三角形を取り除いてみることを考えよう．残った網目部は正方形になるが，その面積を計算してみよう．

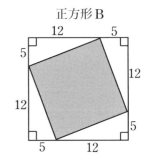

$$17\times 17-4\times\left(12\times 5\times\frac{1}{2}\right)$$
$$=289-120=169=13\times 13$$

となるので，網目部の正方形の1辺の長さは13だ．

6. 円周率騒動の後日談

さて，円周率騒動の後日談だ．2008年2月15日に文部科学省から，2011年度実施の新しい学習指導要領の改定案が発表された．ゆとり教育路線から転換したものと受け止められている．新学習指導要

領においては，円周率に関して「目的に応じて3を用いて処理できるよう配慮」との記述が削除された．

(内容の取扱い)
(2) 内容の「C図形」の(1)のエについては，**円周率は 3.14 を用いるものとする**．

　有識者たちの批判を浴びて，文科省が学習指導要領を書き直した．算数の世界に平和が戻ってきたのだ．
　ここまで，「円周率が3.05より大きいことを証明せよ」の1問にこだわってきた．出題した東京大学からのメッセージは伝わっただろうか．あまりに体制に従順な学生であれば，「えっ，円周率は3.14なんでしょ？ この問題，いみわかんな〜い」という受け止め方をしてしまうことだろう．しかし，大学は，教えられたことを丸呑みするような学生は欲しくないのだ．そもそも，そのような人間（体制に従順な人間）が100%になる社会は，自由のない窮屈な社会になってしまうものだ．社会の中に，5%でも10%でも，体制を批判できる人間がいなければ，健全な社会とはいえない．この5%か10%を担うのが，世代のリーダーであり，その理論的裏付けを与えるのが学問である．大学とは学問をする場所なのである．
　このような論法に沿って上記の試験問題の意図をみれば「たとえば円周率の値であっても丸呑みせず，一度立ち止まって考えることができる，ということが学問を志す者に求められる資質である」ということになるだろう．「疑う力」が問われているのだ．
　結局のところ「疑う力」とは「いつも根拠を問うような態度」を指すものなのだ．「根拠のないことは言わない」「根拠のないことにはしたがわない」という態度なのだが，現実にこれを貫徹することはえらくしんどいことだ．
　しかし，これは賢者になりたい者にとっては，避けて通ることはできない道なのだ．

円周率の値は「約3」であると主張する，
悪の帝国の支配者，
「算数仮面ブラック」近影

Round 2 ベクトルの回転
―― まわれ大車輪

1. 文系の高校生から回転の道具が奪われた

本章では,「回転」をテーマに,さまざまな局面をみていくことにする.まずは,最初の問題だ.

【問題 1】
(1) 一般角 θ に対して $\sin\theta$, $\cos\theta$ の定義を述べよ.
(2) (1)で述べた定義にもとづき,一般角 α, β に対して
$$\sin(\alpha+\beta) = \sin\alpha\cos\beta + \cos\alpha\sin\beta$$
$$\cos(\alpha+\beta) = \cos\alpha\cos\beta - \sin\alpha\sin\beta$$
を証明せよ.

(1999 年・東京大学・文科理科共通)

▶解答

(1) 単位ベクトル $\vec{e_1} = \begin{pmatrix} 1 \\ 0 \end{pmatrix}$ を原点のまわりに一般角 θ だけ回転させたベクトル $\vec{u_1}$ の成分表示を
$$\vec{u_1} = \begin{pmatrix} \cos\theta \\ \sin\theta \end{pmatrix}$$

と定義する.

(2) $\vec{e_1} = \begin{pmatrix} 1 \\ 0 \end{pmatrix}$, $\vec{u_2} = \begin{pmatrix} 0 \\ 1 \end{pmatrix}$

を原点のまわりに一般角 α だけ回転させた
ベクトルをそれぞれ $\vec{u_1}$, $\vec{u_2}$ とすると, $\vec{u_2}$
は $\vec{u_1}$ を回転させたもので,

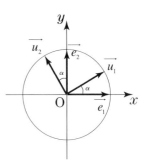

$$\vec{u_1} = \begin{pmatrix} \cos\alpha \\ \sin\alpha \end{pmatrix}, \quad \vec{u_2} = \begin{pmatrix} -\sin\alpha \\ \cos\alpha \end{pmatrix}$$

となる. また, $\vec{u_1}$ を原点のまわりに一般角
β だけ回転させたベクトルを $\vec{v}$ とすると,

$$\vec{v} = \cos\beta \cdot \vec{u_1} + \sin\beta \cdot \vec{u_2} \quad \cdots\cdots ①$$

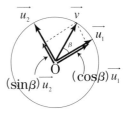

$\vec{v}$ の成分表示をすると,

$$\begin{pmatrix} \cos(\alpha+\beta) \\ \sin(\alpha+\beta) \end{pmatrix} = \cos\beta \begin{pmatrix} \cos\alpha \\ \sin\alpha \end{pmatrix} + \sin\beta \begin{pmatrix} -\sin\alpha \\ \cos\alpha \end{pmatrix}$$

$$\rightleftarrows \begin{cases} \sin(\alpha+\beta) = \sin\alpha\cos\beta + \cos\alpha\sin\beta \\ \cos(\alpha+\beta) = \cos\alpha\cos\beta - \sin\alpha\sin\beta \end{cases}$$

を得る. ∎

算数仮面の解説 この問題は, 定義から証明に至る数学的思考の基礎・基本を正面から問う問題として, 中等数学教育と大学受験指導の世界に多大な影響を与えた.「問題の解き方を覚える」という勉強法の限界を知らしめるという意味で, 受験生に対するメッセージ効果も大きかったと考えられている.

学習指導要領の変わり目という観点から背景を説明しておこう. 1994 年高校入学 (97 年大学入試) の学年から, 数学の科目名が「数学 I・II・III」(コア・カリキュラム) と「数学 A・B・C」(オプション・カリキュラム) に変わった. 従来は「基礎解析」「代数・幾何」「微分・積分」「確率・統計」といった教科書名で, 内容の体系性を重んじていたのとは対照的に, コア／オプション型カリキュラムでは, 内容

の体系性が壊された．当然，大学入試の方は従来通りの数学的体系性を重んじているので，公教育と大学受験との乖離が生じる．これは1997年以降の大学入試で起きていた現象だ．

そこに，1999年の本問が「爆弾」として投げ込まれる．東大受験生の中には，三角関数の加法定理を知らない者は一人もいない，と断言できるが，それを証明しろというのだ．この年の東大受験生の中には，びびった者も多かったことだろう．

さて，解答の方だが，「数学Ⅱ」の教科書に書かれている証明と，ここに掲げたものとは異なっている．検定教科書や大学入試センター試験の世界では，問題となっている「単元の中だけで」ものごとを処理しなければならないというしきたり（局地戦縛り）があり，三角関数の加法定理の証明は，三角関数の分野の中で処理をしなければならない（教科書検定に通るための条件）．

しかし現実の大学入試は，局地戦の掟など，関係ない．したがって，上述のようにベクトルを回転させるという考え方を用いた．これは本質的な考え方であるが，ベクトルは「数学B」に分類されているので，「数学Ⅱ」の教科書検定においては「使用禁止」なのだ．まるで「凶器攻撃」をしているかのような扱いを受けてしまう．

答案例の中で重要なポイントは①式だ．これは，いかなる平面ベクトルも，任意の角度だけ回転させることができるという武器を与えてくれるものだ．回転をさせる武器という点から高等学校カリキュラム（文科省学習指導要領）に一言述べておこう．現在のカリキュラムで回転の道具が出てくるのは「数学C」の「行列」だけだ．つまり，**文科系の学生は，回転の道具を持たないまま大学に進学**することになる．これは，いかがなものだろうか？

さきほど，1997年入試の世代からコア／オプション・カリキュラムに移行したと述べた．2005年入試までの高校生は，文系であっても「数学B」に「複素数平面」の単元があったので，回転の道具を持っていたのだが，2006年入試からの新学習指導要領の下では，**文科系の学生から，回転の道具が奪われてしまった**のだ．哀れなり！

2. オイラーの公式へ

次の問題は,文系の学生の手元に回転の道具が遺された最後の年である 2005 年の出題だ.

【問題 2】

0 でない 2 つの複素数の極形式を
$$z_1 = r_1(\cos\theta_1 + i\sin\theta_1), \quad z_2 = r_2(\cos\theta_2 + i\sin\theta_2)$$
とする.i を虚数単位とする.以下の問に答えよ.

(1) $z_1 z_2 = r_1 r_2 \{\cos(\theta_1 + \theta_2) + i\sin(\theta_1 + \theta_2)\}$ を示せ.
(2) 複素数 $1+i$ を極形式で表せ.
(3) 複素数 $(1+i)^{16}$ の値を求めよ.

(岐阜大学)

▶**略解**

(1) 三角関数の加法定理を用いる.

(2) $1+i = \sqrt{2}\left(\cos\dfrac{\pi}{4} + i\sin\dfrac{\pi}{4}\right)$

(3) 一般に,$z_1{}^n = r_1{}^n(\cos n\theta_1 + i\sin n\theta_1)$
となる(ド・モアブルの定理)ことから,
$$(1+i)^{16} = \left\{\sqrt{2}\left(\cos\dfrac{\pi}{4} + i\sin\dfrac{\pi}{4}\right)\right\}^{16}$$
$$= 2^8 (\cos 4\pi + i\sin 4\pi) = 256 \qquad ■$$

算数仮面の解説 いまや文系の学生から奪い取られてしまった「回転の道具」を見ておこう.旧「数学 B」の「複素数平面」という内容だ.複素数には**直交形式**と**極形式**という 2 つの表示がある.直交形式とは,$z = x + iy \ (x, y \in \mathbb{R})$ という形の表示のことで,x を z の**実部**といい,y を z の**虚部**という.極形式とは,$z = r(\cos\theta + i\sin\theta)$ の表示で,r を z の**絶対値**といい,θ を z の**偏角**という.

Round 2. ベクトルの回転 ——まわれ大車輪

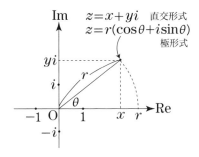

図のように，横軸に実数を，縦軸に純虚数をとった直交座標平面を**複素数平面**という．この平面上では，一つの複素数が一つの点として表現される．極形式の意味は，図に見える通りである．

さて，本問の (1) では，複素数の積に関する重要なことがらが記されている．**複素数の積においては，絶対値は積に，偏角は和になる**という事実を意味している．図に表現すると，次のようになる．

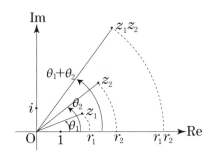

これは，非常に美しい事実なのだが，文科省はこれを，高校生の手から奪い取ってしまったのだ．

さて，ここまで来ると，**オイラーの公式**の話をしないわけにはいかない．絶対値が 1 で，偏角が θ であるような複素数の極形式は $1 \cdot (\cos\theta + i\sin\theta)$ であるが，これを次のように書く．

$$e^{i\theta} = \cos\theta + i\sin\theta \quad (\text{オイラーの公式})$$

ここに，e は自然対数の底 $e = 2.718\cdots$ である．絶対値が 1 なので，

複素数平面上では，単位円の上に乗っている．

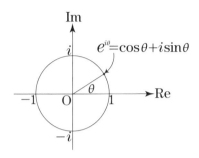

なぜ，指数関数の形をしているのか，不思議に思われることだろう．いろいろな説明方法があるのだが，ここでは本問の(1)の結果から何が言えるかという観点でみてみよう．絶対値が1なので $r_1=r_2=1$ としておくと，(1)の結果は次のように書くことができる．

$(\cos\theta_1+i\sin\theta_1)(\cos\theta_2+i\sin\theta_2)$
$=\cos(\theta_1+\theta_2)+i\sin(\theta_1+\theta_2)$ ……(∗)

絶対値が1である複素数をかけると，かけた複素数の**偏角が足される**ことになる．このような現象を，どこかで見た覚えはないか．そうだ，**指数法則**だ！

というわけで，オイラーの公式を用いて(∗)を書き直してみると，

$(∗) \rightleftharpoons e^{i\theta_1} \cdot e^{i\theta_2} = e^{i(\theta_1+\theta_2)}$

ということだ．見やすく書き直すと，こうなる．

$$e^{i\alpha} \cdot e^{i\beta} = e^{i(\alpha+\beta)}$$

複素数の積を，指数法則によって表すことができたのだ．さらに，オイラーの公式の両辺に，$\theta=\pi$ を代入してみよう．

$$e^{i\pi} = \cos\pi + i\sin\pi = -1$$

数の世界における謎の三銃士，e と π と i とが一同に会する，華麗な等式なのだ．（写真は，数理哲人像）

指数法則の内容を，もう少し噛み砕いてみよう．
$$e^{i\alpha} \cdot e^{i\beta} = e^{i(\alpha+\beta)}$$
とは，偏角が α である複素数 $e^{i\alpha} = \cos\alpha + i\sin\alpha$ に，偏角が β である複素数 $e^{i\beta} = \cos\beta + i\sin\beta$ をかけると，偏角が $\alpha+\beta$ の複素数になるということ．すなわち，

$e^{i\beta}$ をかけると，原点のまわりに角 β だけ回転する

ということだ．

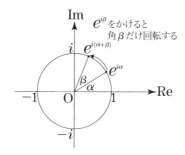

先に，文科省カリキュラムでは，文系の学生から回転の道具が奪い取られてしまったことを述べたが，理系の高校生には，次のような形で，回転の道具が残されている（「数学 C」行列）．
$$\begin{pmatrix} \cos\alpha & -\sin\alpha \\ \sin\alpha & \cos\alpha \end{pmatrix} \begin{pmatrix} \cos\beta & -\sin\beta \\ \sin\beta & \cos\beta \end{pmatrix} = \begin{pmatrix} \cos(\alpha+\beta) & -\sin(\alpha+\beta) \\ \sin(\alpha+\beta) & \cos(\alpha+\beta) \end{pmatrix}$$
この式は，$e^{i\alpha} \cdot e^{i\beta} = e^{i(\alpha+\beta)}$ と，そのまま対応する．

3. 算数の世界の回転移動

では，算数の中学入試問題をみてみよう．数学から算数まで，さまざまな考え方をとることができる良問だ．

【問題3】

3辺の長さが3cm, 4cm, 5cmの直角三角形6つを図のように並べるとき，次の各問いに答えよ．

(1) 2点A, Bを直線で結ぶと，ABの長さは何cmか．

(2) 2点C, Dを直線で結ぶと，CDの長さは何cmか．

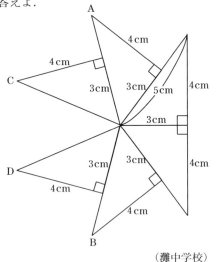

(灘中学校)

▶**解答1**（三角関数で解く）

3cm, 4cm, 5cmの直角三角形を，長さ3cmの辺がx軸と重なるように，座標軸を設定する．4cmの辺の対角をαとすれば，$\cos\alpha = \dfrac{3}{5}$, $\sin\alpha = \dfrac{4}{5}$である．すなわち，$(5\cos\alpha, 5\sin\alpha) = (3, 4)$である．

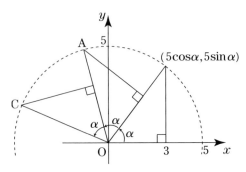

Round 2. ベクトルの回転 ——まわれ大車輪

次に，図の点 A は，OA = 5 であり，偏角（軸からの回転角）が 2α となっている．したがって，点 A の座標は $(5\cos 2\alpha, 5\sin 2\alpha)$ である．

同様に，図の点 B は，OB = 5 であり，偏角が 3α となっているから，点 B の座標は $(5\cos 3\alpha, 5\sin 3\alpha)$ である．これらの事実を用いれば，$AB = 2\cdot 5\sin 2\alpha$, $CD = 2\cdot 5\sin 3\alpha$ となる．

(1) 2倍角の公式から，
$$AB = 2\cdot 5\sin 2\alpha = 10\cdot 2\sin\alpha\cos\alpha$$
$$= 20\cdot \frac{4}{5}\cdot \frac{3}{5} = \frac{48}{5} = 9.6\,[\text{cm}]$$

(2) 3倍角の公式から，
$$CD = 2\cdot 5\sin 3\alpha = 10\sin\alpha(3-4\sin^2\alpha)$$
$$= 10\cdot \frac{4}{5}\cdot\left(3-\frac{64}{25}\right) = \frac{88}{25} = 3.52\,[\text{cm}]$$

算数仮面の解説 最初に試してみた解法は，高校生なら，こう考えるのが自然だろう，という方向のものだ．いったいこの問題を，小学生はどうやって解くのだろう．次の解法は，小学生の解法を想定するにはまだ早い．しかし，賢い小学生なら理解できるのではないか．

▶**解答 2**（ベクトルで解く）

(1) ベクトル $(3,4)$ は大きさが 5 であり，これを 90° 回転させたベクトル $(-4,3)$ も大きさが 5 である．ベクトル $\overrightarrow{OA}$ もまた大きさが 5 であるが，これは $(3,4)$ の $\frac{3}{5}$ 倍と，$(-4,3)$ の $\frac{4}{5}$ 倍とを結合することによってつくることができる．

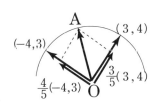

$$\overrightarrow{OA} = \frac{3}{5}(3,4) + \frac{4}{5}(-4,3) = \left(-\frac{7}{5}, \frac{24}{5}\right)$$

x 軸に関する対称性から，$\overrightarrow{OB} = \left(-\frac{7}{5}, -\frac{24}{5}\right)$

よって，$AB = \dfrac{48}{5} = 9.6\,[\text{cm}]$

(2) $\overrightarrow{OA} = \left(-\dfrac{7}{5}, \dfrac{24}{5}\right)$ と，これを $90°$ 回転させた $\left(-\dfrac{24}{5}, -\dfrac{7}{5}\right)$ はともに，大きさが 5 である．$\overrightarrow{OC}$ も大きさが 5 であるが，これは $\overrightarrow{OA} = \left(-\dfrac{7}{5}, \dfrac{24}{5}\right)$ の $\dfrac{3}{5}$ 倍と，$\left(-\dfrac{24}{5}, -\dfrac{7}{5}\right)$ の $\dfrac{4}{5}$ 倍とを結合してつくられる．

$$\overrightarrow{OC} = \dfrac{3}{5}\left(-\dfrac{7}{5}, \dfrac{24}{5}\right) + \dfrac{4}{5}\left(-\dfrac{24}{5}, -\dfrac{7}{5}\right)$$
$$= \left(-\dfrac{117}{25}, \dfrac{44}{25}\right)$$

同様に $\overrightarrow{OD} = \left(-\dfrac{117}{25}, -\dfrac{44}{25}\right)$ なので，

$$CD = \dfrac{88}{25} = 3.52 \, [\text{cm}]$$

∎

算数仮面の解説 これなら，賢い小学生だったら理解できるだろう．しかし，それでも「算数」の解答ではない．三角関数も，ベクトルも使えないという，強い縛りの中で，どうしたらよいのか．このピンチに，キミはどう立ち向かうのか？

▶**解答3** （初等幾何で解く）

(1) 図で，○＋△＝$90°$ であることと，2 カ所の網目部（直角三角形）が合同であることに注意する．

$$AH = \dfrac{12}{5} + \dfrac{12}{5} = \dfrac{24}{5}$$

$$AB = 2 \times AH = \dfrac{48}{5} = 9.6 \, [\text{cm}]$$

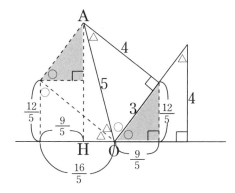

(2) 次の図の, 2カ所の網目部(直角三角形)は合同である.

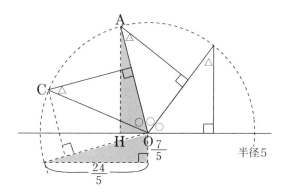

さらに, 次の図の, 2カ所の網目部(直角三角形)もまた合同である.

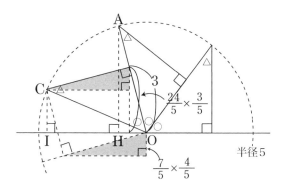

$$\mathrm{CI} = \frac{72}{25} - \frac{28}{25} = \frac{44}{25}$$

$$\mathrm{CD} = 2 \times \mathrm{CI} = \frac{88}{25} = 3.52 \,[\mathrm{cm}]$$

算数仮面の解説　合同を見つけ出した．ずるずるっと，等積移動をして，長さを足してしまう．算数というのも，なかなかのものだ．

　ところで，最近の「ゆとり」教科書には驚くべきポイントがたくさんあるのだが，その一つとして，「小学校の学習では相似を学ばない！」という恐ろしい現実があるのだ．小学校では，合同を学ぶが相似を学ばない．もちろん，そんなことに真面目に付き合っていたら，図形の問題など解けなくなるから，文科省の定める「相似を使えない掟」は，中学入試では明確に無視されている．ここにも，小学校の学習と中学受験との間に埋め難い乖離がある．

▶**解答 4**（相似の利用：回転をすると棒が縮む）

(1) 垂直に立っている棒は，これを角 α だけ回転させると，高さが $\frac{3}{5}$ 倍に縮む．

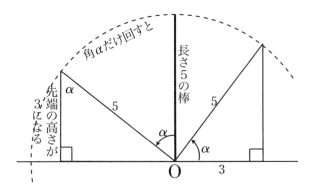

したがって，長さ 8 cm の棒が垂直に立っているとき，これを角 α だけ回転させると，高さは

$$\mathrm{AH} = 8 \times \frac{3}{5} = 4.6\,[\mathrm{cm}]$$

$$\mathrm{AB} = 4.8 \times 2 = 9.6\,[\mathrm{cm}]$$

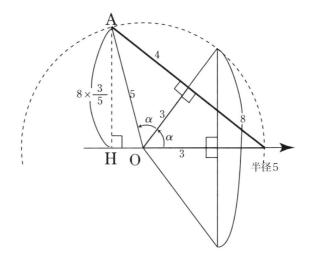

(2) 長さが 9.6 [cm] である棒 AB が垂直に立っている．これを，さらに角 α だけ回転させると，次の図の CK となる．

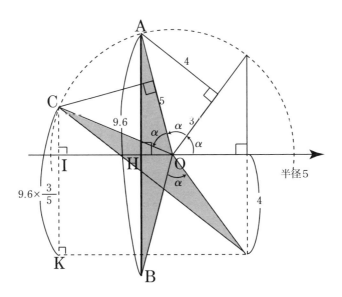

$$\mathrm{CK} = 9.6 \times \frac{3}{5} = 5.76\,[\mathrm{cm}]$$
$$\mathrm{CI} \;= 5.76 - 4 = 1.76\,[\mathrm{cm}]$$

求める CD の長さはその 2 倍であるから，
$$\mathrm{CD} = 2 \times \mathrm{CI} = 3.52\,[\mathrm{cm}]$$

算数仮面の解説 算数の解法も，なかなかのものだな．三角関数も，ベクトルも，使うことができない算数の世界であっても，このように回転という技を使うことができるのだ．

それにしても，回転の道具を奪われてしまった，文科系の大学受験生たちが，哀れでならない．次代を担う小学生諸君，文科省の魔の手(学力低下への誘い)に負けるな．算数仮面がついているぞ！

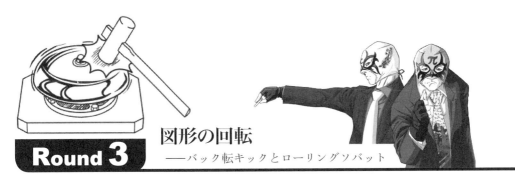

Round 3

図形の回転
―― バック転キックとローリングソバット

 1. 小学生は何でも回転させる

　前章は「文科系の学生から，回転の道具が奪われてしまった」という話をさせてもらった．いまや文系の大学入試では，ベクトルを任意の角度だけ回転させることができなくなってしまったのだ．他方，中学入試算数の世界は真逆を向いていて，回転が花盛り．何でも回してしまう．まずは，最初の問題だ．

【問題1】
　図のように，大円の中に小円がある．大円の中の小円を矢印の方向にすべらないように動かし，小円の円上の点がもとの位置まで戻るとき，次の問いに答えなさい．
(1) 半径4cmの大円の中に，半径1cmの小円があるとき，小円の中心Aが通ったあとの線を図にかきなさい．
(2) 半径4cmの大円の中に，半径1cmの小円があるとき，小円の円上の点Bが通ったあとの線を次から選びなさい．

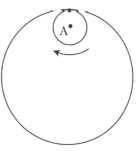

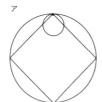  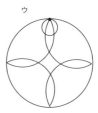

(3) 半径3cmの大円の中に，半径2cmの小円があるとき，小円の円上の点Cが通ったあとの線を図にかきなさい．

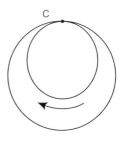

　同じように，大円の中の小円をすべらないように動かすとき，小円の内部の点が通ったあとの線が作る模様について考えます．

(4) 半径5cmの大円の中に，ある半径の小円があるとき，小円内部の3つの点が通ったあとの線が作る模様は次の3つでした．このときの小円の半径を求めなさい．（考え方もかくこと）

（公文国際学園中等部）

▶解答

(1) 半径4cmの大円の中に半径1cmの小円があるとき，小円の中心は，つねに大円の中心から $4-1=3$ cmの距離を保っている．したがって，小円の中心の軌跡（通った跡）は，半径3cmの円となる．

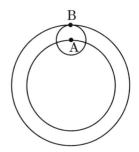

(2) 半径 4cm の大円の円周の長さは 8π cm であり，半径 1cm の小円の円周の長さは 2π cm である．したがって，小円の周囲にある点 B は，大円に 4 回接する．

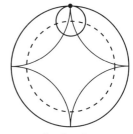

また，大円の中心を O とすると，OB は最大で 4cm，最小で 2cm となり，この間を振動するはずである．この条件をみたしている図は[イ]である．

(3) 半径 3cm の大円の円周の長さは 6π cm であり，半径 2cm の小円の円周の長さは 4π cm である．図の円周の太い部分の長さは，大円，小円ともに 2π cm である．大円と小円の接点が 2π cm だけ移動すると，次のようになる．

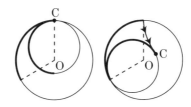

このとき，小円の周囲の点 C が移動する道すじを矢印で示してある．さらに接点が 2π cm だけ移動するまで回転を続け，この移動を，あと 3 回繰り返すと，次のように作図できる．

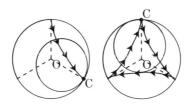

(4) 大円の中心 O から半直線をひいてみると，どの向きでも，半直線は模様と 3 回交わっている．また，どの模様も，花びらの数が 5 つである．ということは，模様を描き切るまでのあいだに，小円は 5 回自転しつつ 3 回公転していることになる．

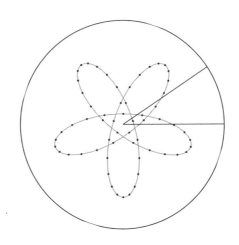

このとき,大円と小円とが接触している部分の長さに注目する.大円の半径が 5cm であり,小円の半径を x cm とする.それぞれの円周の長さは 10π cm と $2x\pi$ cm である.

小円が 3 回公転する間の接触部分の長さは,
$$[大円の円周]\times 3 = 10\pi \times 3$$
小円が 5 回自転する間の接触部分の長さは,
$$[小円の円周]\times 5 = 2x\pi \times 5$$
これらが等しいから,$10\pi \times 3 = 2x\pi \times 5$
すなわち $x=3$ なので,小円の半径は 3cm である.

算数仮面の解説　大円の中を小円がすべらずに回転するという設定は,「デザイン定規」(写真)でおなじみのものだ.

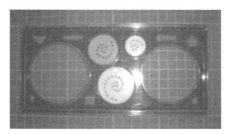

Round 3. 図形の回転 ―― バック転キックとローリングソバット

大学受験でも**ハイポサイクロイド**（hypocycloid）＝内サイクロイドの問題として頻繁に出題されている．本問の (1), (2) の設定は，数学の世界ではどう扱われるか．大円の中心を $O(0,0)$ とし $A(3,0)$, $B(4,0)$ とする座標を設定する．$A(3\cos\theta, 3\sin\theta)$ のとき大円と小円が接してきた弧の長さは 4θ である．$\overrightarrow{AB} = (\cos(-3\theta), \sin(-3\theta))$ であることなどから，

$$\overrightarrow{OB} = \overrightarrow{OA} + \overrightarrow{AB}$$
$$= \begin{pmatrix} 3\cos\theta \\ 3\sin\theta \end{pmatrix} + \begin{pmatrix} \cos(-3\theta) \\ \sin(-3\theta) \end{pmatrix} = \begin{pmatrix} 4\cos^3\theta \\ 4\sin^3\theta \end{pmatrix}$$

となる．

(3) も同様に $C(3,0)$ から回転をはじめるとして，

$$\overrightarrow{OC} = \begin{pmatrix} \cos\theta \\ \sin\theta \end{pmatrix} + \begin{pmatrix} 2\cos\left(\theta - \dfrac{3}{2}\theta\right) \\ 2\sin\left(\theta - \dfrac{3}{2}\theta\right) \end{pmatrix}$$

と表される．大学入試では，媒介変数表示をさせた上で，面積あるいは弧長を求めさせる方向に問いが進んでいくのだが，中学入試は道具が少ない分だけ出題の発想は柔軟だ．本問の (4) では，描かれた軌跡から小円の半径を推定させるもので，実際のデザイン定規で遊んだ体験をもたないと，イメージしにくいかもしれない．解答例では，大円の半径の一つを，軌跡が何回切り取るか，というところを突破口にしてみた．

デザイン定規で描かれる模様をはじめとして，図形の回転を扱った問題に関する詳細な分析は，初代算数仮面・二代目算数仮面共著『殿堂入りの算数 vol.2 図形編』（プリパス知恵の館文庫）テーマ 10（回転図形の軌跡）に詳しいので，関心のある方はご覧いただきたい．

2. バック転キック

次の問題は直角三角形を回転させるという設定だが,部分に囚われて全体を見ていない受験生には厳しい問題だ.

【問題2】

図のような長方形 PQRS と角 B が直角である直角三角形 ABC があります.長方形 PQRS のまわりを,三角形 ABC を次のように回転させます.ただし,はじめ点 A は点 P に,点 B は辺 PS 上にあるものとします.

① 三角形 ABC を点 B を中心に,点 C と点 S が重なるまで時計回りに回転させる.

② 次に三角形 ABC を点 C を中心に,点 A と点 R が重なるまで時計回りに回転させる.

③ 次に三角形 ABC を点 A を中心に,点 B が辺 QR 上にくるまで時計回りに回転させる.

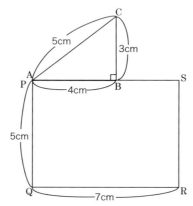

(1) この回転を通して,三角形 ABC が動いた部分を斜線で示しなさい.

(2) (1) で示した部分のまわりの長さは何 cm ですか.
ただし,答えは小数第2位を四捨五入して,小数第1位まで求めなさい.

(開成中学校)

▶解答

(1) 図には,直角三角形の動きを示しておいた.問いの指示にある「斜線」は割愛している.

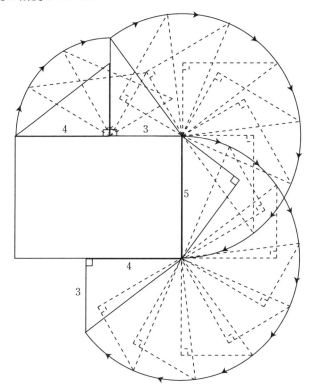

(2) 必要な長さと角度を図に書き込んだ.図の角 α と β は直角三角形の2つの鋭角である.以下「まわりの長さ」を構成する各部分の長さを調べていく.

半径4の四分円弧;$8\pi \times \dfrac{1}{2} = 2\pi$

半径5の円弧;$10\pi \times \dfrac{(210°-\beta)+(210°-\alpha)}{360°}$

$\alpha + \beta = 90°$ であることに注意すると,

$$10\pi \times \frac{330°}{360°} = \frac{55}{6}\pi$$

線分；$7+5+4+3=19$

合計；$19+\frac{67}{6}\pi = 19+11\pi+\frac{1}{6}\pi$ （本当のこたえ）

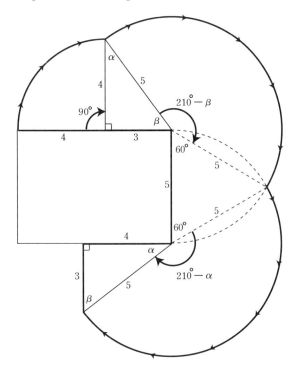

ここに，π の近似値としてお約束の 3.14 を代入すると，54.06 となる．小数第 2 位を四捨五入すれば答えは 54.1cm

算数仮面の解説 長方形のサイズ（5cm × 7cm）は，巧みに設計された数字であることが分かるだろう．この長方形の周りを，直角三角形がバック転キックを繰り返しながら回っていくのだ．

ここで，半径 5 の 2 つの扇形の弧長を求めようとすると，中心角が分からない．トップレベルの受験生のなかにも，パニックに陥ってし

まった子がいたようだ．「部分を見るな，全体を見よ」という出題で，木を見て森を見ない態度を諌めるものである．

3. ローリングソバットで秒殺する

筆者等の作品に『秒殺の世界』（プリパス知恵の館文庫）という書物がある．中学入試の算数の問題の中から，その問題の解決にかかる時間によって，入試の闘いの勝敗に大きな影響を及ぼすと考えられる問題を集めたものだ．我田引水を覚悟で，当該書の「はじめに」から引用させてもらおう．

（引用はじめ）ところが，入試の算数の勝敗を決める主戦場は，実は試験の冒頭部分にもあるのだ．試験開始のゴングが鳴ってからの数分間に，問題セットの前半に配置されている基本的な問題を，いかに「秒殺」して捌くかが，勝負の分かれ目になる．ある受験生が3秒で「秒殺」している問題を，あなたが30秒で倒したとしよう．差は27秒に過ぎないかもしれないが，これでは試合にならない．また，難問であっても(1)(2)(3)のように小問に分けてあることも多く，(3)は難問でも，序盤の(1)は「秒殺」しなければならない，といったケースもよく見かけるものだ．（引用ここまで）

私たちは，受験数学や受験算数を指して「競技数学」と呼んでいる．運動部の部員・選手たちが試合に向けた練習で汗を流すのと同じように，数学や算数の「試合」に向けて脳の汗を流す子どもたちがいるのだ．模擬試験は練習試合，入学試験はタイトルマッチだ．オリンピックもあり，名誉を賭けて試合をする．

闘いのリングは清冽な空気が支配している．タイトルマッチの緊張感の中にあっても，持てる技を繰り出すことができるか．試合における次の問題は，それを「秒殺」できたかどうかが合否に影響したものと思われる．キミは，3カウントで仕留めることができるだろうか．

【問題3】

　図において三角形 ABE と三角形 CDE はともに正三角形で，A, C を結ぶ直線と B, D を結ぶ直線は点 O で交わっています．

(1) OA, OB, OC の長さがそれぞれ 8 cm, 5 cm, 1 cm のとき，OD の長さは □ cm です．

(2) **ア**の角の大きさが 23 度のとき，**イ**の角の大きさは □ 度です．

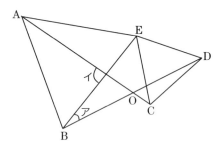

(灘中学校)

▶解答

(1) 正三角形が 2 つあることから，合同な三角形を見つける．△EAC と △EBD が合同だ．合同条件は二辺と挟角の相等．

ということは，対応する辺が等しく AC=BD となる．5 cm + OD = 8 cm + 1 cm なので，OD = 4 cm とわかる．

(2) 合同とわかった 2 つの三角形は，△EBD を点 E のまわりに 60°回転させると △EAC に重なるという関係にある．すなわち，60°の回転により対応する辺である AC と BD のなす角は 60°である．すると，図のように，

Round 3. 図形の回転 ——バック転キックとローリングソバット

$$イ = ア + 60°$$
$$= 23° + 60°$$
$$= 83°$$

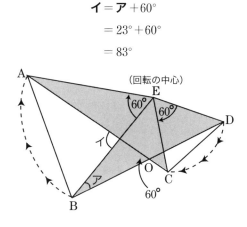

算数仮面の解説 どうだい．なかなか見事な問題だっただろう．秒殺の世界の醍醐味を味わうことができる．いたずらに複雑な設定で子どもたちを煙に巻くのではなく，シンプルな問いを堂々と提示する．メキシカンスタイルのルチャリブレ（Lucha Libre）を思わせるような，華麗な技の打ち合いだ．

本問の決め技を解説しておこう．ローリングソバット（Rolling Savate）だ．腰（点 E）をひねって脚（辺 EB）をグルリと瞬時に回転させるという打撃系の技で，スピードと破壊力は抜群だ．代表的な使い手として，初代タイガーマスクが知られている．

次章は，ローリングソバットの使い道を，さらに探究していく．

Round 4　定点の通過
—— ローリングソバットの使い手

1. 回転させるには回転中心が必要

　前章は「中学入試算数の世界では，何でも回転させる」ことが盛んで，図形の回転に関する問題をいくつか紹介させてもらった．特に，前章の【問題3】（灘中学校）を素材に華麗な秒殺術を披露したところだ．ここで紹介した技＝ローリング・ソバットを炸裂させるには，腰のまわりの回転をいかに安定させるかが重要となる．つまり，回転の技に破壊力を持たせるには，回転軸や回転の中心点が必要なのだ．

　本章は，直線が回転する際，回転の中心となる点をつねに通過する「定点の通過」をテーマに，様々な局面をみていくことにする．はじめに，2次方程式の解の配置問題として有名な問題から見てほしい．まずは，一般的な解法から紹介しよう．

【問題1】

　実数を係数とする2次方程式 $x^2-2ax+a+6=0$ が，次の各条件をみたすとき，定数 a の値の範囲をそれぞれ求めよ．

(1) 正の解と負の解をもつ．
(2) 異なる2つの負の解をもつ．
(3) すべての解が1より大きい．

（2007年・鳥取大学）

▶解答1（軸の位置・判別式から解の配置を調べる）

$f(x)=x^2-2ax+a+6$ とする.

また,$f(x)=0$ の判別式を D とする.

$$\frac{D}{4}=(-a)^2-1\cdot(a+6)$$
$$=a^2-a-6=(a+2)(a-3)$$

(1) $f(x)=0$ が正の解と負の解を
もつ条件は,
y 切片:$f(0)=a+6<0$
よって,求める a の値の範囲は,
$a<-6$

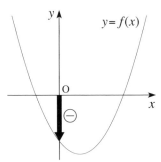

(2) $f(x)=0$ が異なる2つの負の解をもつ条件は,

$$\begin{cases} 判別式:\dfrac{D}{4}=(a+2)(a-3)>0 \\ 軸:a<0 \\ y\,切片:f(0)=a+6>0 \end{cases}$$

よって,求める a の値の範囲は,
$-6<a<-2$

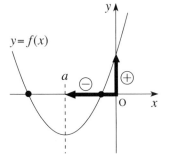

(3) $f(x)=0$ のすべての解が1より大きく
なる条件は,

$$\begin{cases} 判別式:\dfrac{D}{4}=(a+2)(a-3)\geq 0 \\ 軸:a>1 \\ f(1)=7-a>0 \end{cases}$$

よって,求める a の値
の範囲は, $3\leq a<7$

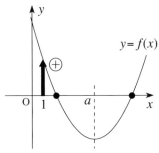

Round 4. 定点の通過 ——ローリングソバットの使い手

算数仮面の解説 2次方程式の解の配置問題は，2次関数 $y=f(x)$ のグラフを分析しながら，x 軸との共有点の位置を考える解法が一般的である．問題文の条件に沿って，① 軸の位置（頂点の x 座標），② 判別式（頂点の y 座標），③ 解の配置範囲の境界値 $x=a$ に対する $f(a)$ の符号を各々調べるというものだ．

ここでは見方をかえて，ローリング・ソバットを使いこなしたい．【問題1】の2次方程式の変数（未知数）x とは別に含まれるパラメータ a を分離することにより，直線（1次関数）と放物線（2次関数）の共有点の位置を調べる問題へと置き換えることができる．そして，パラメータ分離によって得られた直線がつねに通過する定点の存在に気づくかが，この問題を解くにあたっての鍵となる．次に，定点通過する直線を利用した解法を紹介しよう．

▶**解答 2**（パラメータを分離して，定点通過する直線を考える）

$$（与式）\rightleftarrows x^2+6=a(2x-1) \rightleftarrows \frac{1}{2}x^2+3=a\left(x-\frac{1}{2}\right)$$

なので，2次方程式の実数解は，

$$\begin{cases} 放物線\ C: y=\dfrac{1}{2}x^2+3 \\ 直線\ l: y=a\left(x-\dfrac{1}{2}\right) \end{cases}$$

の共有点の x 座標と一致する．直線 l は定点 $\mathrm{P}\left(\dfrac{1}{2},\ 0\right)$ を通り，傾きは a である．

(1) 正の解と負の解をもつとき；

放物線 C と直線の共有点が，$x>0$ の部分で1個，$x<0$ の部分で1個となるように，傾き a の範囲を定めればよい．

直線 l が C 上の点 $(0,3)$ を通るときの傾きは，$a=-6$ であることに注意すると，傾き a の範囲は，$a<-6$

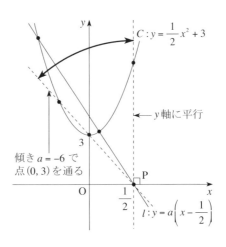

(2) 異なる2つの負の解をもつとき；

$x<0$ の部分において放物線 C と直線 l の共有点が2個となるように，傾き a の範囲を定めればよい．

$\begin{cases} \text{・判別式 } D=0 \text{ となる } a=-2,3 \text{ で，放物線 } C \text{ と直線 } l \text{ が接する．} \\ \text{・直線 } l \text{ が } C \text{ 上の点 } (0,3) \text{ を通るときの傾きは，} a=-6 \text{ である．} \end{cases}$

ということに注意すると，傾き a の範囲は，$-6<a<-2$

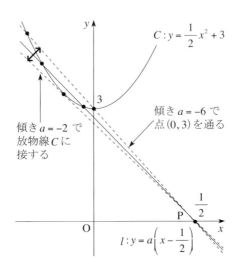

(3) すべての解が 1 より大きいとき；

$x<0$ の部分において，放物線 C と直線 l の共有点が 2 個となるように，傾き a の範囲を定めればよい．

$$\begin{cases} \text{・判別式 } D=0 \text{ となる } a=-2,3 \text{ で，放物線 } C \text{ と直線 } l \text{ が接する．} \\ \text{・直線 } l \text{ が } C \text{ 上の点 } \left(1,\dfrac{7}{2}\right) \text{ を通るときの傾きは，} a=7 \text{ である．} \end{cases}$$

ということに注意すると，傾き a の範囲は， $3 \leqq a < 7$

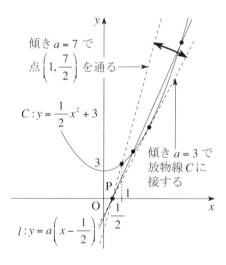

算数仮面の解説　パラメータ a を分離することによって，2 次方程式の中に埋もれている 1 次の項が表す直線をビジュアル化した．この直線がつねに通過する「定点」を発掘することによって解決したのだ．

参考までに，$y=f(a,x)=x^2-2ax+a+6$ のグラフを様々な観点で示してみる．

はじめの図は，パラメータ a の値を $-3 \leqq a \leqq 4$（刻み幅 $\Delta a = 0.5$）として描いた 15 本の放物線である．点線は頂点 $(a, -a^2+a+6)$ の軌跡である．

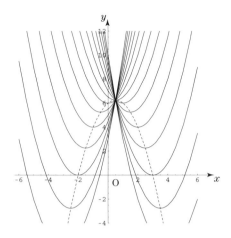

すると，放物線群が凝集する1点がある．文字 a について，$y=a(1-2x)+x^2+6$ とまとめると，$x=\dfrac{1}{2}$ のとき，a の値によらず $y=\dfrac{25}{4}$ となることがわかる．この図にも，放物線の式を $y=($ a の1次式$)$ とみることで得られる，異なる意味での「定点通過」がみられる．

また次の図は，2変数 x, a を独立変数として描いた3次元グラフで，曲面と底面（xa 平面）の交わりに方程式 $f(a,x)=0$ の解が現れている．

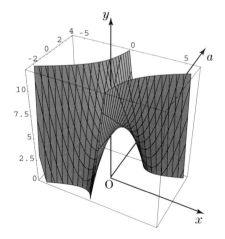

以上のような2次方程式をはじめとして，パラメータを含む方程式を扱った問題に関する詳細な分析は，米谷達也著『変数と図形表現』（現代数学社，2008年）で解説してあるので，関心のある方は是非ご覧いただきたい．

　つねに通過する「定点」を発掘するように，埋もれているものを掘り出す感覚というのは，仏像を彫るときの仏師のそれと似ている．ある仏師は，木を削り出して仏像を造るが，自分が彫るのではないと言っている．木の中に眠っている仏様を「お迎え」し，「自分は，木屑を取り払っているだけだ」と言っている．
　2次方程式の解の配置問題におけるローリング・ソバット解法も同じである．式の中に眠っている「通過定点」を「お迎えする」ことにより解へと導かれる．そして，定点をお迎えできたら，パラメータを動かして，直線の傾きを変化させるローリング・ソバットをかける．
　また，解答2では「ローリング・ソバット」をくり出して直線の傾きを変化させるだけで，小問3つの各条件に対応できるので，解答1のように，各条件によって図を独立に描く必要はない．「ローリング・ソバット」の破壊力を味わっていただけただろうか．

 ## 2. 平均するにも回転中心は存在する

　中学入試の問題の中には，図形の求積問題で「定点」を見つけると「秒殺」できる問題がある．次の問題は，切断された円柱の体積を求める問題だ．

【問題2】

右図の立体は，底面の半径 10cm，高さ 20cm の円柱をななめに切ったものです．

この立体の体積は □ cm³ です．ただし，円周率は 3.14 として計算しなさい．

(城西川越中学校)

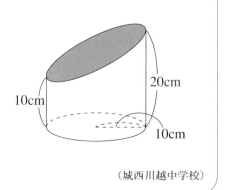

▶**解答1**（円柱を2等分する）

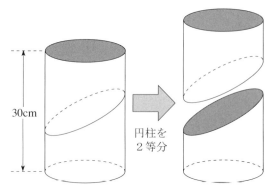

切断した立体の体積は，高さ 30cm の円柱を2等分した体積と等しいので，

$$(10\times10\times\pi)\times30\times\frac{1}{2}=1500\pi \ [\text{cm}^3]$$

円周率の近似値を 3.14 とすると，

$$1500\times3.14=4710 \ [\text{cm}^3]$$

算数仮面の解説　竹を日本刀で真剣斬りするかのごとく，高さ 30cm の円柱を斜めにまっ二つに切るという切れ味のいい解法だ．

▶**解答 2**（高さの平均値を求める）

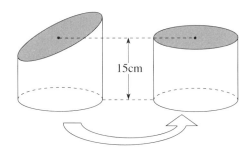

高さの平均を求めると，
$$\frac{10+20}{2}=15 \ [\text{cm}^3]$$
切断した立体の体積は，高さを平均した円柱の体積と等しいので，
$$(10\times10\times\pi)\times15=1500\pi \ [\text{cm}^3]$$
お約束の近似値を使うと，
$$1500\times3.14=4710 \ [\text{cm}^3]$$

算数仮面の解説

実は，高さを平均した円柱と同じ体積の切断された立体の切断面は，つねに円柱の円の中心を「定点通過」することがわかる．切断面をひねって「ローリング・ソバット」のように動かしても，切断面の下側の体積は一定のままである．

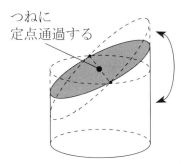

3. ローリング・ソバットの神髄

最後に，回転の中心となる定点を「お迎え」することによって，「ローリング・ソバット」のように切れ味鋭く解くことができる問題を紹介しよう．この問題は，単純な図形で単純な問題設定でありながら，これまでの中学入試の問題では類をみない斬新さがある．

【問題 3】
下の図の直線は，編かけ部分を面積の等しい 3 つの部分に分けている．AB の長さは □ cm である．

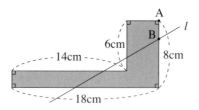

(灘中学校)

▶解答 1（変数を設定する）

編かけ部分の面積は，
$$14.2 + 4.8 = 60 \ [\text{cm}^2]$$
なので，3 等分された各部分の面積は，
$$60 \times \frac{1}{3} = 20 \ [\text{cm}^2]$$
となる．そこで，図のように，x, y をとる．

Round 4. **定点の通過** ——ローリングソバットの使い手

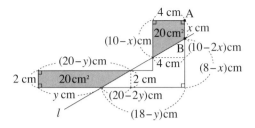

相似な直角三角形が3つあるので，

$$\begin{cases} (10-y):1=(18-y):(8-x) & \cdots ① \\ (18-y):(8-x)=2:(5-x) & \cdots ② \end{cases}$$

式①より，

$$18-y=(8-x)(10-y)$$
$$(8-x)y-y=10(8-x)-18$$
$$(7-x)y=62-10x \quad \cdots ①'$$

式②より，

$$2(8-x)=(5-x)(18-y)$$
$$(5-x)y=18(5-x)-2(8-x)$$
$$(5-x)y=74-16x \quad \cdots ②'$$

①'$\times(5-x)=$②'$\times(7-x)$ より，

$$(62-10x)(5-x)=(74-16x)(7-x)$$
$$(31-5x)(5-x)=(37-8x)(7-x)$$
$$5x^2-56x+155=8x^2-93x+259$$
$$3x^2-37x+104=0$$
$$(3x-13)(x-8)=0$$

$x=8$ は不適で，$x=\dfrac{13}{3}$ [cm]

算数仮面の解説 直線の傾きを求めるために，直線によって分離された辺の長さを x, y とおいてみた．しかし，明らかに混沌とした解法であり，中学入試の出題者がこんな解法を想定しているはずがない．

▶**解答 2**(相似形を利用する)

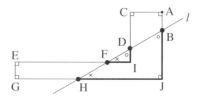

直線によって分けられた台形 ACDB と台形 FEGH の上底と下底の和を面積から求めると,

$$AB+CD = 20 \cdot 2 \cdot \frac{1}{4} = 10 \ [\text{cm}]$$

$$EF+GH = 20 \cdot 2 \cdot \frac{1}{2} = 20 \ [\text{cm}]$$

となるので,

$$DI+BJ = 6+8-10 = 4 \ [\text{cm}]$$

$$IF+JH = 14+18-20 = 12 \ [\text{cm}]$$

である.

△DIF ∽ △BJH なので,

$$\begin{aligned}DI:IF &= BJ:JH \\ &= (DI+BJ):(IF+JH) \\ &= 4:12 \\ &= 1:3\end{aligned}$$

△DKB ∽ △DIF なので,

$$DK:KB = 1:3$$

$$\therefore \ DK = 4 \times \frac{1}{3} = \frac{4}{3} \ [\text{cm}]$$

よって,求める AB の長さは,

$$\begin{aligned}AB &= (AB+CD-KD) \times \frac{1}{2} \\ &= \frac{1}{2}\left(10-\frac{4}{3}\right) \\ &= \frac{13}{3} \ [\text{cm}]\end{aligned}$$

Round 4. 定点の通過 ——ローリングソバットの使い手

算数仮面の解説　相似比を求めるのに，対応する一辺の長さの比だけでなく，対応する二辺の長さの和の比を考えたところが，ポイントである．

▶**解答 3**（定点通過する直線を考える　～ローリング・ソバット～）

編かけ部分の面積 60 cm² を 3 等分した各部の面積は 20 cm² ずつとなる．

面積 20 cm² の台形を作るように直線 l を動かすと，図の定点 P および定点 Q のまわりを回転することになる．

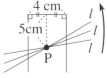

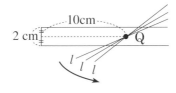

直線 l が直線 PQ と重なればよい．

図の 2 つの編かけ部分が相似であることに注意すると，

$$AB = 5 - \frac{2}{3} = \frac{13}{3} \text{ [cm]}$$

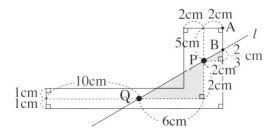

算数仮面の解説　この問題の難しさは，直線がどこを通る直線であるか全く示されていないという点にある．3 等分された図形のうち，2 つの台形の面積と高さはわかるので，上底と下底の長さの和が確定す

る．よって，上底と下底の長さの平均が一定であり，直線はつねに，対辺の中点から上底と下底の平均の長さの位置にある点 P，点 Q を通過することがいえる．この章のテーマである「定点通過」する直線の存在に気づいた後は，一気に解決へと導かれるのだ．

　直線は，その直線が通る 2 点が決まればただ 1 本に確定できるが，本問では，l が通過する 2 点を発見することが難しい．与えられた編かけ部分の周囲にある点 B に注意が向くような設定になっているが，そこに目を眩まされていると，時間内に上手に解くことは難しい．面積を 3 等分することから「台形の面積が一定」という特質に目を向けて，定点を「発掘」するというアイデアが，この問題の面白さである．まさしく直線が通過する「定点」を「お迎え」できる洞察力により，ローリング・ソバットを繰り出すのである．

Round 5

光と影
――リングを照らすスポットライト

1. 点光源と影の間に相似あり

本章は，点光源と，点光源によって平面上にできる物体の影をテーマとした，様々な「光と影」の問題を扱っていくことにする．まず初めに，動く点光源とその影に関する有名な問題を紹介しよう．

【問題1】
a, b, c を正の実数とする．xyz 空間において，
$$|x| \leqq a,\ |y| \leqq b,\ z = c$$
を満たす点 (x, y, z) からなる板 R を考える．点光源 P が平面 $z = c+1$ 上の楕円 $\dfrac{x^2}{a^2} + \dfrac{y^2}{b^2} = 1,\ z = c+1$ の上を一周するとき，光が板 R にさえぎられて xy 平面上にできる影の通過する部分の図を描き，その面積を求めよ． （1991年・東京大学・理科）

▶解答

点光源 $P(a\cos\theta,\ b\sin\theta,\ c+1)$ を楕円上に固定する．板 R の影 R' もまた長方形である．板 R の中心を $C(0, 0, 1)$，影 R' の中心を Q とすると，
$$\overrightarrow{CQ} = -c\,\overrightarrow{CP} = -c(a\cos\theta,\ b\sin\theta,\ 1)$$
$$Q(-ca\cos\theta,\ -cb\sin\theta,\ 0)$$

影 R' は板 R を $c+1$ 倍に拡大した長方形である.

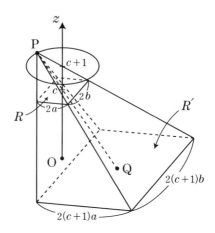

次に,変数 θ を動かすことにより点光源 P を楕円上で動かすと,影 R' の中心 Q も楕円を描いて動き,影 R' の全体は図のような楕円と直線で囲まれた図形になる.

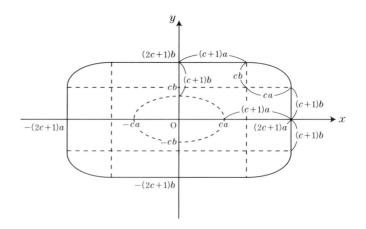

よって,求める面積は,

$$\pi ca \cdot cb + 4\{(2c+1)^2 ab - c^2 ab\}$$
$$= ab\{\pi c^2 + 4(3c^2 + 4c + 1)\}$$
$$= ab\{(\pi + 12)c^2 + 16c + 4\}$$

Round 5. 光と影 ——リングを照らすスポットライト

算数仮面の解説 板 R と xy 平面上にできる影 R' は平行である．よって，点光源 P を固定すると，点 P と板 R によって構成される四角錐と，点 P と影 R' によって構成される四角錐は，相似形である．「光と影」の問題では，平行線によってできる相似形を見つけ，利用するのが重要だ．また，動く点光源によってできる影の軌跡を調べるには，点光源と光をさえぎる物体の中心点を結ぶ直線上に，影の中心点があることを利用すればよい．

次の問題は，【問題 1】の東京大学・理科で出題されたのと同年の東京大学・文科の問題だ．「点光源」といった言葉はないが，実質的に「光と影」の問題であることが理解できるだろうか．

【問題 2】

xyz 空間の点 $P(2,0,1)$ と，yz 平面上の曲線 $z=y^2$ を考える．点 Q がこの曲線上を動くとき，直線 PQ が xy 平面と出会う点 R のえがく図形を F とする．

xy 平面上で F を図示せよ． (1991 年・東京大学・文科)

▶解答

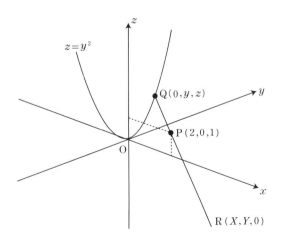

57

$Q(0, y, z)$, $R(X, Y, 0)$ とおく．点 Q を点 R に対応させる写像 φ
$$Q \xrightarrow{\varphi} R$$
を考える．点 Q が曲線
$$z = y^2 \text{ かつ } x = 0 \quad \cdots\cdots ①$$
上を動くときの，点 R の軌跡 F を求めたい．

$$R(X, Y, 0) \in F \rightleftarrows {}^\exists Q(0, y, z) \in ①, \quad R = \varphi(Q)$$

（写像 φ によって点 R に対応する元の点 Q が曲線①上に存在していること）

$$\rightleftarrows Q = \varphi^{-1}(R) \in ①$$

$\rightleftarrows$「直線 PR が平面上と交わり，
　　　　　その交点 Q が上に乗っていること」

に注意して解く．すると，交点 Q は，

$$Q(0, y, z) = \left(0, \frac{-2Y}{X-2}, \frac{X}{X-2}\right) \quad (X - 2 \neq 0)$$

となる．この点 Q が曲線①上に存在すればよいから，

$$\left(\frac{X}{X-2}\right) = \left(\frac{-2Y}{X-2}\right)^2 \text{ かつ } X - 2 \neq 0$$

$$\rightleftarrows (X-1)^2 - 4Y^2 = 1 \text{ かつ } X \neq 2$$

よって，求める図形 F は，

双曲線 $(x-1)^2 - \dfrac{y^2}{\left(\frac{1}{2}\right)^2} = 1$ から，1 点 $(2, 0)$ を除いたもので，図示すると次のようになる．

Round 5. 光と影 —— リングを照らすスポットライト

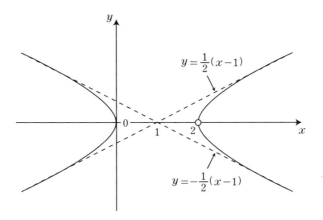

算数仮面の解説 本問では，写像 φ

$$\begin{pmatrix} 0 \\ y \\ z \end{pmatrix} \xrightarrow{\varphi} \begin{pmatrix} X \\ Y \\ 0 \end{pmatrix}$$

の具体的な式を，「X, Y を y, z で表す」形では求めなかったが，「3 点 P, Q, R が 1 直線上に乗ること」を利用して，逆写像 φ^{-1} を

$$\begin{pmatrix} 0 \\ \frac{-2Y}{X-2} \\ \frac{X}{X-2} \end{pmatrix} = \begin{pmatrix} 0 \\ y \\ z \end{pmatrix} \xleftarrow{\varphi^{-1}} \begin{pmatrix} X \\ Y \\ 0 \end{pmatrix}$$

の形で求めて使った．結果を図に書くと，次のように yz 平面には放物線が見えて，xy 平面には双曲線が見える．実は，この 2 つの曲線は，いずれも円錐から生み出されるものだった．

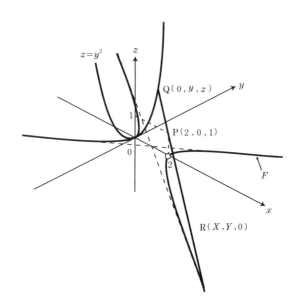

そして，次の円錐が見えると，本質が理解できる．

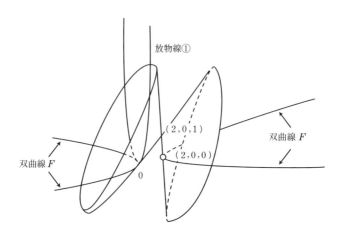

図のような円錐面を，

$$\begin{cases} yz \text{ 平面で切断すると放物線①が現れた} \\ xz \text{ 平面で切断すると双曲線 } F \text{ が現れた} \end{cases}$$

というのが，本問の設定の真相だ．

2. 算数の世界の「動く点光源」

先ほどの【問題1】のような「点光源が動く」という設定の大学入試問題は，ちらほら出題されているが，実は中学入試問題にも「点光源が動く」という設定の問題が出題され始めた．それが，次の問題だ．

【問題3】

下の図のように，P地点から東，南にまっすぐのびる長いさくで仕切られた平らな土地があり，東西の長さ9m，南北の長さ6m，高さ6mの直方体の建物が，さくから4mずつはなれて建っています．

この建物の屋上の長方形ABCDの辺の上にロボットがいて，毎秒1mの速さでA→B→C→Dの順に1周します．ロボットは，先に電球のついた長さ3mの棒を地面に垂直になるように持っていて，ロボットが動くと地面にうつったかげもいっしょに動きます．

このとき，次の問いに答えなさい．

(1) さくで仕切られた土地の上で建物のかげが通過する部分全体の面積を求めなさい．

(2), (3) ともに略

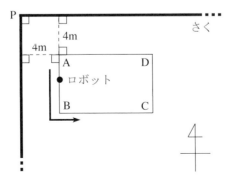

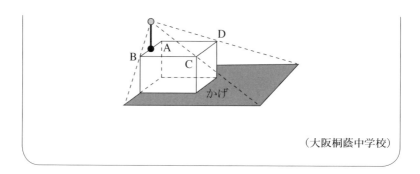

(大阪桐蔭中学校)

▶**解答**

電球（点光源）のついた棒を点Aで固定する．電球から長方形ABCD（建物の屋上）までの高さと，電球から地面までの高さの比は，

$$3:(3+6) = 3:9 = 1:3$$

なので，

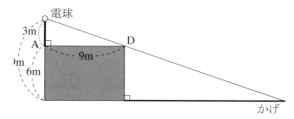

長方形ABCDと地面上の影は相似の長方形で，相似比は1:3である．

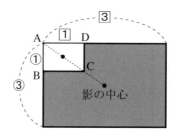

もし，さくがないとき，電球のついた棒が A → B → C → D の順に1周すると，影の中心も長方形を描いて動き，影全体は図のような長方形になる．

Round 5. 光と影 ――リングを照らすスポットライト

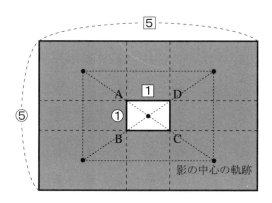

よって,さくで仕切られた土地上に限られた影の通過部分は,図の網かけ部分となる.

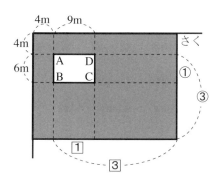

求める面積は,

$$(4+9\times3)\times(4+6\times3)-9\times6 = 628\,[\mathrm{m}^2]$$

算数仮面の解説 「動く点光源」の軌跡が,【問題1】の楕円から長方形に変わっただけで,本質は全く同じ問題だった.

次の問題は,「光と影」の問題ではなく,穴を通過する点光源の光に関する問題だが,「点光源が動く」という設定に関しては同様だ.

【問題4】

下の図1のように,ステージから 8m の高さにある水平な面に半径 2m の円の形をした穴があけられています.この中心のさらに真上 4m のところに点光源があり,穴を通った光だけがステージにスポットライトとしてあたります.なお,穴をあけた面の厚みは考えないものとします.次の問いに答えなさい.

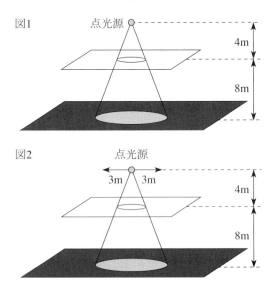

(1) 図1で,ステージの上で光があたっている部分の面積は何 m² ですか.

(2) 図2で,点光源がもとの位置から水平に,図の矢印の方向へ左右 3m ずつ動かすことができる場合,ステージの上で光をあてることができる部分の面積は何 m² ですか.

(海城中学校)

▶解答

(1) 次の図のように,点光源によってできる2つの直角三角形は相似であるので,穴の半径と,光のあたっている部分の円の半径との比は,

Round 5. 光と影 —— リングを照らすスポットライト

$$4:(4+8)=4:12=1:3$$

となる．よって，相似比は 1:3 となり，光があたっている部分の半径 r は，

$$1:3=2:r$$
$$r=6\,[\mathrm{m}]$$

よって，光の円の面積は，

$$6\times6\times\pi=36\pi\,[\mathrm{m}^2]$$

円周率を 3.14 とすると，

$$36\times3.14=113.04\,[\mathrm{m}^2]$$

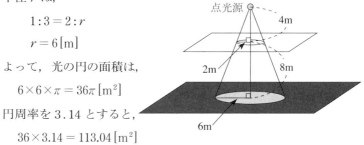

(2) 点光源が 3m 移動したときの図を描く．

この場合でも，光の当たっている部分の円の半径は，やはり 6m となる．したがって，点光源が左右に 3m ずつ動くとき，ステージの上で光を当てることができる部分は，次の図ような円（直径 PR のもの）が 12m だけ移動するときに通過する部分である．

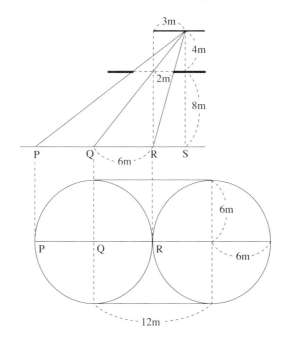

65

よって，求める面積は，

$$113.4 + 12 \times 12 = 257.04\,[\mathrm{m}^2]$$

算数仮面の解説　穴のあいた水平な面とステージが平行であるので，すぐに相似形が見つかるはずだ．方針は，【問題 1】【問題 3】とさほど変わらない．

そして，このスポットライトの問題の類題が，1990 年・東北大学・後期・理系，同年・名古屋大学・文系にも出題されている．次の図は，点光源 P を点 B に固定して，穴 D を通過する光の線分の集合を描いたものである．

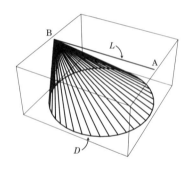

さらに点光源 P を線分上で動かすことにより，上の図をずらして重ねたものが，次の図である．

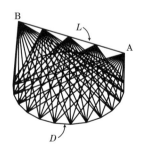

Round 5. 光と影 —— リングを照らすスポットライト

3. 小学校から相似が奪われた

　実は，2008年の中学入試問題では，【問題3】の大阪桐蔭中学校の問題をはじめ，奇遇にも複数の難関校で「光と影」の問題が出題された．固定された点光源と影に関する問題は古くから多々出題されているが，次の問題は，その中でも特に目新しい設定で，難易度の高い問題だ．

【問題5】

　図のように，へいABCで囲まれた直角三角形の土地があります．へいの高さは2mで，長さはABが6m，BCが8m，CAが10mです．このへいの内側

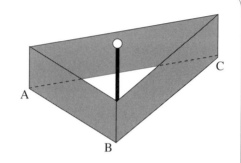

に，高さが3mの照明灯を立てて，すべての方向を照らします．

(1) へいABとBCからそれぞれ2m離れたところに照明灯を立てたとき，へいの外側にへいの影ができます．
　　① へいABの影の部分の面積は何m²ですか．
　　② へいABCの全体の影の部分の面積は何m²ですか．

(2) へいABの中央から2m離れた外側に，身長150cmの人が立っています．
　　① この人の全身がへいの影になるように照明灯を立てるとき，照明灯は，へいABから何m以上離せばよいですか．
　　② この人の全身が照らされるように照明灯を立てるとき，照明灯を立てることができる部分の面積は何m²ですか．

(3) へいABCの内側で照明灯の位置を変えるとき，一度でもへいの影になる部分の面積は何m²ですか．

(久留米大学附設中学校)

▶**解答**

(1) ① まず，△ABC の 3 辺の長さの比が，6:8:10 = 3:4:5 なので，これは直角三角形になる．

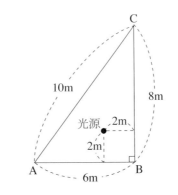

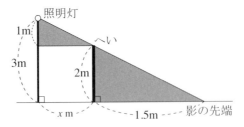

次に，照明灯とへいの間の距離を x [m] とするとき，上の図の編かけ部分の直角三角形が相似であることから，影の長さは $2x$ [m] となる．したがって，へい AB の影の先端を A′B′ とすると，影は下の図のような台形となることがわかる．

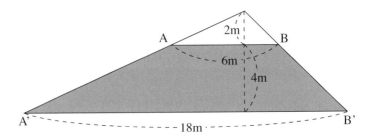

よって，へい AB の影の部分の面積は，

Round 5. 光と影 ——リングを照らすスポットライト

$$(6+18) \times 4 \times \frac{1}{2} = 48 \, [\mathrm{m}^2]$$

② 図のへい ABC の全体の影の部分の面積を求める．

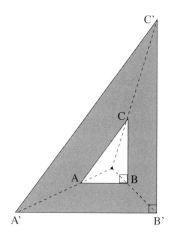

△A′B′C′ の面積は，△ABC の面積の 9 倍なので，ここから △ABC を取り除く．

$$\left(6 \times 8 \times \frac{1}{2}\right) \times (9-1) = 24 \times 8 = 192 \, [\mathrm{m}^2]$$

(2) ① 人の全身がへいの影になるとき，図のような状態を考える．

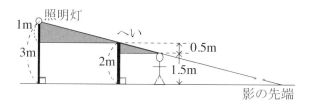

照明灯からへいまでの距離を $y\,[\mathrm{m}]$ とすると，図の 2 つの相似な直角三角形に注意すれば，$y=4\,[\mathrm{m}]$ とわかる．よって，4m 以上離せばよい．

② 人の足にへいの影がくるような図を描く．

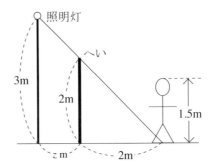

照明灯からへいまでの距離を $z\,[\mathrm{m}]$ とする．上の図の2つの相似な直角二等辺三角形に注意すれば，$z=1\,[\mathrm{m}]$ とわかる．よって，照明灯はへいから1m以内にあればよい．

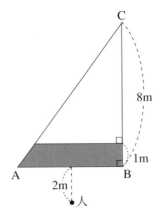

図の網かけ部分の面積を求めればよい．

$$\triangle\mathrm{ABC}=6\times8\times\frac{1}{2}=24\,[\mathrm{m}^2]$$

から，相似比 $\frac{7}{8}$ 倍の三角形を取り除けばよいので，

$$\begin{aligned}24-24\times\frac{7}{8}\times\frac{7}{8}&=24\times\left(1-\frac{49}{64}\right)\\&=24\times\frac{15}{64}\\&=\frac{45}{8}\,[\mathrm{m}^2]\end{aligned}$$

(3) (1) ①の図によれば，照明灯がどこにあっても，照明灯からへいへの距離の3倍の位置に影の先端ができる．よって，照明灯が△ABCの内側を自由に動くとき，影のできる場所は，図の網かけ部分のようになる．その面積は△ABCの面積の36倍なので，

$$24 \times 36 = 864 \,[\mathrm{m}^2]$$

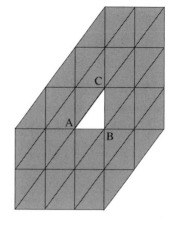

算数仮面の解説　真上から見た直角三角形内の相似と，真横から見た直角三角形内の相似をそれぞれ利用しなくてはならない．そして，相似比を求めるのに，対応する一辺の長さの比だけでなく，対応する二辺の長さの和の比を考えたところが，ポイントである．

【問題3】の大阪桐蔭中学校，【問題5】の久留米大学附設中学校以外にも，同年の中学入試問題のなかに，図のような2個の点光源P, Qと直角三角形ADEを垂直に折ったTによってできる影に関する大阪星光学院中学校の入試問題や，図のような点光源と直方体によってできる影に関する開成中学校の入試問題が挙げられる．

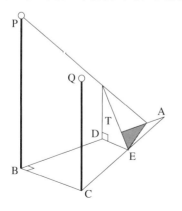
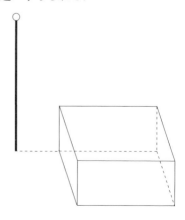

この 2 問の詳細な解説は，初代算数仮面・二代目算数仮面共著『殿堂入りの算数 vol.2 図形編』(プリパス知恵の館文庫) テーマ 6 (光と影) に示されているので，関心のある方はご覧いただきたい．

　これらの「光と影」の問題は，「相似」を使わないと全く歯が立たないのだ．だが，文科省の魔の手により，2002 年度から実施されている小学校学習指導要領の「算数」で，図形の「合同」「拡大・縮小」(相似) に関する指導内容が削除されてしまった．(なお，2011 年度実施の小学校学習指導要領は，図形の「合同」「拡大・縮小」は再び指導範囲内となっている．) この「相似」を奪われた世代の小学生たちが，2008 年に多くの中学校で出題された「光と影」の問題に立ち向かっていかなくてはいけないのに，相似を利用しないと解くことができないとは皮肉なものである．
　では，「光と影」の問題を通して，中学入試で問われる能力は何か．それは，立体図形を，点光源と影によって構成される平面図形に置き換え，その平面図形内の相似の関係を発見することができる図形把握能力だ．今の小学生たちは，高い水準が求められていることがわかる．文科省の魔の手に負けるな，という中学校の先生たちからの応援歌なのだ．

Round 6 反射
——電光石火のロープワーク攻撃

1. ビリヤードで正確なショットを決めよう

　前章は，相似図形を利用した「光と影」に関する問題を紹介した．本章は，前章同様に相似図形を利用した，光や球の「反射」をテーマとした問題を扱っていくことにする．反射といえば，ビリヤード．そこでまず初めに，ビリヤードの問題を紹介しよう．

【問題 1】

　座標平面上に 6 点 A$(0,0)$，B$(1,0)$，C$(2,0)$，D$(2,1)$，E$(1,1)$，F$(0,1)$ がある．以下では長方形 ACDF をビリヤードの台と思い，点 A, B, C, D, E, F に穴があるとする．すると，点 A から x 軸に対して傾き $\frac{1}{3}$ で打ち出した球は ⬜(1) 回縁で跳ね返り，⬜(2) の穴に入り，傾き $\frac{3}{7}$ で打ち出した球は ⬜(3) 回縁で跳ね返り，⬜(4) の穴に入る．ここで，球は台の縁に衝突した角度（入射角）と同じ大きさの角度（反射角）で跳ね返り，つぎに衝突するまで直線運動を行うものとする．また，途中失速することはないものとする．

　下図は x 軸に対して傾き m で A から打ち出した球の軌跡の一部を表している．

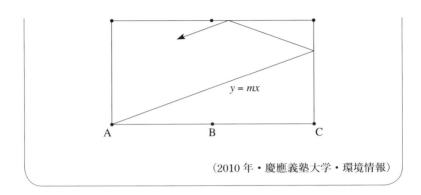

(2010年・慶應義塾大学・環境情報)

▶解答

(1), (2) 最初に球が当たる辺 CD を軸とし，長方形 ACDF を線対称に折り返した長方形 A_1CDF_1 を図のように作る．

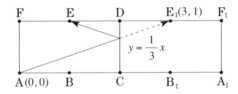

すると，直線 $y = \dfrac{1}{3}x$ は点 $E_1(3, 1)$ を通るので，球は，辺 CD で1回跳ね返り，点 E の穴に入る．

(3), (4) 直線 $y = \dfrac{3}{7}x$ が最初に通過する辺 CD を軸とし，長方形 ACDF を線対称に折り返した長方形を A_1CDF_1 とする．次に通過する辺 F_1D を軸とし，長方形 A_1CDF_1 を線対称に折り返した長方形 $A_2C_1DF_1$ を作る．次々と折り返しを繰り返すと，図のように，直線 $y = \dfrac{3}{7}x$ は，辺 $CD, DF_1, F_1A_2, A_2C_2, C_2D_2$ を通過し，点 $E_2(7, 3)$ を通る．

よって，球は，5回跳ね返り，点 E の穴に入る．

Round 6. 反射 ——電光石火のロープワーク攻撃

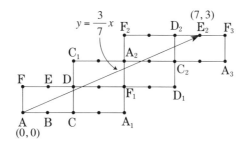

　算数仮面の解説　　反射の問題で，ビリヤードの台とボールに見立てているところが斬新だった．反射の問題は，反射する辺を軸にした線対称図形を次々に描いて，反射線をすべて直線にすると考えやすい．ビリヤードで球をクッション（反射）させて，正確に球やポケット（穴）に向けてショットする（打つ）には，目先のビリヤードの台だけを見ているだけではいけない．ビリヤードの台の先に，線対称に折り返した台を想定して，想定した台の中の球やポケットに向けてショットするのだ．

　さらに，本問で線対称図形を並べてみると，穴のある点が格子点であることがわかる．つまり，球が入る穴を見つけるには，球の軌跡（折れ線）をまっすぐに伸ばしてできる直線 $y = mx$ が最初に通過する格子点を見つければよいのだ．

2. リング内のロープワーク攻撃

　次に，奇しくも同年に出題された中学入試問題を見てみよう．四角いリングでの熱い闘いを彷彿とさせる出題だ．

【問題2】

右の図のように1辺の長さが10cmの正方形ABCDの頂点Bから発射した玉が，正方形の辺上の点P, Q, R, S, T, U, ……で反射して，正方形の4つの頂点のいずれかに当たったときに止まるものとします．AR＝4cmのとき，

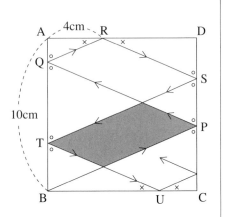

(1) BUの長さは □ cm です．
(2) 網かけ部分の面積は □ cm² です．
(3) 玉は頂点 □ で止まります．

（大阪星光学院中学校）

▶解答

(1) 反射する辺を軸として，線対称に折り返してできる図形を図のように並べていく．

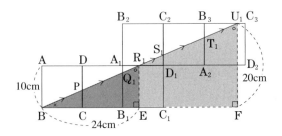

すると，△BER_1 と △BFU_1 は相似である．相似比は，

$R_1E : U_1F = 10 : 20 = 1 : 2$ となり，

$BE = AD×2 + A_1R_1 = 10×2 + 4 = 24$ [cm] なので，

$$BF = 24 \times 2 = 48 \text{ [cm]}$$

よって，　$BU = B_3U_1 = 48 - 10 \times 4 = 8$ [cm]

(2) △RAQ と △UBT は，ともに(1)の △BER₁ と相似形なので，

$$\begin{cases} AQ = RA \times \dfrac{ER_1}{BE} = 4 \times \dfrac{10}{24} = \dfrac{5}{3} \text{ [cm]} \\ BT = UB \times \dfrac{ER_1}{BE} = 8 \times \dfrac{10}{24} = \dfrac{10}{3} \text{ [cm]} \end{cases}$$

また，△RAQ と合同な図形は，右図の網かけ部分である．右図のように，交点をG, Hとすると，求める面積は，

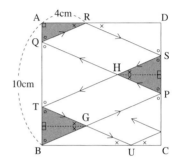

(平行四辺形 BPST)
$-(\triangle TBG + \triangle PSH)$
$= \dfrac{10}{3} \times 10 - \left(\dfrac{10}{3} \times 4 \times \dfrac{1}{2}\right) \times 2 = \dfrac{60}{3} = 20 \text{ [cm}^2\text{]}$

(3) 玉が頂点に当たるときは，反射する辺を軸にした線対称図形を並べた場合に，直線 BP の延長線が頂点を通過するときである．この延長線によってできる直角三角形は，(1)の △BER₁ の辺 BE (24 cm)に対応する辺の長さが，正方形 ABCD の 1 辺の長さ 10 cm の倍数となる △BER₁ の相似図形になればよい．つまり，(1)の △BER₁ の辺 BE に対応する辺の長さ 24 と 10 の最小公倍数となる 120 cm となればよい．よって，図のように，玉は頂点 A で止まることがわかる．

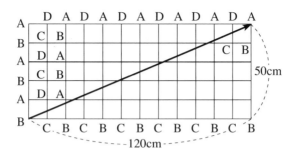

算数仮面の解説　まさしく，ビリヤードの台を正方形にしただけで，【問題1】と考え方は同様だ．正方形内での反射は，まさしく 6.5m 四方のリング内で繰り広げられるロープワーク攻撃のようだ．ロープワーク攻撃（正方形内での反射）も，ビリヤードと同様，目先の対戦相手を見ているだけは足りない．ロープの先の相手を見越していないと，ロープワーク攻撃は決まらないぞ．

さて実は，正方形内の反射の問題は，さかのぼること50年以上も前に東京大学の入試問題で出題されているのだ．次の問題を紹介しよう．

【問題3】

ABCD を1辺の長さが1の正方形とする．頂点 A より発した光が辺 BC にあたって反射し，以下次々に正方形の辺にあたって反射するものとする．最初，辺 BC にあたる点を P_1 とし，以下次々に辺にあたる点を $P_2, P_3, \cdots$ とする．

$BP_1 = t$ とおき，P_3 から辺 AD, AB に至る距離をそれぞれ x, y とするとき，$x+y$ を t の関数とみなして，そのグラフをえがけ．ただし，光が正方形の頂点にあたる場合は除外する．

Round 6. 反射 ——電光石火のロープワーク攻撃

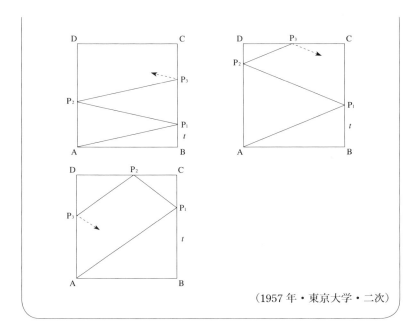

(1957年・東京大学・二次)

▶解答

(ⅰ)点 P_3 が辺 BC 上にあるとき

　反射する辺を軸にした線対称図形を,図のように並べてみる.

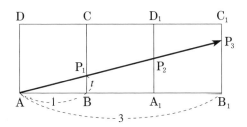

$\triangle ABP_1 \backsim \triangle AB_1P_3$ なので,$B_1P_3 = 3t$

よって,$x = C_1D_1 = 1$,$y = B_1P_3 = 3t$ なので,$3t < 1$ $i.e.$ $t < \dfrac{1}{3}$

のとき,
$$x + y = 1 + 3t \quad \cdots\cdots ①$$

（ⅱ）点 P_3 が辺 CD 上にあるとき

反射する辺を軸にした線対称図形を，図のように並べてみる．点 P_3 から辺 AB_1 に下ろした垂線の足を点 H とする．

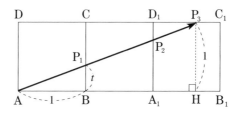

$\triangle ABP_1 \backsim \triangle AHP_3$ なので，$AH = \dfrac{1}{t}$

よって，$x = P_3D_1 = \dfrac{1}{t} - 2,\ y = HP_3 = 1$ なので，

$0 < \dfrac{1}{t} - 2 < 1\ i.e.\ \dfrac{1}{3} < t < \dfrac{1}{2}$ のとき，

$$x + y = \left(\dfrac{1}{t} - 2\right) + 1 = \dfrac{1}{t} - 1 \quad \cdots\cdots ②$$

（ⅲ）点 P_3 が辺 DA 上にあるとき

反射する辺を軸にした線対称図形を，図のように並べてみる．

$\triangle ABP_1 \backsim \triangle AA_1P_3$

なので，

$A_1P_3 = 2t$

よって，$x = 0, y = P_3A_2 = 2 - 2t$

なので，

$0 < 2 - t < 1\ i.e.\ \dfrac{1}{2} < t < 1$ のとき，

$$x + y = 0 + (2 - 2t) = 2 - 2t \quad \cdots\cdots ③$$

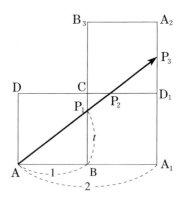

以上，①，②，③より，$x+y$ のグラフは，図のようになる．ただし，線分，双曲線の端点は含まない．

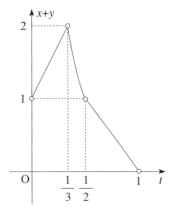

 算数仮面の解説　【問題1】,【問題2】では，球の反射の問題だったが，本問のように光の反射の問題に代わっても，本質は全く同じだ．反射した光の折れ線を，反射面に関して対称移動すると，まっすぐに伸びるというのが基本だった．

3. 進化する反射の問題

さらに，長方形や正方形内の反射にとどまらず，東京大学では【問題3】から40年の時を越えて，正三角形内の光の反射の問題を出題してきた．それが次の問題だ．

【問題4】
　正三角形 ABC の頂点 A から辺 AB とのなす角が θ の方向に，三角形の内部に向かって出発した光線を考える．ただし，$0° < \theta < 60°$ とする．この光線は三角形の各辺で入射角と反射角が等しくなるように反射し，頂点に到達するとそこでとまるものとする．また，三角形の内部では光線は直進するものとする．

(1) $\tan\theta = \dfrac{\sqrt{3}}{4}$ のとき，この光線はどの頂点に到達するかを述べよ．

(2) 正の整数 k を用いて $\tan\theta = \dfrac{\sqrt{3}}{6k+2}$ と表せるとき，この光線の到達する頂点を求め，またそこへ至るまでの反射の回数を k を用いて表せ．

(1997 年・東京大学・理科)

▶解答

(1) 正三角形の 1 辺の長さを 1 としても一般性を失わない．正三角形をその辺に関して対称に折り返すことを繰り返すと，下図の点 B_2 の座標が $(4, \sqrt{3})$ となり，$\angle B_2AB = \theta \left(\tan\theta = \dfrac{\sqrt{3}}{4}\right)$ である．

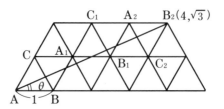

図で，線分 AB_2 の間で正三角形の辺の 7 箇所と交差している．線分 AB_2 を折り返していくことにより，題意の光路を作図することができて，この光線が点 B に到達してとまることがわかる．

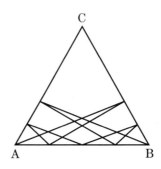

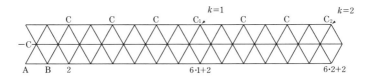

$\tan\theta = \dfrac{\sqrt{3}}{6k+2}$ の偏角 θ の方向へ出発した光線は，上図において，

$$\begin{cases} k=1\ \text{なら，}\ \mathrm{C}_1(8,\sqrt{3}) \\ k=2\ \text{なら，}\ \mathrm{C}_2(14,\sqrt{3}) \\ \text{一般の}\ k\ \text{では，}\ \mathrm{C}_k(6k+2,\sqrt{3}) \end{cases}$$

に到達する．これらの点 $\mathrm{C}_k(k\in\mathbb{N})$ は，(1) と同様の折り返しによって，すべて点 C と重なるから，光線の到達する頂点は C である．

また，反射の回数は，線分 AC_k が正三角形の辺と交差する回数を数えることによって得られる．よって，

$$\begin{cases} \text{ABと平行な辺を切るのが}\ 1\ \text{回} \\ \text{BCと平行な辺を切るのが}\ 6k+2\ \text{回} \\ \text{CAと平行な辺を切るのが}\ 6k\ \text{回} \end{cases}$$

なので，合計，$1+(6k+2)+6k=12k+3$ 回の反射をする．

算数仮面の解説 長方形や正方形内での反射の問題と同様に，正三角形内での反射も，光の折れ線をまっすぐにすることを考えればよかった．そのために対称移動を施したのだ．この基本に立ち返って，正三角形を敷き詰めた図形を使う必要性に気付くかどうかがポイントだったのだ

4. ロープワーク攻撃から空中殺法へ

近年の中学入試問題は，2 次元の反射の問題から 3 次元の反射の問題へと，さらに進化を続けている．最後に，次の問題をみてみよう．

【問題5】

　下の図1のように内側の側面が鏡でできていて，長方形EFGHの部分だけがあいている直方体の箱があります．各辺の長さは，AB = 5cm，AD = 4cm，AE = 18cm です．また，点M，L はそれぞれ辺BC，辺FG 上の点で，BM = FL = 3cm です．いま A から，直線ML 上にある点P に向かって光をはなちました．光は鏡の面で反射しながら進みます．図2，図3はそれぞれ直方体を真上および真横から見たときの光の進み方の一部を書いたもので，同じ印の角は大きさが等しいとします．

　このとき，次の各問いに答えなさい．ただし，光が直方体の各辺に到達したり，直方体の箱から出た場合はそれ以上反射しないものとします．

(1) MP = 1cm のとき，光が反射しなくなるまでに何回反射しますか．

(2) 光が頂点 E，F，G，H のどこかにちょうど到達するのは，MP の長さが何 cm のときですか．

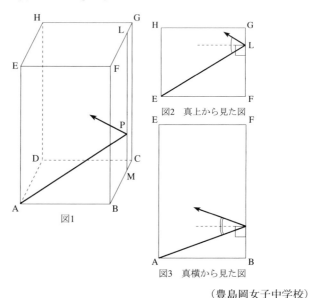

図1

図2　真上から見た図

図3　真横から見た図

(豊島岡女子・中学校)

▶解答

(1) 真上から見た図で考える．反射する辺を軸にした線対称図形を，図のように並べてみる．

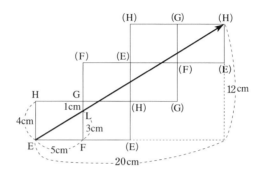

△EFL と相似になる三角形を考えた上で，光が通過する長方形 EFGH の頂点を探す．すると，光は5回反射して，辺 HD 上に到達することがわかる．なお，このとき光は面 BCGF（右側）に2回，面 DAEH（左側）に1回反射している．よって，真横から見た図は，反射する辺を軸にした線対称図形を，図のように並べてみると，辺 HD に到達する前に光が箱から出ることはないといえる．

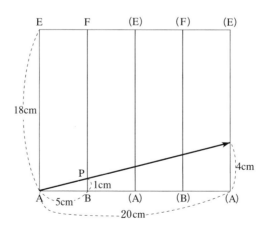

(2) (1)より，MP＝1[cm] のとき，辺 DH 上で底面から $1 \times 4 = 4$ [cm] の点に，光が到達することがわかる．

よって，光が頂点 H に到達するには，MP の長さを，
$$1 \times \frac{18}{4} = \frac{9}{2} (= 4.5) \text{ [cm]}$$
にすればよい．

算数仮面の解説　この問題の設定は，従来の基本技であるロープワーク攻撃（2次元の反射）から，アクロバティックな空中殺法（3次元の反射）へとステップアップしている．算数の世界は，進化を続けているのだ．

だが，縦横無尽の空中殺法といえども，反射の法則は，2次元の場合と同じようにはたらいている．「法則」は，次元を問わない．だから偉大なのだ．

本問では，真上および真横から見たときの2次元の反射にそれぞれ置き換えることで，従来の2次元の反射の問題と同じ本質のもとで解くことができた．華麗な空中殺法（3次元の反射）であっても，じつは基本技術の組み合わせで成り立っている．基礎・基本を疎かにしないことだ．

Round 7 正方形・正三角形・ルーローの三角形
—— シンプルな図形たちの回転わざ

 1. 初代算数仮面の顔の秘密

本章は，正方形と正三角形をテーマとした問題を扱っていくことにする．そこで，最初に，私の顔に刻まれたシンボルマークの秘密を明らかにしよう．次の問題を，秒殺できるだろうか．

【問題1】

図は，1辺10cmの正方形の辺をそれぞれ2等分する点と頂点を結んだ図です．網目の部分の面積は □ cm² です．

（世田谷学園中学校）

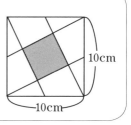

▶**解答** 大きな正方形の面積は100 cm² である．4つの小さな直角三角形を，正方形の各辺の中点のまわりで180°回転させると，小さな正方形が5つできるが，これらはすべて合同で，面積は等しい．網目の部分の面積は，小さな正方形1個分の面積であるから，

$$100 \text{ cm}^2 \div 5 = 20 \text{ cm}^2$$

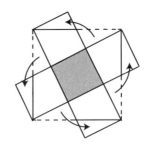

算数仮面の解説　ここでも，ローリング・ソバットを効果的に使うことができた．本問の図形は，初代算数仮面の右側頭部に刻まれている．平成の算額と言ってもよいだろう．さらに，左側頭部には，答えの図が刻まれている．

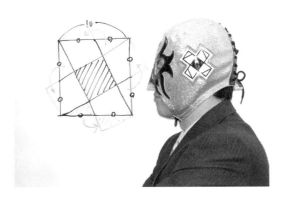

【問題2】

　図の•印は，面積が $20\,\mathrm{cm}^2$ の正方形の各辺を2等分した点です．このとき，太線アイの長さを求めなさい．

（筑波大学附属中学校）

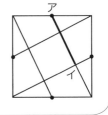

▶**解答**　中央にある小さな正方形の面積は，【問題1】の考え方により，
$$20 \times \frac{1}{5} = 4\,[\mathrm{cm}^2]$$

となるから，小さな正方形の1辺の長さは2cmである．また，直角三角形の直角をはさむ辺の長さの比は，2:1である．よって，太線アイの長さは，小さい正方形の1辺の長さの$\frac{3}{2}$倍で，3cmである．

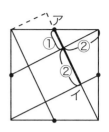

 算数仮面の解説 「面積が$20\,\mathrm{cm}^2$の正方形」の1辺の長さは$\sqrt{20} = 2\sqrt{5} = 4.472$ cm となるが，この値は小学生には，求められない．しかし，この「秒殺術」を使いこなして求めた長さは，整数値になっていた，というわけだ．

2. 折り紙を折る／重ねる

次の問題は，折り紙だ．

【問題3】

図1のように，正方形の折り紙の各辺を7:3でわける点をそれぞれア，イ，ウ，エとします．図2は，折り紙を4つの点ア，イ，ウ，エを結んでできる線で内側に折りかえしたものです．また，図2で折り紙が重なっていない部分の図形（かげをつけた部分）の面積は$25\,\mathrm{cm}^2$になりました．このとき，最初の正方形の折り紙のまわりの長さと面積をそれぞれ求めなさい．

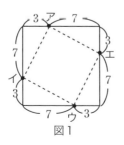
図1

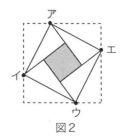
図2

（東京学芸大学附属世田谷中学校）

▶**解答** 最初の正方形の1辺の長さを⑩とすると,かげのついた正方形の1辺の長さは⑦－③＝④となる.正方形の面積が $25\,\text{cm}^2$ なので,1辺の長さは④＝5cm である.すなわち①＝1.25cm である.最初の正方形の折り紙のまわりの長さは,$4\times$⑩

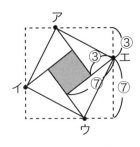

＝ $40\times 1.25\,\text{cm}=50\,\text{cm}$ である.最初の正方形の折り紙の面積は,$12.5\,\text{cm}\times 12.5\,\text{cm}=156.25\,\text{cm}^2$ である.

算数仮面の解説 中学受験生が使いこなす秒殺術の奥義が,徐々に明らかになってきた.

ところで④＝5cm なんて気持ちが悪い式だと思うかもしれないが,これは,小学生は文字式が「使えない」ことになっているという事情による.実質的には文字式を使っているようなものなのだが,本音と建前を使い分けるということだ.

ここまで,中学受験の問題ばかりを見てきたので,今度は大学入試では,正方形をどのように料理して出題しているのかを見てみよう.これは,折り紙を重ねる問題だ.

【問題4】

平面上に1辺の長さが1の正方形 S がある.この平面上で S を平行移動して得られる正方形で,点 P を中心にもつものを $T(\text{P})$ とする.このとき,共通部分 $S\cap T(\text{P})$ の面積が $\dfrac{1}{2}$ 以上となるような点 P の存在範囲を図示せよ.また,この範囲の面積を求めよ.

(1973年・東京大学・文理共通)

▶**解答** 正方形 S の中心が原点に,x 軸,y 軸が S の各辺と平行になるように座標をとり,正方形 $T(\text{P})$ の中心を $\text{P}(x,y)$ とする.

Round 7. 正方形・正三角形・ルーローの三角形 —— シンプルな図形たちの回転わざ

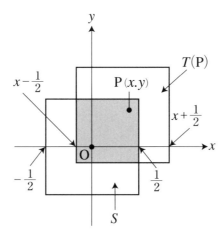

共通部分 $S \cap T(P)$ は長方形となる.

横の辺の長さは,

$$x \geqq 0 \text{ のとき } \frac{1}{2} - \left(x - \frac{1}{2}\right) = 1 - x$$

$$x < 0 \text{ のとき } x + \frac{1}{2} - \left(-\frac{1}{2}\right) = x + 1$$

まとめれば, $1-|x|$ (ただし $-\frac{1}{2} \leqq x \leqq \frac{1}{2}$).

縦の辺の長さは $1-|y|$ (ただし $-\frac{1}{2} \leqq y \leqq \frac{1}{2}$)

なので,条件は

$$(1-|x|)(1-|y|) \geqq \frac{1}{2} \quad \cdots\cdots ①$$

第1象限 $(x>0,\ y>0)$ においては,

$$(1-x)(1-y) \geqq \frac{1}{2} \iff (x-1)(y-1) \geqq \frac{1}{2}$$

①は両軸について対称な図形を表すから,条件をみたす点 $P(x, y)$ の存在範囲は図のようになる.

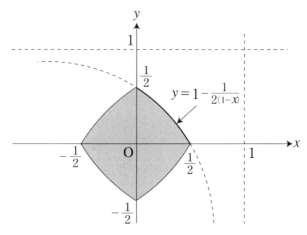

求める面積は,

$$4\int_0^{\frac{1}{2}} \left\{1 - \frac{1}{2(1-x)}\right\}dx = 4\left[x + \frac{1}{2}\log(1-x)\right]_0^{\frac{1}{2}}$$
$$= 2(1-\log 2)$$

算数仮面の解説　正方形そのものだけでなく，動きが出てくる，関数が出てくる，条件をみたす点の存在範囲（領域）が出てくる，という具合で，大学受験になると考える素材が豊かになってくることが分かるだろう．

さて，正方形の問題ばかりで，そろそろ飽きてきた頃だろう．そこで，【問題1】で使った華麗な等積移動（ローリング・ソバット）を，三角形においても使ってみることができるので，紹介しよう．

3. 三角形でもローリング・ソバット

【問題5】

三角形の各辺を3等分する点から，対応する頂点に3本の線を結ぶ．このとき，中央にできる三角形の面積は，もとの三角形の面積の何倍になるか．

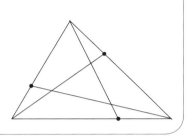

▶**解答**　もとの三角形の中点（3つ）をとり，中央の三角形の3つの頂点と結ぶ．図のように，3カ所の中点を中心として，180°の回転を行う．これは等積移動である．

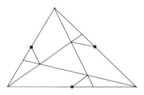
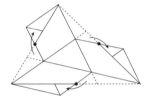

すると，中央の小さな三角形の周囲に，3つの平行四辺形ができる．これら3つの平行四辺形に対角線をひくと，合同な三角形7個が現れる．よって，中央にできる三角形の面積は，もとの三角形の面積の $\frac{1}{7}$ である．

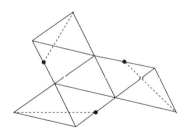

算数仮面の解説　この華麗な回転わざは Roger B. Nelsen "Proofs Without Words II"（The Mathematical Association of America, 1997）

の 17 ページにて使われているものだ．なかなかの強者だ．もちろん，ベクトルの利用をはじめ，普通の計算で解くこともできる．

上記の【問題 5】では，「3 等分点」を使うと，面積が $\frac{1}{7}$ 倍の図形ができた．では，「3 等分点」を可変にすると，どうなるのかを考えてみよう．

【問題 6】

1 辺の長さが 1 の正三角形 ABC の辺 BC, CA, AB 上に，それぞれ点 P, Q, R を，BP = CQ = AR $< \frac{1}{2}$ となるようにとり，線分 AP と線分 CR の交点を A′，線分 BQ と線分 AP の交点を B′，線分 CR と線分 BQ の交点を C′ とする．BP = x として，次の問いに答えよ．

(1) BB′, PB′ を x を用いて表せ．
(2) 三角形 A′B′C′ の面積が三角形 ABC の面積の $\frac{1}{2}$ になるような x の値を求めよ．

(1980 年・東京大学・理科)

▶解答

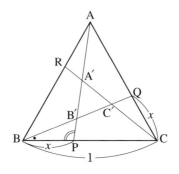

Round 7. 正方形・正三角形・ルーローの三角形 ──シンプルな図形たちの回転わざ

(1) $BP = CQ = AR = x \ \left(0 < x < \dfrac{1}{2}\right)$ とおき,

$\triangle BCQ$ で余弦定理を用いると,

$$BQ^2 = 1^2 + x^2 - 2 \cdot 1 \cdot x \cos 60°$$
$$BQ = \sqrt{x^2 - x + 1}$$

また,$\triangle BCQ$ と $\triangle BB'P$ とは相似であり,相似比は

$BQ : BP = \sqrt{x^2 - x + 1} : x$ であるから,

$$BB' = \dfrac{x}{\sqrt{x^2 - x + 1}} \cdot BC = \dfrac{x}{\sqrt{x^2 - x + 1}}$$

$$P'B' = \dfrac{x}{\sqrt{x^2 - x + 1}} \cdot CQ = \dfrac{x^2}{\sqrt{x^2 - x + 1}}$$

(2) $\triangle ABC$ と $\triangle A'B'C'$ はともに正三角形であるから,面積比が $2:1$ になるには,辺の長さの比(相似比)が $\sqrt{2}:1$ であればよい.すなわち,

$$B'C' = \dfrac{1}{\sqrt{2}} BC = \dfrac{1}{\sqrt{2}}$$

ここで,

$$B'C' = BQ - (BB' + C'Q)$$
$$= \sqrt{x^2 - x + 1} - \dfrac{x^2 + x}{\sqrt{x^2 - x + 1}}$$
$$= \dfrac{1 - 2x}{\sqrt{x^2 - x + 1}}$$

なので,$\dfrac{1 - 2x}{\sqrt{x^2 - x + 1}} = \dfrac{1}{\sqrt{2}}$

整理すると,$7x^2 - 7x + 1 = 0$

$0 < x < \dfrac{1}{2}$ だから $x = \dfrac{7 - \sqrt{21}}{14}$

算数仮面の解説 ここで $x = \dfrac{1}{3}$ とすれば,

$$B'C' = \dfrac{1 - 2x}{\sqrt{x^2 - x + 1}} = \dfrac{1}{\sqrt{7}}$$

なので，△A′B′C′ の面積は全体の $\frac{1}{7}$ となり，改めて【問題5】の結果が得られる．

4. ルーローの三角形

さて，正方形から正三角形へと話がすすんできたが，今度は「ルーローの三角形」を紹介しよう．

【問題7】

本郷君は，一辺の長さが 1cm の正三角形の3つの頂点 A, B, C をそれぞれ中心として，半径 1cm の円の一部をかいて［図Ⅰ］のような図形をつくりました．次の問いに答えなさい（ただし，円周率は 3.14 とします）．

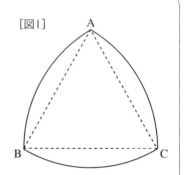

[図Ⅰ]

(1) ［図Ⅰ］の図形のまわりの長さは何 cm ですか．

(2) 次に，［図Ⅱ］のように，［図Ⅰ］を底面とする柱を2本用意し，平らな台の上にそれらの2本を平行に置きました．そして，その上に平らな板Dを置き，板Dが右に進むように2本の柱を同時にゆっくりころがしました．

板Dはどんな動きをしたでしょう．次の(ア)〜(エ)から，いちばん適当なものを選びなさい．

(ア) 台に対して板Dがまず右下がり，次に左下がりになり，これをくり返して進んだ

Round 7. 正方形・正三角形・ルーローの三角形 ——シンプルな図形たちの回転わざ

(イ) 台に対して板Dがまず左下がり，次に右下がりになり，これをくり返して進んだ
(ウ) 台と板Dがつねに平行で，板Dが上下に振動しながら進んだ
(エ) 台と板Dがつねに平行で，さらに板Dが上下にも振動せずに進んだ

[図II]

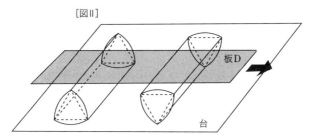

(3) また[図III]のように，[図I]と同じ厚紙Eの下側に直径1cmの円の厚紙Fを置きました．

そして，FのまわりにEをすべらないように時計回りにころがしました．EがFの反対側に来るまでころがしたときの図は，次の(ア)〜(エ)のどれでしたか．

[図III]

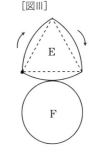

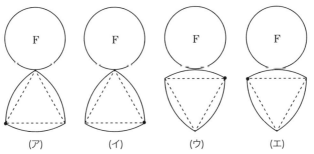

(ア) (イ) (ウ) (エ)

(2010年・慶應義塾大学・環境情報)

▶解答

(1) 半径 1cm の扇形の弧の長さの 3 倍になるから,

$$2\pi \times \frac{1}{6} \times 3 = \pi \,[\text{cm}] \quad (本当の答え)$$
$$= 3.14 \,[\text{cm}] \quad (小学生の答え)$$

(2) ルーローの三角形は等幅図形であるから,（エ）台と板 D がつねに平行で, さらに板 D が上下にも振動せずに進んだ.

(3) [図 I] と同じ厚紙 E の周囲の長さは π [cm] である. また, 直径 1cm の円の厚紙 F の周囲の長さも同じく π [cm] である. したがって, 次のようになる.

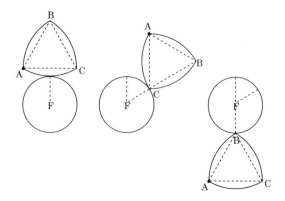

結論は(ア)である.

算数仮面の解説 [図 I]の図形をルーローの三角形という．(2)から分かることは，ルーローの三角形は，いかなる向きの平行線で挟んでも幅が等しくなるということだ．等幅図形であるという．すなわち，ルーローの三角形は，正方形にピッタリ内接するということになる．ああ，また正方形の話に戻ってきたようだ．

すなわち，ルーローの三角形を，

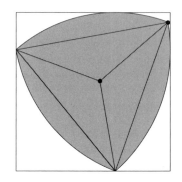

Round 7. 正方形・正三角形・ルーローの三角形 ——シンプルな図形たちの回転わざ

正方形にピッタリ内接させたまま回転させることができるということだ. つまり, ルーローの三角形の形をしたドリルの刃を装着すれば, 四角い穴をあける「スクエア・ドリル」ができるという工学的応用があり, すでに特許が所得されているという.

5. トライアングル・ドリル

そこで私も, 1 問つくってみた.

【問題 8】

図 1 のように, 半径 3, 中心角 $60°$ の扇形から 1 辺の長さが 3 の正三角形をとり去った図形を作る. この図形を 3 つ用意し, 図 2 のように貼り合わせたレンズ状の図形を K とする. xy 平面上で $A(0,2)$, $B(-\sqrt{3},-1)$, $C(\sqrt{3},-1)$ を頂点とする正三角形の中を, 図形 K はつねに 3 辺に接しながら動くことができる. この事実は証明なしに用いてよい.

(1) 図形 K の弧と正三角形の辺との接点 T が辺 BC 上にあるとき, 辺 AB との接点を P, 辺 AC との接点を Q とする. PQ の傾きが $\tan\theta$ のとき, AP, AQ の長さを θ で表せ.

(2) 接点 T が辺 BC 上を動くとき, PQ の中点 G の軌跡を求めよ.

(3) 図形 K が正三角形の 3 辺に接しながら可能な限りまわるとき, 点 G が描く図形に囲まれる部分の面積を求めよ.

[図 1]

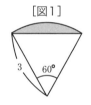

[図 2]

[図 3]

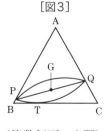

（算数仮面の出題）

▶解答

(1) $\tan\theta \geqq 0$ のとき,

$$\angle APQ = \frac{\pi}{3} - \theta, \quad \angle AQP = \frac{\pi}{3} + \theta$$

であるから,△APQ に正弦定理を用いる.

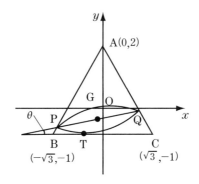

$$\frac{AP}{\sin\left(\frac{\pi}{3}+\theta\right)} = \frac{AQ}{\sin\left(\frac{\pi}{3}-\theta\right)} = \frac{3}{\sin\frac{\pi}{3}}$$

$$AP = 2\sqrt{3}\sin\left(\frac{\pi}{3}+\theta\right) = 3\cos\theta + \sqrt{3}\sin\theta$$

$$AQ = 2\sqrt{3}\sin\left(\frac{\pi}{3}-\theta\right) = 3\cos\theta - \sqrt{3}\sin\theta$$

これは $\tan\theta < 0$ のときも成り立つ.

(2) G は PQ の中点だから,

$$\overrightarrow{AP} = \frac{AP}{AB}\overrightarrow{AB}$$

$$= \frac{3\cos\theta + \sqrt{3}\sin\theta}{2\sqrt{3}}\begin{pmatrix}-\sqrt{3}\\-3\end{pmatrix}$$

$$= \frac{3}{2}\cos\theta\begin{pmatrix}-1\\-\sqrt{3}\end{pmatrix} + \frac{\sqrt{3}}{2}\sin\theta\begin{pmatrix}-1\\-\sqrt{3}\end{pmatrix}$$

Round 7. 正方形・正三角形・ルーローの三角形 ──シンプルな図形たちの回転わざ

$$\vec{AQ} = \frac{AQ}{AC}\vec{AC}$$
$$= \frac{3\cos\theta - \sqrt{3}\sin\theta}{2\sqrt{3}}\begin{pmatrix}\sqrt{3}\\-3\end{pmatrix}$$
$$= \frac{3}{2}\cos\theta\begin{pmatrix}1\\-\sqrt{3}\end{pmatrix} + \frac{\sqrt{3}}{2}\sin\theta\begin{pmatrix}-1\\\sqrt{3}\end{pmatrix}$$

$$\vec{AG} = \frac{1}{2}(\vec{AP} + \vec{AQ})$$
$$= \frac{3}{2}\cos\theta\begin{pmatrix}0\\-\sqrt{3}\end{pmatrix} + \frac{\sqrt{3}}{2}\sin\theta\begin{pmatrix}-1\\0\end{pmatrix}$$

$$\therefore \vec{OG} = \vec{OA} + \vec{AG}$$
$$= \begin{pmatrix}0\\2\end{pmatrix} + \frac{\sqrt{3}}{2}\begin{pmatrix}-\sin\theta\\-3\cos\theta\end{pmatrix} \quad \cdots\cdots ①$$

T が BC 上を動くとき，θ の変域は

$$-\frac{\pi}{6} \leqq \theta \leqq \frac{\pi}{6} \quad \cdots\cdots ②$$

であるから，G の軌跡は図のような楕円の一部である．なお，端点の座標は

$$\left(\frac{\sqrt{3}}{4}, -\frac{1}{4}\right) \quad \left(\theta = -\frac{\pi}{6}\right)$$
$$\left(-\frac{\sqrt{3}}{4}, -\frac{1}{4}\right) \quad \left(\theta = \frac{\pi}{6}\right)$$

である．

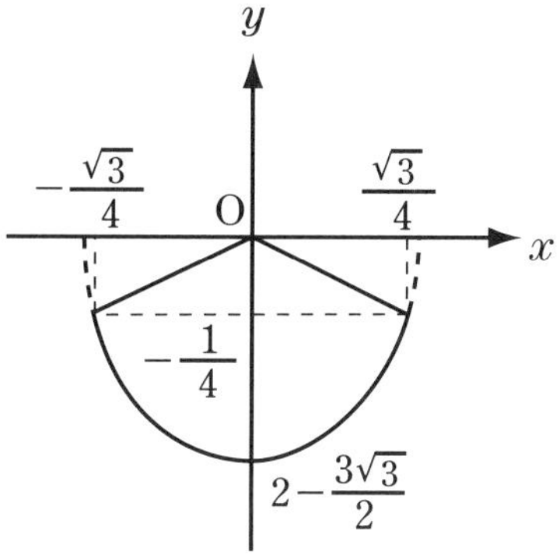

(3) 正三角形の三方向の対称性により，G の軌跡は図のようになる．求める面積は図の網目部分の 6 倍だから，

$$\frac{S}{6} = \int_0^{\frac{\sqrt{3}}{4}}(-y)dx - \frac{1}{2}\cdot\frac{\sqrt{3}}{4}\cdot\frac{1}{4}$$
$$= \int_0^{\frac{\pi}{6}}\left(-2 + \frac{3\sqrt{3}}{2}\cos\theta\right)\left(-\frac{\sqrt{3}}{2}\cos\theta\right)d\theta - \frac{\sqrt{3}}{32}$$
$$= \int_0^{-\frac{\pi}{6}}\left(\sqrt{3}\cos\theta - \frac{9}{4}\cos^2\theta\right)d\theta - \frac{\sqrt{3}}{32}$$
$$= \int_0^{-\frac{\pi}{6}}\left\{\sqrt{3}\cos\theta - \frac{9}{8}(1+\cos 2\theta)\right\}d\theta - \frac{\sqrt{3}}{32}$$

$$= \left[\sqrt{3}\sin\theta - \frac{9}{8}\left(\theta + \frac{1}{2}\sin 2\theta\right)\right]_0^{-\frac{\pi}{6}} - \frac{\sqrt{3}}{32}$$

$$= \frac{3\pi - 4\sqrt{3}}{16}$$

$$S = \frac{9\pi - 12\sqrt{3}}{8}$$

算数仮面の解説　「スクエア・ドリル」の気持ちよさにならって,「トライアングル・ドリル」の問題を作ってみた. タラコくちびるのような図形が, 正三角形の中を回るという設定だ. ジョリジョリと回る様子を想像すると, スッキリしてこないかい？

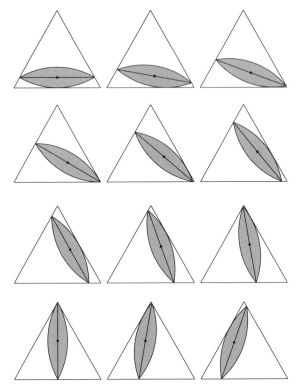

正三角形の中を, 隅々まで, 大掃除というわけだ. とりわけ, 角をサクッと削り取るところが, 切れ味よさそうだろう.

Round 8 正五角形
── 黄金比と $\frac{\pi}{5}$ のゴールデンタッグ

1. 正五角形と黄金比の関係

　前章は,「正三角形と正方形」をテーマとしたが,本章は,正多角形つながりで「正五角形」をテーマに取り上げる.特に「正五角形」と深い関係をもつ「黄金比」や,正五角形の求積方法を研究する.

　「黄金比」とは,$1 : \dfrac{1+\sqrt{5}}{2}$ ($\fallingdotseq 1.618\cdots$) で,西洋では古来より最も美しい比として好まれてきた.古くはギリシアの遺跡として有名な「パルテノン神殿」の正面に見える縦横の比から,現代では名刺やクレジットカードの縦横の比まで,様々なものに「黄金比」が使われている.このような「黄金比」が「正五角形」の中にも隠れているのだ.

　それでは,与えられた正五角形の 1 辺の長さから,正五角形の面積を求積する問題をみてみよう.

【問題 1】
　1 辺の長さ a の正五角形 ABCDE について,次の問いに答えよ.
(1) BE の長さを求めよ.
(2) 外接円の半径を求めよ.
(3) 正五角形 ABCDE の面積を求めよ.　　(2008 年・岐阜薬科大学)

▶解答

(1) 正五角形ABCDEの対角線の長さを x，線分 AC と線分 BE との交点を点 F とする．

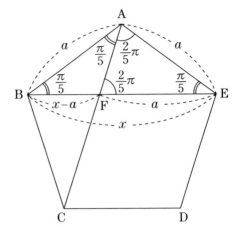

正五角形の内角は，$3\pi \cdot \dfrac{1}{5} = \dfrac{3}{5}\pi$ である．

△ABE は AB = AE = a の二等辺三角形なので，

$$\angle \text{ABE} = \angle \text{AEB} = \left(\pi - \dfrac{3}{5}\pi\right) \cdot \dfrac{1}{2} = \dfrac{\pi}{5}$$

同様に，$\angle \text{BAC} = \angle \text{BCA} = \dfrac{\pi}{5}$

よって，$\angle \text{ABE} = \angle \text{BAC} = \dfrac{\pi}{5}$ なので，△FAB は FA = FB = $x-a$ の二等辺三角形である．

このとき，△ABE ∽ △FAB なので，

$$\text{BE} : \text{EA} = \text{AB} : \text{BF}$$
$$x : a = a : (x-a)$$
$$x(x-a) = a^2$$
$$x^2 - ax - a^2 = 0$$

$x > 0$ より，$x = \dfrac{1+\sqrt{5}}{2}a$

∴ $\text{BE} = \dfrac{1+\sqrt{5}}{2}a$

(2) 頂点 A から線分 BE 上に下ろした垂線の足を点 G とすると，

$$\cos\frac{\pi}{5} = \cos\angle ABG$$
$$= \frac{BG}{AB}$$
$$= \frac{\frac{x}{2}}{a}$$
$$= \frac{1}{2} \cdot \frac{1+\sqrt{5}}{2} a \cdot \frac{1}{a}$$
$$= \frac{1+\sqrt{5}}{4}$$

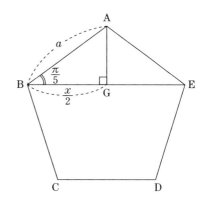

$0 < \dfrac{\pi}{5} < \pi$ で，$\sin\dfrac{\pi}{5} > 0$ であるので，

$$\sin\frac{\pi}{5} = \sqrt{1-\left(\frac{1+\sqrt{5}}{4}\right)^2} = \frac{\sqrt{10-2\sqrt{5}}}{4}$$

正五角形 ABCDE の外接円の中心を点 O，点 O から線分 AB 上に下ろした垂線の足を点 H とすると，

$$\angle AOB = 2\pi \cdot \frac{1}{5}$$
$$= \frac{2}{5}\pi$$

$$\angle AOH = \frac{1}{2}\angle AOB = \frac{1}{2} \cdot \frac{2}{5}\pi = \frac{\pi}{5}$$

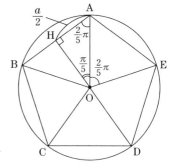

$$\therefore \quad OA = \frac{AH}{\sin\angle AOH}$$

$$= \frac{\frac{a}{2}}{\sin\frac{\pi}{5}}$$

$$= \frac{a}{2} \cdot \frac{4}{\sqrt{10-2\sqrt{5}}}$$

$$= \frac{\sqrt{50+10\sqrt{5}}}{10} a$$

よって，外接円の半径 R は，$R = \dfrac{\sqrt{50+10\sqrt{5}}}{10}a$

(3) $\mathrm{OH} = \mathrm{OA} \cos \dfrac{\pi}{5}$

$= \dfrac{\sqrt{50+10\sqrt{5}}}{10}a \cdot \dfrac{1+\sqrt{5}}{4}$

$= \dfrac{\sqrt{25+10\sqrt{5}}}{10}a$

よって，正五角形 ABCDE の面積 S は，

$S = 5\triangle \mathrm{OAB}$

$= 5\left(\dfrac{1}{2}\mathrm{AB}\cdot\mathrm{OH}\right)$

$= 5 \cdot \dfrac{1}{2} \cdot a \cdot \dfrac{\sqrt{25+10\sqrt{5}}}{10}a$

$= \dfrac{\sqrt{25+10\sqrt{5}}}{4}a^2$

算数仮面の解説 (1) の結果より，正五角形の 1 辺の長さと対角線の長さの比は，$a : x = 1 : \dfrac{1+\sqrt{5}}{2}$ となり，黄金比になることがわかる．身近な「正五角形」の図形の中から「黄金比」が隠れているとは，何とも神秘的である．そして，$\cos\dfrac{\pi}{5}$ を求めることにより，(2) の正五角形の外接円の半径，(3) の正五角形の面積を求めることができる．

2. $\cos\dfrac{\pi}{5}$ を求める

そこで，正五角形の面積を求積するのに $\cos\dfrac{\pi}{5}$ の値は必要であるので，$\cos\dfrac{\pi}{5}$ の求め方を考えていこう．【問題1】の (2) では，頂角 $\dfrac{3}{5}\pi$ の二等辺三角形を用いて，$\cos\dfrac{\pi}{5}$ を求めた．これを【**解法1**】とす

Round 8. 正五角形 ——黄金比と $\frac{\pi}{5}$ のゴールデンタッグ

る．別の解法として**【解法2】**では，頂角 $\frac{\pi}{5}$ の二等辺三角形を用いて $\cos\frac{\pi}{5}$ を求めてみる．関連問題として，次の問題をみてみよう．

▶ $\cos\frac{\pi}{5}$ **の求め方・解法 2**（頂角 $\frac{\pi}{5}$ の二等辺三角形を用いる）

【問題2】

$2\angle A = \angle B = \angle C$ なる $\triangle ABC$ において，$\angle B$ の二等分線と辺 AC との交点を D とする．AB = 1，BC = x としたとき，次の問いに答えよ．

(1) このとき
  $\triangle ABC \sim \triangle BCD$ より辺 **アイ** の長さは x^2 であり，また AD = **ウ** である．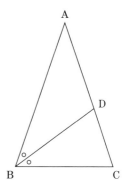

(2) これらを用いて x を求める式をたてると
  エ$^2 +$ **オ** $-$ **カ** $= 0$ となる．

(3) これを解いて $x = \dfrac{\sqrt{\boxed{キ}} - \boxed{ク}}{\boxed{ケ}}$ を得る．

(4)，(5) ともに略

（2004 年・玉川大学・工）

▶**解答**

(1) $\triangle ABC$ において，
  $\angle A = \theta$ とすると，$\angle B = \angle C = 2\theta$ より，
  $$\theta + 2\theta + 2\theta = \pi$$
  $$5\theta = \pi$$
  $$\therefore\ \theta = \frac{\pi}{5}$$

よって，$\triangle ABC$ と $\triangle BCD$ はともに頂角 $\theta = \frac{\pi}{5}$ の二等辺三角形で，

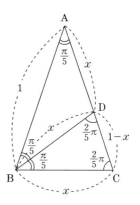

△ABC ∽ △BCD より，

$$AB:BC = BC:CD$$
$$1:x = x:CD$$
$$\therefore \ CD = x^2 \qquad \textbf{アイ}\cdots CD$$

また，△ABD は，底角 $\theta = \dfrac{\pi}{5}$ の二等辺三角形なので，

$$AD = BD = x \qquad \textbf{ウ}\cdots x$$

(2) (1)の**アイ**より，$AD = AC - CD = 1 - x^2$

これと(1)の**ウ**より，

$$1 - x^2 = x \iff x^2 + x - 1 = 0 \qquad \textbf{エ}\cdots x,\ \textbf{オ}\cdots x,\ \textbf{カ}\cdots 1$$

(3) $x > 0$ より，$x = \dfrac{\sqrt{5} - 1}{2}$ \qquad **キ**…5，**ク**…1，**ケ**…2

算数仮面の解説 ここで，点 D から線分 AB に下ろした垂線の足を点 M とすると，

$$\cos\dfrac{\pi}{5} = \dfrac{AM}{AD}$$
$$= \dfrac{\dfrac{1}{2}}{x}$$
$$= \dfrac{1}{2} \cdot \dfrac{2}{\sqrt{5} - 1}$$
$$= \dfrac{1 + \sqrt{5}}{4}$$

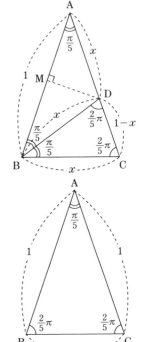

となる．この頂角 $\dfrac{\pi}{5}$ の二等辺三角形 ABC は，「鋭角黄金三角形」（右下図）と呼ばれる．鋭角黄金三角形の底角は $\dfrac{2}{5}\pi$ で，底角の二等分線は全体の△ABC と相似な△BCD を作る特徴がある．残りの△DAB は，頂角

Round 8. 正五角形 —— 黄金比と $\frac{\pi}{5}$ のゴールデンタッグ

$\frac{3}{5}\pi$ の二等辺三角形で,「鈍角黄金三角形」と呼ばれる.そして,2つの黄金三角形の辺の比は,ともに,

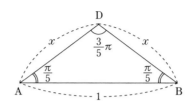

$$x : 1 = \frac{\sqrt{5}-1}{2} : 1 = 1 : \frac{1+\sqrt{5}}{2}$$

と黄金比になることがわかる.なお,【問題1】における△ABE は,「鈍角黄金三角形」である.

次に,【解法3】では,三角関数の倍角の公式を用いて $\cos\frac{\pi}{5}$ を求める.関連問題として,次の問題をみてみよう.

▶ $\cos\frac{\pi}{5}$ の求め方・解法3(倍角の公式を用いる)

【問題3】

(1) 正弦・余弦の加法定理を書け.さらに,これを用いて,$\cos 2\theta$ および $\cos 3\theta$ を $\cos\theta$ の式で表せ.

(2) $\alpha = \frac{\pi}{5}$ とおけば $3\alpha = \pi - 2\alpha$ が成り立つ.この事実と(1)の結果を用いて,$t = \cos\alpha$ とおいたときに t の満たす方程式を求めよ.さらに,これを解いて,$\cos\frac{\pi}{5}$ および $\sin\frac{\pi}{5}$ の値を求めよ.

(3) (2)の結果を用いて,1辺の長さが1の正五角形の面積 S を求めよ.

(2000年・電気通信大学)

▶解答

(1) 略

(2) $\alpha = \dfrac{\pi}{5}$ のとき,$\cos 3\alpha = \cos(\pi - 2\alpha)$ が成り立つので,

$$\cos 3\alpha = -\cos 2\alpha \iff 4\cos^3 \alpha - 3\cos \alpha = -(2\cos^2 \alpha - 1)$$

$$\therefore\ 4\cos^3 \alpha + 2\cos^2 \alpha - 3\cos \alpha - 1 = 0$$

$t = \cos \alpha$ とおくと,

$$4t^3 + 2t^2 - 3t - 1 = 0 \iff (t+1)(4t^2 - 2t - 1) = 0$$

$$\therefore\ t = -1,\ \dfrac{1+\sqrt{5}}{4}$$

$t = \cos \alpha = \cos \dfrac{\pi}{5} > 0$ より,$\cos \dfrac{\pi}{5} = \dfrac{1+\sqrt{5}}{4}$

$0 < \dfrac{\pi}{5} < \pi$ で,$\sin \dfrac{\pi}{5} > 0$ であるので,

$$\sin \dfrac{\pi}{5} = \sqrt{1 - \cos^2 \dfrac{\pi}{5}}$$
$$= \sqrt{1 - \left(\dfrac{1+\sqrt{5}}{4}\right)^2}$$
$$= \dfrac{\sqrt{10 - 2\sqrt{5}}}{4}$$

(3)【問題 1】の (3) と同様に,正五角形の 1 辺の長さが $a = 1$ のときである.求める面積 S は,

$$S = \dfrac{\sqrt{25 + 10\sqrt{5}}}{4}$$

算数仮面の解説 本問では余弦の倍角の公式を用いて $\cos \dfrac{\pi}{5}$ を求めたが,他にも正弦の倍角の公式を用いて $\cos \dfrac{\pi}{5}$ を求める方法もあり,長岡技術科学大学(2006 年)などで出題されている.

次に,【解法 4】では,正五角形内のベクトルを利用して $\cos \dfrac{\pi}{5}$ を求める.

▶ $\cos\dfrac{\pi}{5}$ の求め方・解法 4（正五角形内のベクトルを利用する）

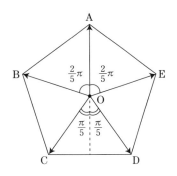

図のように正五角形 ABCDE の中心を O とし，$\overrightarrow{OA} = \vec{a}$, $|\vec{a}| = 1$ のように定める．

$\vec{a} + \vec{b} + \vec{c} + \vec{d} + \vec{e} = \vec{0}$ より，$\vec{a}$ 方向の成分を考えると，

$1 + 2\cos\dfrac{2}{5}\pi - 2\cos\dfrac{\pi}{5} = 0$

$\iff 2\left(2\cos^2\dfrac{\pi}{5} - 1\right) - 2\cos\dfrac{\pi}{5} + 1 = 0$

$\iff 4\cos^2\dfrac{\pi}{5} - 2\cos\dfrac{\pi}{5} - 1 = 0$

$0 < \cos\dfrac{\pi}{5} < 1$ より，$\cos\dfrac{\pi}{5} = \dfrac{1 + \sqrt{5}}{4}$

算数仮面の解説　【解法 4】では正五角形の外心を始点，各頂点を終点としたベクトルを用いて $\cos\dfrac{\pi}{5}$ を求めた．類題として，宮城教育大学（2004 年・学校）や東海大学（2006 年・理・情報理工・工）で出題されている．類題では，正五角形の頂点を始点とした 2 本のベクトルを用いているが，対角線の長さを求めた後は，【解法 1】のように，鈍角黄金三角形から $\cos\dfrac{\pi}{5}$ を求めている．

最後に，【**解法 5**】では，複素数を用いてを求める．関連問題として，次の問題をみてみよう．

▶ $\cos\dfrac{\pi}{5}$ の求め方・解法 5（複素数を用いる）

【問題 4】

複素数 $w = \cos\dfrac{\pi}{5} + i\sin\dfrac{\pi}{5}$ について考える．ただし，i は虚数単位である．

(1) $\overline{w} = \dfrac{1}{w}$ を示せ．ただし，$\overline{w}$ は w に共役な複素数である．

(2) $w^5 + 1 = 0$ を示せ．

(3) $\left(w + \dfrac{1}{w}\right)^2 - \left(w + \dfrac{1}{w}\right) - 1 = 0$ を示せ．

(4) $w + \dfrac{1}{w}$ の値と $\cos\dfrac{\pi}{5}$ の値を求めよ．

(2005 年・徳島大学)

▶ 解答

(1) $|w| = 1$ なので，

$w\overline{w} = |w|^2 = 1$

∴ $\overline{w} = \dfrac{1}{w}$

(2) $w^5 = \cos\pi + i\sin\pi = -1$

∴ $w^5 + 1 = 0$

(3) $w^5 + 1 = 0$

$(w+1)(w^4 - w^3 + w^2 - w + 1) = 0$

$w^4 - w^3 + w^2 - w + 1 = 0$ （∵ $w \neq -1$）

$w^2 - w + 1 - \dfrac{1}{w} + \dfrac{1}{w^2} = 0$ （∵ $w \neq 0$）

$\left(w^2 + \dfrac{1}{w^2}\right) - \left(w + \dfrac{1}{w}\right) + 1 = 0$

∴ $\left(w + \dfrac{1}{w}\right)^2 - \left(w + \dfrac{1}{w}\right) - 1 = 0$

(4) (3)より,
$$w+\frac{1}{w}=\frac{1\pm\sqrt{5}}{2}$$
ここで, (1)より,
$$w+\frac{1}{w}=w+\bar{w}=2\cos\frac{\pi}{5}>0$$
よって,
$$w+\frac{1}{w}=\frac{1+\sqrt{5}}{2}$$
$$\therefore\ \cos\frac{\pi}{5}=\frac{1}{2}\left(w+\frac{1}{w}\right)=\frac{1+\sqrt{5}}{4}$$

算数仮面の解説 本問では，複素平面上で $w^5=-1$ と実数のみで表せる箇所があることに気付くと，複素数を用いても $\cos\frac{\pi}{5}$ を求めることができる．

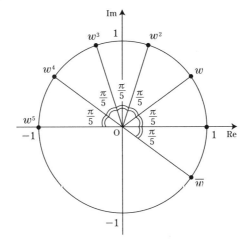

$\cos\frac{\pi}{5}$ の求め方をまとめてみる．

$\begin{cases}\text{【解法1】鋭角黄金三角形を利用}\\ \text{【解法2】鈍角黄金三角形を利用}\end{cases}$

のように，三角比で求める方法と，

　　　　【解法3】三角関数の倍角の公式を利用

のように，加法定理から求める方法と，

　　　　【解法4】正五角形内のベクトルを利用

のように，ベクトルの成分分解から求める方法と，

　　　　【解法5】複素数を利用

のように，複素平面上で考える方法の計4パターンを検討した．手持ちのワザを備えて，さまざまな対応ができるように鍛えておこう．

 ## 3. 正五角形の面積を求める

　次は，正五角形の求積方法を考えてみよう．【問題1】の(3)では，正五角形の中心から各頂点を結んで5等分し，分割された1つの三角形の面積を求めた．これを【解法1】とする．【解法1】以外に正五角形の面積の求め方を複数紹介していこう．ただし，【解法2】以降は，正五角形1辺の長さ a に対し，

　　　正五角形の対角線の長さ：$\dfrac{1+\sqrt{5}}{2}a$,

　　　$\cos\dfrac{\pi}{5}=\dfrac{1+\sqrt{5}}{4}$, $\sin\dfrac{\pi}{5}=\dfrac{\sqrt{10-2\sqrt{5}}}{4}$,

　　　$\cos\dfrac{2}{5}\pi=\dfrac{-1+\sqrt{5}}{4}$, $\sin\dfrac{2}{5}\pi=\dfrac{\sqrt{10+2\sqrt{5}}}{4}$

であることは，用いてよいことにする．

▶**正五角形の面積の求め方・解法2**（正五角形の内角を3等分する）

　△BCA ≡ △EAD なので，1辺の長さ a の正五角形の面積 S は，

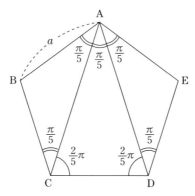

$$S = \triangle BCA + \triangle ACD + \triangle EAD$$
$$= 2\triangle BCA + \triangle ACD$$
$$= 2 \cdot \left(\frac{1}{2} \cdot AB \cdot AC \cdot \sin \angle CAB\right) + \frac{1}{2} \cdot AC \cdot AD \cdot \sin \angle DAC$$
$$= 2 \cdot \frac{1}{2} \cdot a \cdot \frac{1+\sqrt{5}}{2} a \cdot \sin \frac{\pi}{5} + \frac{1}{2} \cdot \frac{1+\sqrt{5}}{2} a \cdot \frac{1+\sqrt{5}}{2} a \cdot \sin \frac{\pi}{5}$$
$$= \frac{\sqrt{25+10\sqrt{5}}}{4} a^2$$

▶正五角形の面積の求め方・解法3

（鈍角黄金三角形から鋭角黄金三角形を取り除く）

ABとCDの延長線上の交点をF，CDとEAの延長線上の交点をGとすると，△FCBはFB=FCの二等辺三角形であり，△FCB ≡ △GEDである．

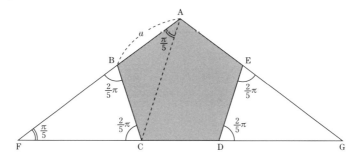

また，$\angle CAB = \angle BFC = \frac{\pi}{5}$ より，△CAFは

$CA = CF = \dfrac{1+\sqrt{5}}{2}a$ の二等辺三角形であるので,

$FB = FC = \dfrac{1+\sqrt{5}}{2}a$

$AF = AB + BF = a + \dfrac{1+\sqrt{5}}{2}a = \dfrac{3+\sqrt{5}}{2}a$

$FG = FC + CD + DG$

$\quad = \dfrac{1+\sqrt{5}}{2}a + a + \dfrac{1+\sqrt{5}}{2}a$

$\quad = (2+\sqrt{5})a$

よって,正五角形の面積 S は,

$S = \triangle AFG - (\triangle FCB + \triangle GED)$

$\quad = \triangle AFG - 2\triangle FCB$

$\quad = \dfrac{1}{2} \cdot AF \cdot FG \cdot \sin\angle AFG - 2\left(\dfrac{1}{2} \cdot CF \cdot FB \cdot \sin\angle CFB\right)$

$\quad = \dfrac{1}{2} \cdot \dfrac{3+\sqrt{5}}{2}a \cdot (2+\sqrt{5})a \cdot \sin\dfrac{\pi}{5} - 2 \cdot \dfrac{1}{2} \cdot \dfrac{1+\sqrt{5}}{2}a \cdot \dfrac{1+\sqrt{5}}{2}a \cdot \sin\dfrac{\pi}{5}$

$\quad = \dfrac{\sqrt{25+10\sqrt{5}}}{4}a^2$

▶**正五角形の面積の求め方・解法 4**

(鋭角黄金三角形から鋭角黄金三角形を取り除く)BC と DE の延長線上の交点を F, A を通る CD の平行線と DE の延長線, BC の延長線の交点をそれぞれ G, H とおくと,

$\triangle ACD \equiv \triangle FDC$

$\qquad\quad \equiv \triangle CAH$

$\qquad\quad \equiv \triangle DGA$

なので,

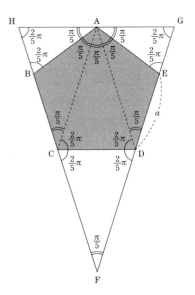

$$\begin{aligned}
\text{FC} &= \text{FD} = \text{CH} = \text{CA} \\
&= \frac{1+\sqrt{5}}{2}a \\
\text{FG} &= \text{FH} = \text{FC} + \text{CH} \\
&= \frac{1+\sqrt{5}}{2}a + \frac{1+\sqrt{5}}{2}a \\
&= (1+\sqrt{5})a \\
\text{GA} &= \text{AH} = \text{AB} = a \\
\text{GH} &= \text{GA} + \text{AH} = a + a = 2a
\end{aligned}$$

また,$\triangle\text{AHB} \equiv \triangle\text{AEG}$,$\triangle\text{AHB} \backsim \triangle\text{ACD}$ なので,正五角形 ABCDE の面積 S は,

$$\begin{aligned}
S &= \triangle\text{FGH} - (\triangle\text{FDC} + \triangle\text{AHB} + \triangle\text{AEG}) \\
&= \triangle\text{FGH} - \triangle\text{FDC} - 2\triangle\text{AHB} \\
&= \frac{1}{2}\cdot\text{FG}\cdot\text{FH}\cdot\sin\angle\text{HFG} \\
&\quad - \frac{1}{2}\cdot\text{FD}\cdot\text{FC}\cdot\sin\angle\text{CFD} - 2\left(\frac{1}{2}\cdot\text{AH}\cdot\text{AB}\cdot\sin\angle\text{BAH}\right) \\
&= \frac{1}{2}\cdot(1+\sqrt{5})a\cdot(1+\sqrt{5})a\cdot\sin\frac{\pi}{5} - \frac{1}{2}\cdot\frac{1+\sqrt{5}}{2}a\cdot\frac{1+\sqrt{5}}{2}a\cdot\sin\frac{\pi}{5} \\
&\quad - 2\cdot\frac{1}{2}\cdot a\cdot a\cdot\sin\frac{\pi}{5} \\
&= \frac{\sqrt{25+10\sqrt{5}}}{4}a^2
\end{aligned}$$

▶**正五角形の面積の求め方・解法 5**（長方形から直角二角形を取り除く）

図のように,正五角形 ABCDE に外接する四角形を四角形 FGHI とおくと,$\triangle\text{ABF} \equiv \triangle\text{AEI}$,$\triangle\text{BCG} \equiv \triangle\text{EDH}$ なので,

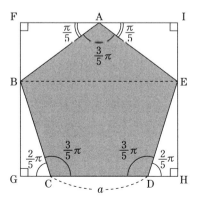

$$\text{FI} = \text{GH} = \text{BE}$$
$$= \frac{1+\sqrt{5}}{2}a$$
$$\text{FA} = \text{AI} = \frac{1}{2}\text{FI} = \frac{1}{2}\cdot\frac{1+\sqrt{5}}{2}a = \frac{1+\sqrt{5}}{4}a$$
$$\text{CG} = \text{CH}$$
$$= \frac{1}{2}(\text{GH}-\text{CD})$$
$$= \frac{1}{2}\left(\frac{1+\sqrt{5}}{2}a - a\right)$$
$$= \frac{-1+\sqrt{5}}{4}a$$
$$\text{FB} = \text{AB}\sin\angle\text{FAB} = a\cdot\sin\frac{\pi}{5} = \frac{\sqrt{10-2\sqrt{5}}}{4}a$$
$$\text{BG} = \text{BC}\sin\angle\text{BCG} = a\cdot\sin\frac{2}{5}\pi = \frac{\sqrt{10+2\sqrt{5}}}{4}a$$
$$\text{FG} = \text{FB}+\text{BG}$$
$$= \frac{\sqrt{10-2\sqrt{5}}}{4}a + \frac{\sqrt{10+2\sqrt{5}}}{4}a$$
$$= \frac{\sqrt{5+2\sqrt{5}}}{2}a$$

よって，正五角形 ABCDE の面積 S は，

$$S = \text{四角形 FGHI}-(\triangle\text{ABF}+\triangle\text{AEI}+\triangle\text{BCG}+\triangle\text{EDH})$$
$$= \text{四角形 FGHI}-2\triangle\text{ABF}-2\triangle\text{BCG}$$
$$= \text{FG}\cdot\text{GH}-2\left(\frac{1}{2}\cdot\text{AF}\cdot\text{FB}\right)-2\left(\frac{1}{2}\cdot\text{BG}\cdot\text{GC}\right)$$
$$= \frac{\sqrt{5+2\sqrt{5}}}{2}a\cdot\frac{1+\sqrt{5}}{2}a - 2\cdot\frac{1}{2}\cdot\frac{1+\sqrt{5}}{4}a\cdot\frac{\sqrt{10-2\sqrt{5}}}{4}a$$
$$\quad - 2\cdot\frac{1}{2}\cdot\frac{\sqrt{10+2\sqrt{5}}}{4}a\cdot\frac{-1+\sqrt{5}}{4}a$$
$$= \frac{\sqrt{25+10\sqrt{5}}}{4}a^2$$

Round 8. 正五角形 ——黄金比と $\frac{\pi}{5}$ のゴールデンタッグ

▶正五角形の面積の求め方・解法 6

（正五角形の辺の中点を結んでできる正五角形を利用する）

図のように点 P, Q, R, T, U をとる。このとき，

$$UP = \frac{AP}{AB} \cdot BE$$
$$= \frac{1}{2} \cdot \frac{1+\sqrt{5}}{2}a$$
$$= \frac{1+\sqrt{5}}{4}a$$

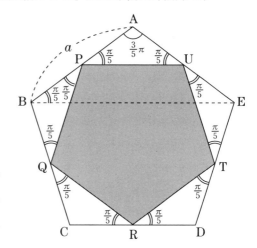

なので，五角形 PQRTU は，1 辺の長さが $\frac{1+\sqrt{5}}{4}a$ の正五角形である。よって，正五角形 ABCDE の面積 S に対して，五角形 PQRTU の面積 S' は，

$$S' = \left(\frac{PQ}{AB}\right)^2 S = \left(\frac{\frac{1+\sqrt{5}}{4}a}{a}\right)^2 S = \frac{3+\sqrt{5}}{8}S$$

また，△APU の面積は，

$$\triangle APU = \left(\frac{AP}{AB}\right)^2 \triangle ABE$$
$$= \left(\frac{1}{2}\right)^2 \cdot \left(\frac{1}{2} AB \cdot BE \cdot \sin \angle ABE\right)$$
$$= \frac{1}{4} \cdot \frac{1}{2} \cdot a \cdot \frac{1+\sqrt{5}}{2} a \cdot \sin \frac{\pi}{5}$$
$$= \frac{\sqrt{10+2\sqrt{5}}}{32} a^2$$

したがって，求める面積 S は，

$$S = S' + \triangle APU + \triangle BQP + \triangle CRQ + \triangle DTR + \triangle EUT$$
$$= S' + 5\triangle APU$$
$$= \frac{3+\sqrt{5}}{8}S + 5 \cdot \frac{\sqrt{10+2\sqrt{5}}}{32}a^2$$
$$\frac{5-\sqrt{5}}{8}S = \frac{5\sqrt{10+2\sqrt{5}}}{32}a^2$$

$$\therefore \quad S = \frac{8}{5-\sqrt{5}} \cdot \frac{5\sqrt{10+2\sqrt{5}}}{32}a^2 = \frac{\sqrt{25+10\sqrt{5}}}{4}a^2$$

▶正五角形の面積の求め方・解法7

（正五角形の対角線によって得られる正五角形を利用する）

図のように点 P, Q, R, T, U をとる．このとき，

$$PQ = BP + EQ - BE$$
$$= a + a - \frac{1+\sqrt{5}}{2}a$$
$$= \frac{3-\sqrt{5}}{2}a$$

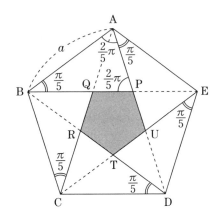

なので，五角形 PQRTU は，1辺の長さが $\frac{3-\sqrt{5}}{2}a$ の正五角形である．よって，正五角形 ABCDE の面積 S に対して，五角形 PQRTU の面積 S' は，

$$S' = \left(\frac{PQ}{AB}\right)^2 S = \left(\frac{\frac{3-\sqrt{5}}{2}a}{a}\right)^2 S = \frac{7-3\sqrt{5}}{2}S$$

また，△BPA の面積は，

$$\triangle BPA = \frac{1}{2} BA \cdot BP \cdot \sin \angle ABP$$
$$= \frac{1}{2} \cdot a \cdot a \cdot \sin \frac{\pi}{5}$$
$$= \frac{\sqrt{10-2\sqrt{5}}}{8}a^2$$

したがって，求める面積 S は，

$$S = S' + \triangle BPA + \triangle CQB + \triangle DRC + \triangle ETD + \triangle AUE$$
$$= S' + 6\triangle BPA$$
$$= \frac{7-3\sqrt{5}}{2}S + 5 \cdot \frac{\sqrt{10-2\sqrt{5}}}{8}a^2$$
$$\frac{-5+3\sqrt{5}}{2}S = \frac{5\sqrt{10-2\sqrt{5}}}{8}a^2$$

$$\therefore S = \frac{2}{-5+3\sqrt{5}} \cdot \frac{5\sqrt{10-2\sqrt{5}}}{8} a^2 = \frac{\sqrt{25+10\sqrt{5}}}{4} a^2$$

算数仮面の解説　正五角形の面積の求積方法をまとめてみる．

【解法1】正五角形の外心から頂点を結び，
　　　　　5等分する
【解法2】正五角形の内角を3等分する

のように，正五角形を分割する方法と，

【解法3】鈍角黄金三角形から
　　　　　鋭角黄金三角形を取り除く
【解法4】鋭角黄金三角形から
　　　　　鋭角黄金三角形を取り除く
【解法5】長方形から直角三角形を取り除く

のように，ある図形内に隠れている正五角形を取り出す方法と，

【解法6】正五角形の辺の中点を結んで
　　　　　できる正五角形を利用
【解法7】正五角形の対角線によって
　　　　　得られる正五角形を利用

のように，正五角形内の正五角形との相似比を用いる方法の計3パターンを検討した．多様なものの見方を備えておきたいものだ．

4. 中学入試における正五角形の面積問題

　以上，正五角形の求積方法として，【解法7】まで紹介したが，実は中学入試の問題でも正五角形の面積を求める問題は出題されている．それでは，最後に中学入試の問題をみてみよう．

【問題5】

右の図の正五角形 ABCDE において，三角形 ABF を X，三角形 AFG を Y とします．次の(ア)～(カ)にあてはまる整数を答えなさい．

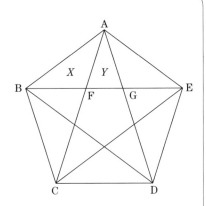

(1) 正五角形 ABCDE の面積は，X (ア)個と，Y (イ)個をあわせた図形の面積と等しい．

(2) FG を1辺とする正五角形の面積は，X (ウ)個から，Y (エ)個を除いた図形の面積と等しい．

(3) BF を1辺とする正五角形の面積は X (オ)個と，Y (カ)個をあわせた図形の面積と等しい．

(早稲田中学校)

▶解答

(1) 正五角形 ABCDE の対角線5本を結んでできる正五角形を，正五角形 FGHIJ とする．

△ABF≡△BCJ≡△CDI≡△DEH≡△EAG なので，
△ABF＝△BCJ＝△CDI
　　　＝△DEH＝△EAG＝X

また，△AFG≡△BJF≡△CIJ≡△DHI≡△EGH なので，
△AFG＝△BJF＝△CIJ＝△DHI＝△EGH＝Y

よって，

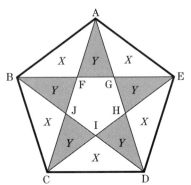

Round 8. 正五角形——黄金比と $\frac{\pi}{5}$ のゴールデンタッグ

$\triangle \mathrm{ABE} \equiv \triangle \mathrm{IEB}$
なので,
$\triangle \mathrm{IEB}$
$= \triangle \mathrm{ABE}$
$= \triangle \mathrm{ABF} + \triangle \mathrm{AFG} + \triangle \mathrm{AGE}$
$= 2X + Y$
∴ 正五角形 ABCDE
$= \triangle \mathrm{ABE} + \triangle \mathrm{IEB}$
$\quad + \triangle \mathrm{BCJ} + \triangle \mathrm{CIJ} + \triangle \mathrm{CDI}$
$\quad + \triangle \mathrm{DHI} + \triangle \mathrm{DEH}$
$= 2(2X+Y) + 3X + 2Y$
$= 7X + 4Y$

(ア)7, (イ)4

(2) 正五角形 FGHIJ
$= \triangle \mathrm{IEB}$
$\quad - (\triangle \mathrm{BJF} + \triangle \mathrm{EGH})$
$= (2X+Y) - 2Y$
$= 2X - Y$

(ウ)2, (エ)1

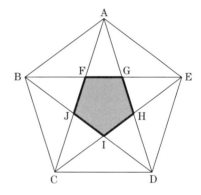

(3) BF を 1 辺とする正五角形を, 正五角形 BKCIF とする.
$\triangle \mathrm{BKC} \equiv \triangle \mathrm{IFB} \equiv \triangle \mathrm{BFA}$ なので,
$\triangle \mathrm{BKC} = \triangle \mathrm{IFB}$
$= \triangle \mathrm{BFA}$
$= X$

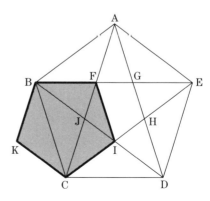

∴ 正五角形 BKCIF
　= △BKC + △BFI + △BCJ + △CIJ
　= 3X + Y　　　　　　　　　　　　　　　　（オ）3,　（カ）1

算数仮面の解説　分割方法は,【解法7】と同様である. ただし, 中学入試という制約上, 無理数を扱えない. 鈍角黄金三角形の面積 X と鋭角黄金三角形の面積 Y を用いて求積させる出題にセンスを感じる.

　また, このような1つの正五角形(ペンタゴン)の対角線5本をすべて結んでできる図形を, 五角星(ペンタグラム)と呼ぶ. その五角星の中に正五角形ができる. 同様の操作を繰り返すと, 連続的に正五角形と五角星が作り出されるのだ. そして, 黄金三角形も次々と作り出されるのだ.

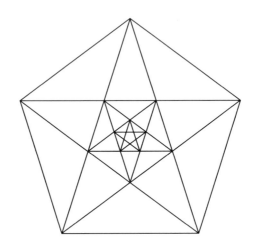

Round 9 正四面体・立方体・正八面体
——三位一体の正多面体

 1. 翔べ！ フライング・ボディプレス

　CHAPTER 7 では「正三角形・正方形」，前回は「正五角形」と正多角形をテーマとしたが，本章からは，平面図形から立体図形に注目していく．特に正多面体に関するテーマを次章にわたって取り上げる．

　本章は，正多面体の中の「正四面体・立方体・正八面体」に関する問題を紹介していく．

　はじめに，「立方体の切断」に関する中学入試の問題からみてみよう．

【問題 1】

　1辺が 4cm の立方体を 1つの頂点を通る平面で切りとり，残った立体を真正面，真上，真横から見ると，図のようになりました．この立体の体積と，表面積を求めなさい．ただし，角すいの体積は(底面積)×(高さ)×$\frac{1}{3}$ です．

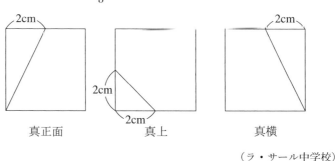

（ラ・サール中学校）

▶**解答**

見取り図は，図のようになる．この立体は，立方体から三角錐を取り除いた立体なので，求める立体の体積は，

$$4 \times 4 \times 4 - \left(2 \times 2 \times \frac{1}{2}\right) \times 4 \times \frac{1}{3}$$
$$= \frac{184}{3} \ [\mathrm{cm}^3]$$

また，取り除いた三角錐の展開図は，図のように正方形になる．

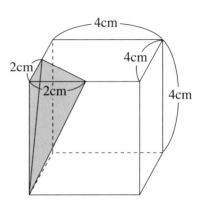

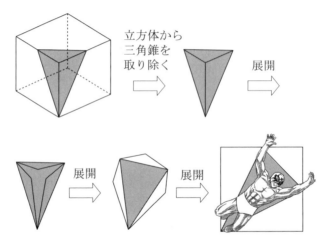

右図の展開図内の直角三角形の面積をそれぞれ，A, B, C とすると，求める立体の表面積は，

$(4 \times 4) \times 6 - (A+B+C)$
$\qquad + \{(4 \times 4) - (A+B+C)\}$
$= 4 \times 4 \times (6+1) - (A+B+C) \times 2$
$= 4 \times 4 \times 7 - \left\{\left(2 \times 2 \times \frac{1}{2}\right) + \left(2 \times 4 \times \frac{1}{2}\right) \times 2\right\} \times 2$
$= 92\,[\mathrm{cm}^2]$

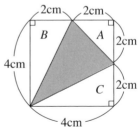

Round 9. **正四面体・立方体・正八面体**——三位一体の正多面体

算数仮面の解説 中学入試の問題で，立方体を切断する問題は多数出題されているが，その中でも，算数ならではの切れ味のよい解法を用いた問題を紹介した．本問の三角錐の展開図内の編かけ部分の三角形の面積を求めるとき，展開図が正方形と気付かなければ，中学生以上の方は，次のように三平方の定理を用いて，全辺の長さを求めてから解くだろう．

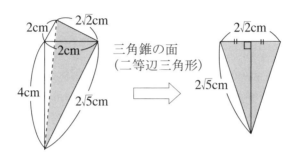

編かけ部分の三角形の底辺の長さが $2\sqrt{2}$ cm のとき，高さは，$\sqrt{(2\sqrt{5})^2-(\sqrt{2})^2}=3\sqrt{2}$ [cm] なので，編かけ部分の三角形の面積 S は，

$$S = 2\sqrt{2} \times 3\sqrt{2} \times \frac{1}{2} = 6 \,[\text{cm}^2]$$

しかし，本問の解答のように，三角錐をフライング・ボディプレスのように展開させることによって，正方形を発見でき，容易に面積 S を求めることができるのだ．

 2. 立方体と正四面体のコンビ

中学入試では，立方体だけではなく，他の正多面体に関する問題も多く出題されている．そこで，立方体と正四面体に関する問題をみてみよう．

【問題2】

右の図のような1辺の長さが6cmの立方体の,4つの頂点B, D, E, Gをそれぞれ結んでできる立体について,次の問いに答えなさい.

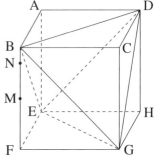

(1) 立体BDEGの体積を求めなさい.

(2) 辺BFの中点である点Mを通り,面ABCDに平行な平面で立体BDEGを切断したときの,切り口の面の面積を求めなさい.

(3) 点Nは,辺MF上の点でBN = 1cmです.(2)と同じように点Nを通り,面ABCDに平行な平面で立体BDEGを切断します.このとき,立体BDEGで,(2)の点Mを通る平面と,(3)の点Nを通る平面で,はさまれた部分の体積を求めなさい.

(栄東中学校)

▶解答

(1) 立体BDEGは,立方体ABCD-EFGHから,三角錐ABC-Eと合同な三角錐4個を取り除いた立体となる.よって,立体BDEGの体積は,

$$6 \times 6 \times 6 - \left\{\left(6 \times 6 \times \frac{1}{2}\right) \times 6 \times \frac{1}{3}\right\} \times 4$$
$$= 6 \times 6 \times 6 \times \left\{1 - \left(\frac{1}{2} \times \frac{1}{3} \times 4\right)\right\}$$
$$= (6 \times 6 \times 6) \times \frac{1}{3}$$
$$= 72 \, [\text{cm}^3]$$

(2) 点Mを通り,面ABCDに平行な平面で立体BDEGを切断したとき,切り口は図のように対角線が6cmである正方形になる.

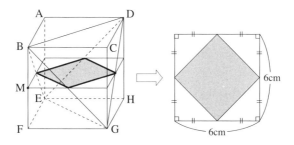

よって，切り口の面の面積は，

$$6 \times 6 \times \frac{1}{2} = 18 \, [\mathrm{cm}^2]$$

(3) 立体 BDEG で，(2) の点 M を通る平面と，(3) の点 N を通る平面ではさまれた部分の立体は，図のような 2 つの立体の差分と考えればよい．

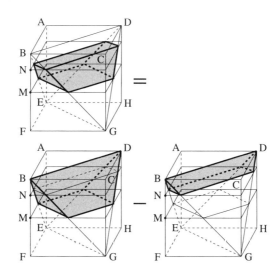

立体 BDEG で，(2) の点 M を通る平面によって切断された上側の立体は，立体 BDEG の体積を 2 等分されるので，(1) より，上半分の体積は，

$$72 \times \frac{1}{2} = 36 \, [\mathrm{cm}^3]$$

また，立体 BDEG で，(3) の点 N を通る平面によって切断された上

側の立体は，図のように，底面 ABCD，高さ BN の直方体から，立体 BCD-PQR と合同な立体 2 個と，三角錐 B-NPS と合同な立体 2 個を取り除いた立体となる．

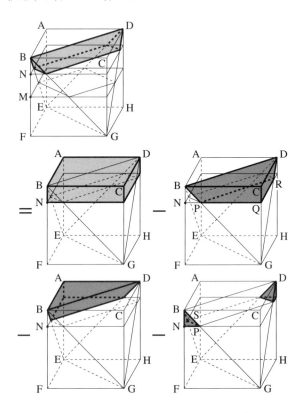

そこで，立体 BCD-PQR の体積は，

(立体 BCD-PQR)

$= (三角錐 G\text{-}BCD) - (三錐錐 G\text{-}PQR)$

$= \left(6 \times 6 \times \dfrac{1}{2}\right) \times 6 \times \dfrac{1}{3} - \left(5 \times 5 \times \dfrac{1}{2}\right) \times 5 \times \dfrac{1}{3}$

$= \dfrac{91}{6} \,[\text{cm}^3]$

また，三角錐 B-NPS の体積は，

$$\left(1 \times 1 \times \dfrac{1}{2}\right) \times 1 \times \dfrac{1}{3} = \dfrac{1}{6} \,[\text{cm}^3]$$

よって，立体 BDEG で，(3)の点 N を通る平面によって切断された上側の立体の体積は，

$$6 \times 6 \times 1 - \left(\frac{91}{6} + \frac{1}{6}\right) \times 2 = \frac{16}{3} \, [\text{cm}^3]$$

したがって，求める体積は，

$$36 - \frac{16}{3} = \frac{92}{3} \, [\text{cm}^3]$$

算数仮面の解説 立方体の頂点を 1 つおきにとると，正四面体が得られ，立方体と正四面体は包含関係にある．この正四面体の 1 辺の長さは，元の立方体の 1 辺の長さの $\sqrt{2}$ 倍である．また，(1)より，この正四面体の体積は，元の立方体の体積の $\frac{1}{3}$ 倍である．よって，1 辺の長さが等しい立方体と正四面体の体積比は，

$$(\text{立方体}):(\text{正四面体}) = 1 : \frac{1}{3} \times \left(\frac{1}{\sqrt{2}}\right)^3 = 1 : \frac{\sqrt{2}}{12}$$

となることがわかる．

3. 立方体と正八面体のコンビ

次に，立方体と正八面体に関する問題をみてみよう．

【問題 3】
1 辺の長さが 20 cm の立方体について，各面の正方形の対角線の交点を A, B, C, D, E, F とします．この 6 点を結んでできる右の図のような 8 つの面をもった立体の体積を求めなさい．

（市川中学校）

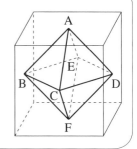

▶解答

四角錐 A − BCDE において,

$$\begin{cases} 底面積\ BCDE:(20\times 20)\times \dfrac{1}{2}\,[\mathrm{cm}^2] \\ 高さ:20\times \dfrac{1}{2}\,[\mathrm{cm}] \end{cases}$$

であるので,求める立体の体積は,

$$\begin{aligned}
&(八面体\ A-BCDE-F) \\
&=(四角錐\ A\text{-}BCDE)\times 2 \\
&=\left\{\left(20\times 20\times \dfrac{1}{2}\right)\times \left(20\times \dfrac{1}{2}\right)\times \dfrac{1}{3}\right\}\times 2 \\
&=(20\times 20\times 20)\times \dfrac{1}{6} \\
&=\dfrac{4000}{3}\,[\mathrm{cm}^3]
\end{aligned}$$

算数仮面の解説 立方体の各面の中心を結ぶと正八面体が得られ,また,正八面体の各面の中心を結ぶと立方体が得られるように,立方体と正八面体は双対関係にある.

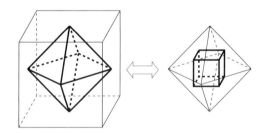

他にも,正十二面体と正二十面体が双対関係,正四面体自身で双対関係にあることが知られている.本問のような双対関係にある正八面体の1辺の長さは,元の立方体の1辺の長さの $\dfrac{1}{\sqrt{2}}$ 倍である.また,本問より,この正八面体の体積は,元の立方体の体積の $\dfrac{1}{6}$ 倍である.よって,1辺の長さが等しい立方体と正八面体の体積比は,

Round 9. 正四面体・立方体・正八面体 ——三位一体の正多面体

$$(立方体):(正八面体) = 1 : \frac{1}{6} \times (\sqrt{2})^3 = 1 : \frac{\sqrt{2}}{3}$$

となることがわかる.

他にも,立方体と正八面体に関する問題は多く出題されている.関連問題として,次の問題をみてみよう.

【問題4】

1辺の長さ12cmの立方体から,各面の中心を結ぶと,8つの正三角形の面をもつ正八面体ができます.その頂点を新しくA, B, C, D, E, Fとします(図1).これを正三角形DEFが底面になるようにおくと,図2のように上の正三角形ABCの面は底面の正三角形DEFと平行な面になります.

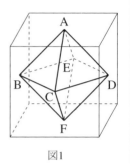

図1

図1と図2の正八面体の中にそれぞれ水270cm³が入っています.図1の水面のまわりの長さを(ア),図2の水面のまわりの長さを(イ)とするとき,(ア)と(イ)はそれぞれ正八面体の一辺ABの長さの何倍となりますか.下の展開図に(ア)と(イ)の線をかき,それぞれ考え方も書きなさい.

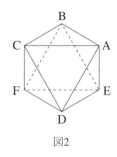

図2

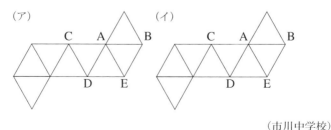

(市川中学校)

133

▶解答

(ア)【問題3】と同様，本問の正八面体の体積は $288\,\mathrm{cm}^3$ となる．(上部に水の入っていない部分)：

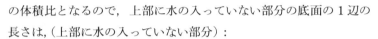

(四角錐 A － BCDE)
$= (288 - 270) : \left(288 \times \dfrac{1}{2}\right) = 1 : 8$
$= (1 \times 1 \times 1) : (2 \times 2 \times 2)$

の体積比となるので，上部に水の入っていない部分の底面の1辺の長さは，(上部に水の入っていない部分)：

(四角錐 A － BCDE) $= 1 : 2$

の相似比となる．

よって，展開図は図のようになり，水面の長さは，AB の長さの
$\dfrac{1 \times 4}{2} = 2$ [倍] となる．

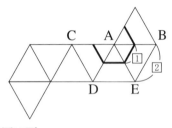

(イ)右図のように水が入るので，展開図は下図のようになる．

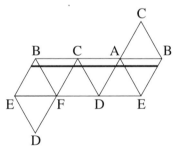

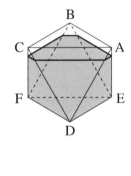

平行四辺形の性質から，水面のまわりの長さは，AB の長さの3倍となる．

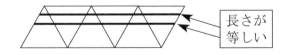

Round 9. 正四面体・立方体・正八面体 ――三位一体の正多面体

算数仮面の解説 本問の図2のような，面を水平に置いた正八面体の見取り図に，見慣れていない人は意外と多い．しかし，正四面体の各辺の中点を結ぶと，面を水平に置いた正八面体が得られる．そして，正四面体と正八面体は包含関係にある．

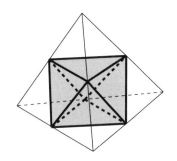

なお，【問題2】の(2)で，正四面体と正八面体の包含関係を利用すれば，切り口が，図のように正八面体の4辺を結んでできる正方形であることがわかる．

本問【問題4】の(イ)によって，面を水平に置いた正八面体を，水平に切断したときの切り口の周の長さは一定であることがわかった．正八面

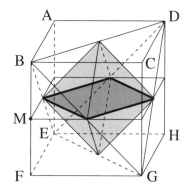

体の切り口の周の長さが一定である性質を利用した問題は，東京大学で出題されている．それでは，その問題をみてみよう．

【問題5】

V を1辺の長さが1の正八面体，すなわち xyz 空間において $|x|+|y|+|z| \leq \dfrac{1}{\sqrt{2}}$ を満たす点 (x, y, z) の集合と合同な立体とする．

(1) V の1つの面と平行な平面で V を切ったときの切り口の周の長さは一定であることを示せ．

(2) 1辺の長さが1の正方形の穴があいた平面がある．V をこの平面に触れることなく穴を通過させることができるか．結論と理由を述べよ．

(1990年・東京大学)

▶解答

(1) 切断面が，正八面体のひとつの辺を $t:1-t$ に分けるとする．$0<t<1$ のとき，切り口は六角形で，3組の向かい合う辺はそれぞれ平行である．図の網かけ部分はそれぞれ正三角形だから，切り口の六角形の隣り合う辺の長さは t と $1-t$ になり

$$（周の長さ）= 3\{t+(1-t)\} = 3$$

と一定である．

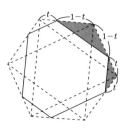

(2) 結論：穴を通過させることができる．

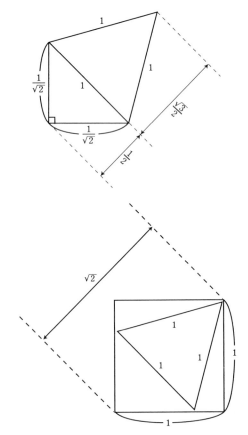

Round 9. 正四面体・立方体・正八面体 ——三位一体の正多面体

上図で $\frac{\sqrt{3}}{2} + \frac{1}{2} \fallingdotseq \frac{2.732}{2} < \sqrt{2}$ であるから，V の1つの面の正三角形を正方形の中に平面に触れないように置くことができる．……①

また，(1)で考えた切り口の六角形は，向かい合う頂点を結ぶ対角線の長さが1で，向かい合う平行な2辺の距離は $\frac{\sqrt{3}}{2}$ である．

この六角形を平行な2直線で挟むとき，その最大の幅は1であるから，対角線を正方形の辺と平行にしなければ，六角形を正方形の内部に入れることができる．……②

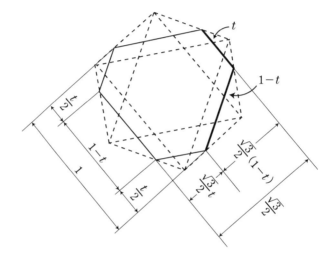

①，②から，八面体を穴の中に入れて，対角線の方向に平行移動することにより，穴を通過させることが可能である．

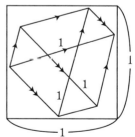

算数仮面の解説　【問題4】と同様，正八面体を水平に切断した切り口の周の長さが，つねに正八面体の1辺の長さの3倍であることがいえる．

本問の (2) では，この正八面体の周の長さが一定である性質を巧みに利用している．

4. 廻れ！ 正八面体の回転体

前問のように，大学入試にも正八面体に関する問題は出題されている．そこで，正八面体の切り口に関する問題の他に，正八面体の回転体に関する問題を紹介しよう．

【問題 6】
(1) 正八面体のひとつの面を下にして水平な台の上に置く．この八面体を真上からみた図（平面図）を描け．
(2) 正八面体の互い平行な 2 つの面をとり，それぞれの面の重心を G_1, G_2 とする．G_1, G_2 を通る直線を軸としてこの八面体を 1 回転させてできる立体の体積を求めよ．ただし八面体は内部も含むものとし，各辺の長さは 1 とする． (2008 年・東京大学)

▶解答
(1) 正四面体の各辺の中点を結ぶと，正八面体が得られる．

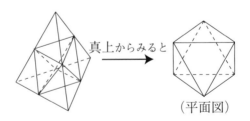

（平面図）

Round 9. **正四面体・立方体・正八面体** ——三位一体の正多面体

(2) まず,平行な二面間の距離,G_1, G_2 を求める.

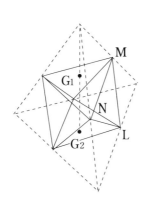
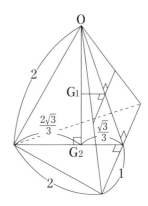

1 辺の長さが 2 である正四面体の高さは $\dfrac{2\sqrt{6}}{3}$ なので,$G_1G_2 = \dfrac{\sqrt{6}}{3}$

回転軸 G_1G_2 と垂直な面で正八面体を切断して得られる切り口は,図の太線部のような六角形となる.断面の中心を G とすれば $GP = GQ = \cdots = GU$ となるので,回転体の断面となるのは,半径 GP の円板である.

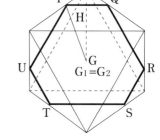

PQ の中点を H とすれば,断面積は,

$$\pi GP^2 = \pi(GH^2 + PH^2) \quad \cdots\cdots ①$$

この値を,$G_2G = u = \dfrac{\sqrt{6}}{3}t \ (0 \leqq t \leqq 1)$ を用いて表す.図のように点 K, L, M, N, P, Q, H をとり,G_1G_2LK が台形であることに注意すると,

$$G_2G : GG_1 = u : \left(\dfrac{\sqrt{6}}{3} - u\right)$$
$$= t : (1-t)$$

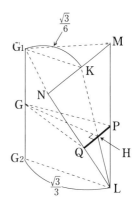

$$\begin{aligned}
\mathrm{GH} &= (1-t)\mathrm{G_2L} + t\mathrm{G_1K} \\
&= \frac{\sqrt{3}}{3}(1-t) + \frac{\sqrt{3}}{6}t \\
&= \frac{\sqrt{3}}{6}(2-t)
\end{aligned}$$

$$\mathrm{PQ} = t\mathrm{MN} = t\times 1,$$

$$\mathrm{PH} = \frac{1}{2}t$$

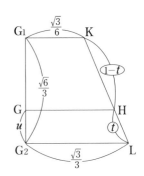

①に代入すると，

$$\begin{aligned}
\pi\mathrm{GP}^2 &= \pi\left\{\left(\frac{\sqrt{3}}{6}\right)^2(2-t)^2 + \left(\frac{1}{2}t\right)^2\right\} \\
&= \frac{\pi}{3}(1-t+t^2)
\end{aligned}$$

求める体積は，

$$\begin{aligned}
\int_0^{\frac{\sqrt{6}}{3}} \pi\mathrm{GP}^2\, du &= \frac{\pi}{3}\int_0^1 (1-t+t^2)\frac{\sqrt{6}}{3}\, dt \\
&= \frac{\sqrt{6}\,\pi}{9}\left[t - \frac{t^2}{2} + \frac{t^3}{3}\right]_0^1 = \frac{5\sqrt{6}}{54}\pi
\end{aligned}$$

算数仮面の解説　本問の(1)は，正四面体と正八面体の包含関係を利用すれば，容易に平面図を描くことができる．本問の(2)は，【問題2】の(3)のように，水平に切断した切り口に着目する問題だった．

回転軸は違うが，【問題6】と同じように，正八面体の回転体の体積を求める問題が，中学入試でも出題されている．最後に，灘中学校の問題をみてみよう．

【問題7】

図1のように，A, B, C, Dを4つの頂点とし，どの面も合同な正三角形でできている三角すいがあり，その体積は40cm³です．この三角すいの各辺の真ん中の点E, F, G, H, I, Jを結んで，図2のように8つの面をもつ中身のつまった立体Pを作ります．立体Pの8つの面は合同な正三角形です．

(1) 立体Pの体積は □ cm³ です．

(2) 立体Pが，2点I, Jを通る直線のまわりに1回転する間に通過する部分の体積は，立体Pの体積の □ 倍です．

(3) 立体Pが2点I, Jを通る直線のまわりに1回転する間に，図3の網かけをつけた三角形EFIが通過する部分の体積を求めなさい．

（灘中学校）

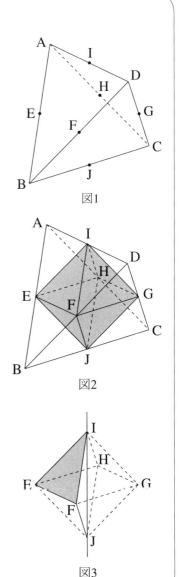

図1

図2

図3

▶解答

(1) 三角錐 A-EHI と三角錐 A-BCD は相似で,相似比は AE:AB=1:2 なので,三角錐 A-EHI と三角錐 A-BCD の体積比は,

(三角錐 A-EHI):(三角錐 A-BCD)
$= (1 \times 1 \times 1) : (2 \times 2 \times 2) = 1:8$

立体 P は,三角錐 A-BCD から三角錐 A-EHI と合同な三角錐 4 つを取り除いた立体なので,立体 P と三角錐 A-BCD の体積比は,

(立体 P):(三角錐 A-BCD)
$=(8-1\times 4):8=4:8=1:2$

よって,立体 P の体積は,

$$40 \times \frac{1}{2} = 20 \, [\text{cm}^3]$$

(2) 立体 P が,2 点 I,J を通る直線のまわりに 1 回転する間に通過する部分を立体 Q とする.立体 Q は円錐を 2 つ合わせた立体となり,この円錐の底面は図のような正方形 EFGH の外接円(半径 r とする)となる.

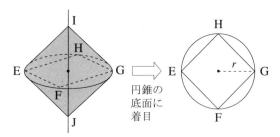

四角錐 I-EFGH と円錐 I-EFGH の高さは等しいので,立体 P と立体 Q の体積比は,

(立体 P):(立体 Q)
= (四角錐 I-EFGH):(円錐 I-EFGH)
= (正方形 EFGH):(正方形 EFGH の外接円)
$= (r \times r \times 2):(r \times r \times \pi)$
$= 2:\pi$

Round 9. 正四面体・立方体・正八面体 ——三位一体の正多面体

よって，立体 Q の体積は，立体 P の体積の $\frac{\pi}{2}$ 倍である．（円周率を 3.14 とすると，$\frac{\pi}{2} = \frac{3.14}{2} = 1.57$）

(3) 立体 P が 2 点 I, J を通る直線のまわりに 1 回転する間に，三角形 EFI が通過する部分を立体 R とする．立体 R は，(2) の立体 Q から，下図のような正方形 EFGH の内接円（半径 x とする）を底面とする円錐 2 つを取り除いた立体となる．

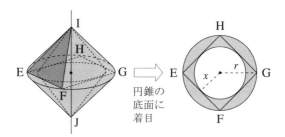

円錐の底面に着目

(2) と同様に，底面積の比に着目すればよい．そこで，正方形 EFGH の外接円と内接円の面積比は，

（正方形 EFGH の外接円）：（内接円）
$= (r \times r \times \pi) : (x \times x \times \pi) = (r \times r) : (x \times x)$
$= (r \times r) : \left(r \times r \times \frac{1}{2} \right) = 2 : 1$

よって，立体 Q と立体 R の体積比は，

（立体 Q）：（立体 R）
＝（正方形 EFGH の外接円）
　：（正方形 EFGH の外接円）-（内接円）
$= 2 : (2-1) = 2 : 1$

したがって，立体 R の体積は，

$$20 \times \frac{\pi}{2} \times \frac{1}{2} = 5\pi \, [\text{cm}^3]$$

（円周率を 3.14 とすると，$5\pi = 5 \times 3.14 = 15.7 \, [\text{cm}^3]$）

算数仮面の解説　高さは等しいので，体積比を求めるのに，底面積比に着目できるかがポイントだった．さらに，本問の (2), (3) は，正方形の外接円，内接円の半径の長さを求めなくても，正方形と外接円と内接円の面積比を求めることができる．積分を利用しなくても，本問や【問題2】のように，体積を求めることが可能な問題が，中学入試では多く出題されているのだ．

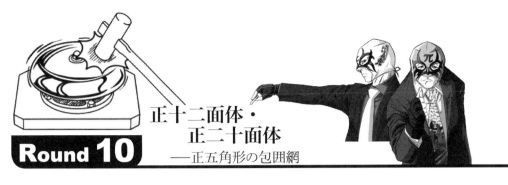

Round 10 正十二面体・正二十面体
— 正五角形の包囲網

1. 正十二面体の中に潜む立方体

前章は，中学入試，大学入試ともに出題頻度の高かった正多面体の中の「正四面体・立方体・正八面体」をテーマとして取り上げた．本章は，残りの正多面体の「正十二面体・正二十面体」をテーマとする．はじめに，「正十二面体」に関する問題からみてみよう．

【問題1】

正十二面体は互いに合同な12個の正五角形を面とする多面体である．その20個の頂点はひとつの球（外接球）上にある．

1辺の長さが1の正十二面体の各頂点に図のように名前をつけ，$\vec{a}=\overrightarrow{OA}, \vec{b}=\overrightarrow{OB}, \vec{c}=\overrightarrow{OC}$ とおく．

このとき，次の問いに答えよ．

ただし，$\cos\dfrac{3}{5}\pi = \dfrac{1-\sqrt{5}}{4}$ である．

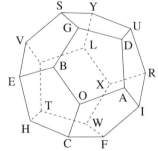

(1) $\vec{a}$ と $\vec{b}$ の内積 $\vec{a}\cdot\vec{b}$ を求めよ．

(2) $\overrightarrow{OD} = k\vec{a} + \vec{b}$ を満たす実数 k を求めよ．

(3) $\overrightarrow{OE}, \overrightarrow{OF}$ を $\vec{a}, \vec{b}, \vec{c}$ を用いて表し，$\overrightarrow{OD}, \overrightarrow{OE}, \overrightarrow{OF}$ は互いに直交することを証明せよ．

(4) 多面体 ODSL−FRLT の名称を述べ，この正十二面体の外接球の直径を求めよ．

(1994年・山形大学・理)

▶解答

(1) $\vec{a}\cdot\vec{b} = \text{OA}\cdot\text{OB}\cdot\cos\dfrac{3}{5}\pi = 1\cdot 1\cdot\dfrac{1-\sqrt{5}}{4} = \dfrac{1-\sqrt{5}}{4}$

(2) $\overrightarrow{\text{OD}} = k\vec{a}+\vec{b} = \overrightarrow{\text{OB}}+\overrightarrow{\text{BD}}$

$\qquad\therefore\ k\vec{a} = \overrightarrow{\text{BD}}$

$\vec{a}\ /\!/\ \overrightarrow{\text{BD}}$, $|\vec{a}|=1$ より, $k=\text{BD}$

△GBD において, 余弦定理を用いると,

$$k^2 = \text{BD}^2 = \text{DG}^2+\text{GB}^2-2\text{DG}\cdot\text{GB}\cdot\cos\dfrac{3}{5}\pi$$

$$= 1^2+1^2-2\cdot 1\cdot 1\cdot\dfrac{1-\sqrt{5}}{4}$$

$$= \dfrac{3+\sqrt{5}}{2}$$

$$\therefore\ k = \sqrt{\dfrac{3+\sqrt{5}}{2}} = \dfrac{1+\sqrt{5}}{2}\quad(\because\ k>0)$$

(3) (2)と同様に, $\overrightarrow{\text{OE}}=k\vec{b}+\vec{c}$, $\overrightarrow{\text{OF}}=k\vec{c}+\vec{a}$ となる.

$\vec{a}\cdot\vec{b}=\vec{b}\cdot\vec{c}=\vec{c}\cdot\vec{a}=\dfrac{1-\sqrt{5}}{4}$, $|\vec{a}|=|\vec{b}|=|\vec{c}|=1$ なので,

$$\overrightarrow{\text{OD}}\cdot\overrightarrow{\text{OE}} = (k\vec{a}+\vec{b})\cdot(k\vec{b}+\vec{c})$$

$$= k^2\vec{a}\cdot\vec{b}+k\vec{b}\cdot\vec{b}+k\vec{a}\cdot\vec{c}+\vec{b}\cdot\vec{c}$$

$$= (k^2+k+1)\vec{a}\cdot\vec{b}+k$$

$$= \left(\dfrac{3+\sqrt{5}}{2}+\dfrac{1+\sqrt{5}}{2}+1\right)\cdot\dfrac{1-\sqrt{5}}{4}+\dfrac{1+\sqrt{5}}{2}$$

$$= 0$$

同様に, $\overrightarrow{\text{OE}}\cdot\overrightarrow{\text{OF}}=0$, $\overrightarrow{\text{OF}}\cdot\overrightarrow{\text{OD}}=0$

よって, $\overrightarrow{\text{OD}},\overrightarrow{\text{OE}},\overrightarrow{\text{OF}}$ は互いに直交している.

(4) (2), (3)より, 多面体 ODSL-FRLT の 1 つの頂点に集まる 3 本の辺は互いに直交し, 長さは等しい. よって, 多面体 ODSL-FRLT は立方体である.

また, この正十二面体の外接球は, 立方体 ODSL-FRLT にも外接している. したがって, この外接球の直径は, 立方体 ODSL-

FRLT の対角線の長さに等しい．立方体 ODSL–FRLT の 1 辺の長さは k なので，求める直径は，
$$\sqrt{3}\,k = \sqrt{3}\cdot\frac{1+\sqrt{5}}{2} = \frac{\sqrt{3}+\sqrt{15}}{2}$$

算数仮面の解説 本問は，正十二面体の中に，立方体が潜んでいることを証明する問題である．本問以外で正十二面体の外接球に関する問題は，1986 年・上智大学・理工で出題されている．上智大学の問題では，正十二面体の外接球の半径 1 に対し，正十二面体の 1 辺の長さを求める問題となっている．

次に，正十二面体の中に潜む立方体を利用して，正十二面体の体積を求める問題を紹介しよう．実は，高校入試で出題されていて，中学生でも求めることができる．

【問題 2】

図のような 1 辺の長さが 1 の正十二面体がある．

(1) ∠CBD，∠CBG の大きさをそれぞれ求めよ．

(2) 正十二面体の頂点のうちから 8 点を選び，それらを頂点とする立方体をつくることができる．その立方体の体積は，正十二面体の体積の何倍か

ただし，線分 AB の長さを x とすると，$x = \dfrac{1+\sqrt{5}}{2}$ である．

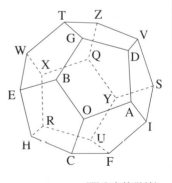

（開成高等学校）

▶解答

(1) 四角形 CBDI は，CB = BD = DI = IC なので，正方形である．
よって，∠CBD = 90°

また,六角形 CBGVSF は,図のように,
CB = GV = SF, BG = VS = FC で,対称性により,すべての内角は等しい.

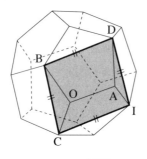
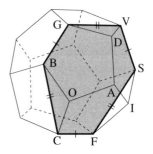

よって,$\angle CBG = \dfrac{720°}{6} = 120°$

(2) 多面体 CBDI-RWZY は,1辺の長さが x の立方体である.

なお,$x = \dfrac{1+\sqrt{5}}{2}$ なので,

$$2x - 1 = \sqrt{5}$$
$$\therefore\ x^2 = x + 1 \quad \cdots\cdots ①$$

となる.

また,正十二面体は,立方体 CBDI-RWZY の各面に,屋根型の多面体 GT-BDZW と合同な多面体を載せた立体図形と考えればよい.

多面体 GT-BDZW を,G,T を通り,面 BDZW に垂直な平面で切り,G から面 BDZW に下ろした垂線の足を K とする.(1)より,

$$\angle GBK = \angle CBG - \angle CBK = 120° - 90° = 30°$$

$$\therefore\ GK = \dfrac{1}{2}BG = \dfrac{1}{2}$$

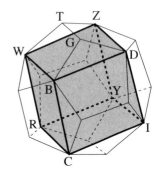
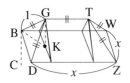

多面体 GT-BDZW の体積は,

$$= \left\{ \frac{1}{3} \cdot \left(x \cdot \frac{x-1}{2} \right) \cdot \frac{1}{2} \right\} \cdot 2 + \left(\frac{1}{2} \cdot x \cdot \frac{1}{2} \right) \cdot 1$$

$$= \frac{x(x-1)}{6} + \frac{x}{4}$$

$$= \frac{x(2x+1)}{12}$$

よって，この正十二面体の体積は，

(1辺の長さ1の正十二面体)

= (立方体 CBDI−RWZY) + (多面体 GT−BDZW)×6

$$= x^3 + \frac{x(2x+1)}{12} \cdot 6$$

$$= \frac{1}{2} x(2x^2 + 2x + 1) \quad \cdots\cdots ②$$

したがって，立方体 CBDI−RWZY の体積は，この正十二面体の体積の

$$\frac{x^3}{\frac{1}{2}x(2x^2+2x+1)} = \frac{2x^2}{2x^2+2x+1}$$

$$= \frac{2(x+1)}{2(x+1)+2x+1} \quad (\because ①)$$

$$= \frac{2x+2}{4x+3}$$

$$= \frac{2 \cdot \frac{1+\sqrt{5}}{2} + 2}{4 \cdot \frac{1+\sqrt{5}}{2} + 3}$$

$$= \frac{5-\sqrt{5}}{5} \quad [倍]$$

となる．

算数仮面の解説 立方体と分割した屋根型の多面体の体積を求めるとき，さらに角錐と角柱に分割することがポイントだった．本問の(1)で求めた角度に着目すると，三角関数の知識がなくても GK の長さを求めることができる．

2. 正十二面体の体積を求める

そこで，正十二面体の体積を求める方法として，【問題2】のように，正十二面体の中に潜む立方体と，屋根型の多面体に分割して求めることができる．これを【解法1】とする．

▼正十二面体の体積の求め方・解法1

（立方体と屋根型の多面体に分割）

1辺の長さ a の正十二面体の体積 V は，

$$V = \frac{1}{2}x(2x^2+2x+1)a^3 \quad (\because ②)$$

$$= \frac{1}{2}x(4x+3)a^3 \quad (\because ①)$$

$$= \frac{1}{2}(7x+4)a^3 \quad (\because ①)$$

$$= \frac{1}{2}\left(7 \cdot \frac{1+\sqrt{5}}{2} + 4\right)a^3$$

$$= \frac{15+7\sqrt{5}}{4}a^3$$

また，別の解法として【解法2】では，正十二面体の内接球の中心と，正十二面体の各頂点を結んでできる12個の正五角錐に分割して，正十二面体の体積を求めてみる．ただし，正五角形の1辺の長さが a のとき，正五角形の

Round 10. 正十二面体・正二十面体 ——正五角形の包囲網

$$\begin{cases} \text{対角線の長さ}: \dfrac{1+\sqrt{5}}{2}a \\[4pt] \text{外接円の半径}: \dfrac{\sqrt{50+10\sqrt{5}}}{10}a \\[4pt] \text{面積}: \dfrac{\sqrt{25+10\sqrt{5}}}{4}a^2 \end{cases}$$

であることは，用いてよいことにする．なお，1辺の長さの正五角形の対角線の長さ，外接円の半径，面積の求め方は，第8回目（前々回）の「正五角形」の【問題1】(2008年・岐阜薬科大学)で扱っているので，参照してもらいたい．

▼正十二面体の体積の求め方・解法2 （正五角錐に分割）

【問題1】の(4)より，1辺の長さ a の正十二面体の外接球の半径 R は，

$$R = \frac{1}{2}\cdot\frac{\sqrt{3}+\sqrt{15}}{2}a = \frac{\sqrt{3}+\sqrt{15}}{4}a$$

外接球の中心と内接球の中心は一致するので，1辺の長さ a の正五角形の外接円の半径を $x = \dfrac{\sqrt{50+10\sqrt{5}}}{10}a$ とする

と，この正十二面体の内接球の半径 r は，

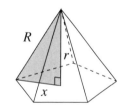

$$\begin{aligned}
r &= \sqrt{R^2 - x^2} \\
  &= \sqrt{\left(\frac{\sqrt{3}+\sqrt{15}}{4}a\right)^2 - \left(\frac{\sqrt{50+10\sqrt{5}}}{10}a\right)^2} \\
  &= \sqrt{\frac{25+11\sqrt{5}}{40}a^2} \\
  &= \frac{\sqrt{250+110\sqrt{5}}}{20}a
\end{aligned}$$

よって，この正十二面体の体積 V は，

$$\begin{aligned}
V &= \left(\frac{1}{3}\cdot\frac{\sqrt{25+10\sqrt{5}}}{4}a^2 \cdot \frac{\sqrt{250+110\sqrt{5}}}{20}a\right)\cdot 12 \\
  &= \frac{\sqrt{470+210\sqrt{5}}}{4}a^3 \\
  &= \frac{15+7\sqrt{5}}{4}a^3
\end{aligned}$$

算数仮面の解説 正 m 角形を面とする正 n 面体の体積は,

$$\begin{aligned}(正\,n\,面体の体積) &= (外接球の半径\,R\,を側辺とする正\,m\,角錐)\times n \\ &= \frac{1}{3}\times(正\,m\,角形の面積)\times(内接球の半径\,r)\times n \\ &= \frac{1}{3}\times(正\,n\,面体の表面積)\times(内接球の半径\,r)\end{aligned}$$

が成り立つといえる. 全5種の正多面体にいえる.

3. 正二十面体の体積を求める

次に,正二十面体の体積を求める問題を見てみよう. 東京大学大学院入試の問題だが,高校生の学力でも十分に求めることができる.

【問題3】

1辺の長さが a の正3角形で構成される正20面体の体積を以下の手順に従って求めよ.

図1は,正20面体を一つの頂点 A と中心 O を通る直線の方向から見たときの平面図であり,図2は,その直線と一辺 AB を含む平面で切ったときの断面図である. なお,断面図には正20面体の内接球も破線で示してある.

(a) 恒等式 $(\cos\theta+i\sin\theta)^5=\cos 5\theta+i\sin 5\theta$ を利用して, $\cos 5\theta$ を $\cos\theta$ の多項式で表わせ. ただし i は虚数単位である.

(b) 上の結果を利用して, $\cos\left(\dfrac{\pi}{5}\right)$ の値を求めよ.

(c) 正20面体に内接する球の半径を求めよ. また,内接点はどのような点であるか.

(d) 正20面体の体積を求めよ.

Round 10. 正十二面体・正二十面体 ——正五角形の包囲網

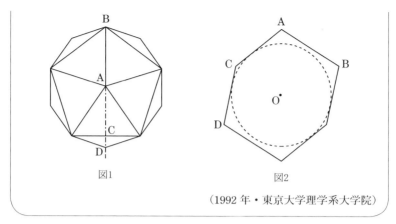

図1 図2

（1992年・東京大学理学系大学院）

▶解答

(a) $\cos 5\theta = 16\cos^5\theta - 20\cos^3\theta + 5\cos\theta$

(b) $\cos\dfrac{\pi}{5} = \dfrac{1+\sqrt{5}}{4}$

(c) 図より，$\mathrm{AD} = 2a\cos\dfrac{\pi}{5} = \dfrac{1+\sqrt{5}}{2}a$

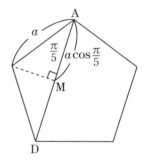

そこで，平面 ACD による断面を考える．

AD の中点を M として，

$$\mathrm{AM} = \mathrm{DM} = \dfrac{1+\sqrt{5}}{4}a$$

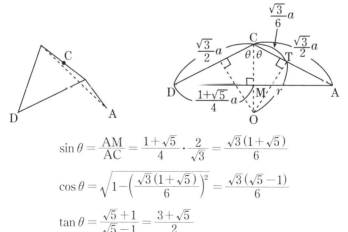

$$\sin\theta = \dfrac{\mathrm{AM}}{\mathrm{AC}} = \dfrac{1+\sqrt{5}}{4} \cdot \dfrac{2}{\sqrt{3}} = \dfrac{\sqrt{3}(1+\sqrt{5})}{6}$$

$$\cos\theta = \sqrt{1 - \left(\dfrac{\sqrt{3}(1+\sqrt{5})}{6}\right)^2} = \dfrac{\sqrt{3}(\sqrt{5}-1)}{6}$$

$$\tan\theta = \dfrac{\sqrt{5}+1}{\sqrt{5}-1} = \dfrac{3+\sqrt{5}}{2}$$

153

AC 上の内接点 T は正三角形の重心である.

AT : TC = 2 : 1 より, $CT = \dfrac{\sqrt{3}}{6}a$

内接球の半径 r は,

$$r = OT = CT \tan\theta = \dfrac{\sqrt{3}}{6}a \cdot \dfrac{3+\sqrt{5}}{2} = \dfrac{\sqrt{3}(3+\sqrt{5})}{12}a$$

(d) 正 20 面体の体積 V を, 20 個の正三角錐に分割することによって求める.

1 つの面 (1 辺の長さ a の正三角形) の面積 S は,

$S = \dfrac{1}{2}a^2 \sin\dfrac{\pi}{3} = \dfrac{\sqrt{3}}{4}a^2$ なので,

$$\begin{aligned} V &= 20 \cdot \dfrac{1}{3}Sr \\ &= 20 \cdot \dfrac{1}{3} \cdot \dfrac{\sqrt{3}}{4}a^2 \cdot \dfrac{\sqrt{3}(3+\sqrt{5})}{12}a \\ &= \dfrac{5(3+\sqrt{5})}{12}a^3 \end{aligned}$$

算数仮面の解説 (b) の $\cos\dfrac{\pi}{5}$ の求め方は, 第 8 回目 (前々回) の「正五角形」のところで, 複数の解法を紹介しているので, 参照してもらいたい. 正二十面体の体積の求め方も, 正十二面体のときと同様である. また, 正二十面体に関する大学入試の問題は, 1994 年・横浜市立大学・医, 2001 年・山形大学, 2010 年・岐阜薬科大学で出題されている.

ここまで, 正十二面体と正二十面体に関する問題を紹介したが, 正十二面体と正二十面体は深い関係性がある. その 1 つに, 正十二面体と正二十面体が双対関係にあることが知られている.

Round 10. 正十二面体・正二十面体 ——正五角形の包囲網

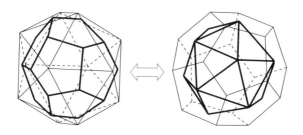

この双対関係と，正十二面体に潜む立方体を利用して，正二十面体の内接球の半径を，本問とは別の解法で求める．この解法を【解法2】とする．

▼正二十面体の内接球の半径の求め方・解法2

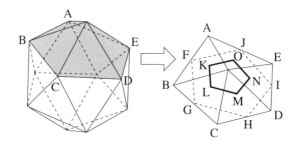

図のような1辺の長さ a の正二十面体の切断面を正五角形ABCDE，正五角形ABCDEの各辺を結んでできた正五角形FGHIJ，正二十面体の各面の重心を結んでできた正五角形KLMNO とする．
正五角形FGHIJ の1辺の長さは，正五角形ABCDE の対角線の長さの $\frac{1}{2}$ 倍となる．
よって，正五角形KLMNO の1辺の長さは，正五角形FGHIJ の1辺の長さの $\frac{2}{3}$ 倍となるので，

$$\frac{1+\sqrt{5}}{2}a \cdot \frac{1}{2} \cdot \frac{2}{3} = \frac{1+\sqrt{5}}{6}a$$

次に，1辺の長さ a の正二十面体と双対関係にある1辺の長さ

$\dfrac{1+\sqrt{5}}{6}a$ の正十二面体について考える．この正十二面体の外接球は，正十二面体と包含関係にある立方体にも外接しているので，正十二面体の外接球の直径は，立方体の対角線の長さと等しい．（【問題1】(4)参照）

よって，元の正二十面体の内接球の半径 r は，この正十二面体の外接球の半径と等しいので，

$$r = \dfrac{1}{2} \cdot \dfrac{1+\sqrt{5}}{6}a \cdot \dfrac{1+\sqrt{5}}{2} \cdot \sqrt{3} = \dfrac{\sqrt{3}(3+\sqrt{5})}{12}a$$

算数仮面の解説 　正二十面体の切断面の中に，正五角形がとらえられるかがポイントだった．

4. サッカーボールは球ではない!?

　正多面体に関する中学入試の問題においても，大学入試同様，正四面体，立方体，正八面体については，度々出題されている．対して，正十二面体，正二十面体については，ほとんど出題されていない．中学入試における正十二面体，正二十面体に関する問題は，頂点の個数，辺の本数を問う問題が多い．例として，次の問題をみてみよう．

Round 10. 正十二面体・正二十面体 —— 正五角形の包囲網

【問題 4】

次の（ア）から（カ）の □ にあてはまる数を求めなさい．

図 1 の立体は，20 個の同じ大きさの正三角形で囲まれていて，どの頂点のまわりにも 5 個の正三角形が集まってできています．この立体は正二十面体と呼ばれています．正二十面体の頂点の個数は （ア） 個，辺の本数は （イ） 本あります．

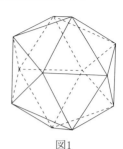

図1

次に正二十面体の各頂点から出ている 5 本の辺を図 2 のように，その $\frac{1}{3}$ の長さのところで切り落としていくと，図 3 のような立体ができます．1 つの面を切り落とすと頂点の個数は （ウ） 個増え，辺の本数は （エ） 本増えます．このことから図 3 の立体の頂点の個数は （オ） 個，辺の本数は （カ） 本あることがわかります．

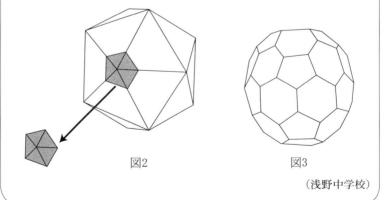

図2　　　　　図3

（浅野中学校）

▶解答 1（正五角形の面の数が，元の正二十面体の頂点の数と等しいことを利用）

（ア）1 つの正三角形には頂点が 3 個あり，全部で 20 枚分あるが，組み立てるときに，5 枚の正三角形が重なり合って 1 つの頂点になる

157

ので，
$$\frac{3\times 20}{5} = 12\,[個]$$

（イ）1つの正三角形には辺が3本あり，全部で20枚分あるが，組み立てるときに，2枚の辺が重なり合って1本の辺になるので，
$$\frac{3\times 20}{2} = 30\,[個]$$

（ウ）1個の頂点のところに，正五角形ができ，5個の頂点ができるので，1つの面を切り落とすことで増える頂点の個数は，
$$5-1 = 4\,[個]$$

（エ）（ウ）と同様に，1つの面を切り落とすことで増える辺の本数は，5本

（オ）この立体の正五角形の面は，元の正二十面体の頂点の個数と等しく12枚あるので，（ア）・（ウ）より，この立方の頂点の個数は，
$$12+4\times 12 = 60\,[個]$$

（カ）（オ）と同様に，（イ）・（エ）より，この立体の辺の本数は，
$$30+5\times 12 = 90\,[本]$$

▼**解答2**（1個の頂点に集まる3枚の面に着目）

（オ）この立体は，正六角形が20枚，正五角形が12枚ある．よって，1個の頂点に3枚の面が集まるので，この立方の頂点の個数は，
$$\frac{6\times 20+5\times 12}{3} = 60\,[個]$$

（カ）（オ）と同様に，（イ）・（エ）より，この立体の辺の本数は，
$$\frac{6\times 20+5\times 12}{2} = 90\,[本]$$

▼**解答3**（正五角形の面だけに着目）

（オ）この立体の頂点の個数は，正五角形の頂点の個数のみを数えればよい．正五角形の面が12枚あるので，この立体の頂点の個数は，
$$5\times 12 = 60\,[個]$$

Round 10. 正十二面体・正二十面体 ——正五角形の包囲網

算数仮面の解説 本問の多面体は，切頂二十面体（または切隅二十面体）と呼ばれ，正五角形 12 枚，正六角形 20 枚で構成されている．これは，準正多面体の 1 つである．正多面体とは，(1) 凸多面体，(2) 各面は合同な正多角形，(3) 各頂点の周りは合同な正多角錐，の条件をみたす多面体である．それに対し，準正多面体とは，正多面体の条件 (2) を緩めて，(2') 各面は 2 種類以上の正多角形，の条件をみたす多面体である．

なお，切頂二十面体の正五角形の部分が黒，正六角形の部分が白で構成されたデザインは，一般的にイメージされる「サッカーボール」だ．

切頂二十面体については，中学入試だけでなく大学入試でも出題されている．1995 年・大阪大学の入試問題だが，「数学」ではなく，「化学」の科目で出題されているのだ．問題内容は，「フラーレン」と呼ばれる炭素分子 C_{60} の構造内の五角形と六角形の数を，オイラーの多面体定理を用いて求めるよう問われている．

準正多面体は，切頂二十面体だけではない．切頂二十面体以外の準正多面体に関する中学入試の問題を，最後に紹介しよう．

【問題5】

図の立体は，表面が正方形と正三角形からできている．次の問いに答えよ．

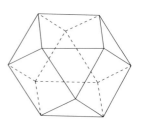

(1) 展開図として正しいものを下の(ア)〜(カ)の中から選び，記号で答えよ．

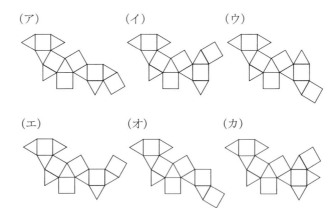

(2) この立体の表面の正方形の対角線の長さが10cmのとき，この立体の体積を求めよ．

(灘中学校)

▶解答

(1) (ウ)

(2) この立体は，図のように，1辺10cmの立方体から8個の三角錐を切り落としたものである．切り落とした三角錐1個の体積は，

$$5 \times 5 \times \frac{1}{2} \times 5 \times \frac{1}{3} = \frac{125}{6} \ [\text{cm}^3]$$

よって，この立体の体積

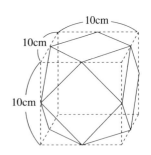

Round 10. 正十二面体・正二十面体 ——正五角形の包囲網

は,

$$10 \times 10 \times 10 - \frac{125}{6} \times 8 = \frac{2500}{3} \ [\mathrm{cm}^3]$$

算数仮面の解説　本問の多面体は，立方八面体と呼ばれ，正三角形 8 枚，正方形 6 枚で構成されている．また，1999 年・灘中学校の入試問題には，立方八面体だけでなく，正三角形 6 枚，正八角形 8 枚で構成された切頂立方体と，正方形 6 枚，正六角形 8 枚で構成された切頂八面体も登場する．

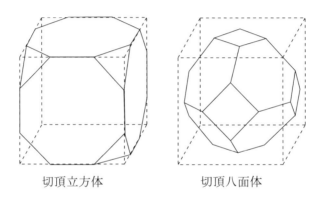

切頂立方体　　　　　切頂八面体

正多面体は 5 種類，準正多面体は 13 種類あることが知られているが，前章，本章と正多面体や準正多面体の体積の求める問題を中心に紹介してきた．立体図形を様々な観点からアプローチする洞察力の重要性を感じていただけただろうか．立体図形を扱う上での基本は対称性にこだわることと，立体の切断面の図形が問題解決の糸口になることに尽きるだろう．

ギリシャの哲人
数理哲人アルティメットの像

Round 11　球面
―世界地図を征服する

1. 球面上の最短経路

　本章は,「球面」をテーマに取り上げる. 最も身近な球といえば, 地球だ. そこで, 球面にまつわる話題を, 算数や数学の問題だけでなく, 理科・社会にまで取材の範囲を広げてみた. 面白い話題, 生きる力を育てるような話題も含まれているので, 楽しんでもらいたい. 冒頭は社会科の中学入試問題から紹介しよう. なぜ社会なのか？　それは, 問題を見てもらえれば分かる. 地図を読むには, とりわけ世界地図を「正しく」読むには, 数学の力が必要なのだ. これを, 生きる力という.

【問題1】

　地図Aは「正距方位図」という地図で, 中心から遠くなるほど形はゆがみますが, 中心点からの方位と距離は正しく表示されるという特徴があります. 地図A上の矢印は, 東京からニューヨークまでの最短コースを表しています. このコースを地図Bで表したとき, 正しいコースはどれになりますか. 地図Bの(ア)〜(エ)からひとつ選び, 記号で答えなさい.

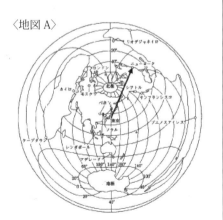

〈地図A〉

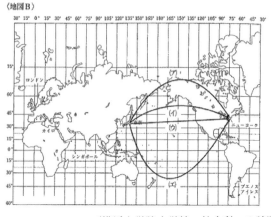

(横浜女学院中学校・社会科の入試問題より)

▶解答　　(ア)

算数仮面の解説　正距方位図法〈地図A〉における東京からニューヨークまでの最短コースは，アラスカの北極海付近を通過している．メルカトル図法〈地図B〉で対応するのは，(ア)ということになる．

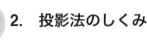

2. 投影法のしくみ

　正距方位図法〈地図A〉は，実用上は，飛行機の最短経路や方位をみるために使われている．〈地図A〉の中心にある東京から，ニューヨークまでの最短コースは，まっすぐな線分で表される．
　球面から平面に投影するしくみは，次のようなものだ．半径1の半球を例に，正距方位図の投影法を，みてみよう．
　半径1の半球の中心をOとし，北極をNとする．北極Nの接平面を射影面とする．点Pが赤道上にあるとき，北極Nからの球面上の距離 $NP = \dfrac{\pi}{2}$ なので，射影面上にはNを中心とする半径 $\dfrac{\pi}{2}$ の円とし

て赤道を描く．点 P が北緯 θ [ラジアン] にあるとき，北極 N からの球面上の距離 $\mathrm{NP} = \frac{\pi}{2} - \theta$ なので，射影面上には N を中心とする半径 $\frac{\pi}{2} - \theta$ の円として北緯 θ [ラジアン] の緯線を描く．

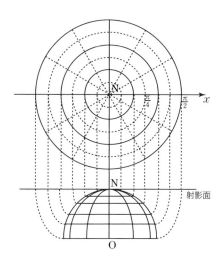

経線については，北極 N を中心として放射状の直線として描く．このようにして，半径 1 の半球は，半径 $\frac{\pi}{2}$ の円に投影される．これが正距方位図法の原理である．なお，仮に半径 1 の半球ではなく球面全体を投影する場合には，半径 π の円として投影される．この場合，南極は，半径 π の円周全体に対応することとなる．

他方，よく見かけるメルカトル図法〈地図 R〉では，最短コースが直線であらわされるのは稀である（具体的には，赤道上の 2 点間の場合と，同一経度上の 2 点間の場合には最短コースが直線となる）．

メルカトル図法は，地球儀を，それが赤道で接する円筒に投影したものである．経線は平行直線，緯線は経線に直交する平行直線になるような形の世界地図となる．実際の緯線・経線は円弧であるから，これを直線に直してしまうと，歪みが生じる．

ここで，半径1の半球とそれに外接する円柱を例に，メルカトル図法の投影法を，みてみよう．

半径1の球面上の点Xは，緯度 u，経度 v の位置にあるものとする．この球の赤道で，半径1の円柱が外接しているとき，球面上の緯度0，経度0の地点と接する円柱上の点を原点として，円柱上に直交座標をとる．円柱上で赤道と重なる部分に x' 軸をとる．また，x' 軸と直交する y' 軸をとる．

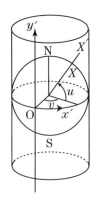

球面上の点 $X(u,v)$ から，円柱面上の点 $X'(x',y')$ への対応関係（射影）を，次のように定める．

まず，経度については，$x'=v$ とする．これで，球面の中心Oと，球面上の点X，円柱面上の点X'の3点は同一平面上に乗ることになる．

次に，緯度については，O, X, X' の3点を同一直線上におくという方法で，$y'=\tan u\ \left(0\leqq u\leqq \dfrac{\pi}{2}\right)$ とする方法が考えられるが，これでは高緯度（極地付近）の歪みが極端になってしまう．そこで，次の式のように補正する．

$$y'=\log\left\{\tan\left(\dfrac{\pi}{4}+\dfrac{u}{2}\right)\right\}\quad \left(0\leqq u<\dfrac{\pi}{2}\right)$$

すなわち，メルカトル図法では，球面上の点 $X(u,v)$ から，円柱面上の点 $X'(x',y')$ への対応関係（射影）を，

$$x'=v,\quad y'=\log\left\{\tan\left(\dfrac{\pi}{4}+\dfrac{u}{2}\right)\right\}\quad \left(-\dfrac{\pi}{2}<u<\dfrac{\pi}{2}\right)$$

によって与える．

得られた関数 $y'=\log\left\{\tan\left(\dfrac{\pi}{4}+\dfrac{u}{2}\right)\right\}$ は，緯度 u に関する単調増加関数となっており，$u=0$ で $y'=0$ に，$u\to\dfrac{\pi}{2}$ で $y'\to\infty$ に，それぞれ対応している．関数 $y'=\tan u$ を採用した場合でも $u=0$ で $y'=0$ に，$u\to\dfrac{\pi}{2}$ で $y'\to\infty$ に，それぞれ対応する点は同じであるが，$y'=\tan u$ と比較して $y'=\log\left\{\tan\left(\dfrac{\pi}{4}+\dfrac{u}{2}\right)\right\}$ は，$u\to\dfrac{\pi}{2}$ のときの $y'\to\infty$ が，対数関数によって圧縮されているのである．

Round 11. 球面——世界地図を征服する

だから，極地付近（緯度 80°以上）の表示を除外すれば，世界地図を現実的な有限のサイズの長方形で，何とか表示できるのである．

では，逆に，円柱面上の点 $X'=(x',y')$ から，球面上の点 $X(u,v)$ への対応関係は，どのような式になるのかを考えてみよう．

これは，$y'=\log\left\{\tan\left(\dfrac{\pi}{4}+\dfrac{u}{2}\right)\right\}$ $\left(0\leqq u<\dfrac{\pi}{2}\right)$ の逆関数を求める問題だ．

$$e^{y'}=\tan\left(\frac{\pi}{4}+\frac{u}{2}\right)$$

$$\frac{\pi}{4}+\frac{u}{2}=\tan^{-1}(e^{y'})$$

（$\tan^{-1}$ は $\tan$ の逆関数）

$$u=2\tan^{-1}(e^{y'})-\frac{\pi}{2}$$

したがって，円柱面上の点 $X'(x',y')$ から，球面上の点 $X(u,v)$ への対応関係は，

$$v=x',\quad u=2\tan^{-1}(e^{y'})-\frac{\pi}{2}$$

となる．なお，関係式

$$y'=\log\left\{\tan\left(\frac{\pi}{4}+\frac{u}{2}\right)\right\}\quad\left(0\leqq u<\frac{\pi}{2}\right)$$

を，次のように表示できる．

$$e^{y'}=\tan\left(\frac{\pi}{4}+\frac{u}{2}\right)=\frac{1+\tan\dfrac{u}{2}}{1-\tan\dfrac{u}{2}},$$

$$e^{-y'}=\frac{1}{e^{y'}}=\frac{1-\tan\dfrac{u}{2}}{1+\tan\dfrac{u}{2}}$$

$$e^{y'}-e^{-y'}=\frac{1+\tan\dfrac{u}{2}}{1-\tan\dfrac{\pi}{2}}-\frac{1-\tan\dfrac{u}{2}}{1+\tan\dfrac{\pi}{2}}$$

$$=\frac{4\tan\dfrac{u}{2}}{1-\tan^2\dfrac{u}{2}}=2\tan u$$

$$\tan u=\frac{e^{y'}-e^{-y'}}{2}=\sinh y'$$

$$u=\tan^{-1}(\sinh y')$$

この関数の逆関数は，$y' = \sinh^{-1}(\tan u)$ となる．

　さて，地図の投影法において，正角性を維持（実際の角度を地図上に正しく移植すること）するためには横方向の拡大率と縦方向の拡大率を一致させる必要がある．メルカトル図法は地球儀を長方形（円筒を展開したもの）に投影するので，緯線はすべて赤道と同じ長さになる．したがって，高緯度地方に向かうほど，実際（の地球儀上の長さ）よりも（横方向に）拡大される度合いが大きくなっている．それに応じて縦方向（経線方向）も拡大させることになるので，高緯度に向かうほど，長さや面積が拡大されることになる．例えば緯度 60 度の地点では，（$\cos 60° = 0.5$ だから）緯線の全長は赤道の長さの半分になっている．ところが，メルカトル図法では緯度 60 度の緯線の長さを赤道の長さと同じに表示するので，緯度 60 度の緯線は 2 倍の長さに拡大されることとなり，相似比が 2 倍であれば，面積は 4 倍に拡大されることになる．緯度 60 度より高緯度にあるグリーンランドは面積比で実際の 17 倍にも拡大されている．このようにして，メルカトル図法は，角度が正しく表示されるような投影法であるが，方位や距離，面積に関しては歪みがある．特に高緯度地方は拡大されてしまう．また，極は表現できない．

3. 大円経路を計算する

　次に，大円経路の長さを計算する問題を，中学入試と大学入試から取り上げてみよう．

Round 11. 球面 ——世界地図を征服する

【問題2】

　立方体と球が[図I]のように重なっています。球は立方体の各辺の真ん中の点で接し、その中心Oは立方体の対角線が交わったところにあります。また、4つの点P, Q, R, Sは正方形ABCDの各辺の真ん中の点を表し、真横から見ると[図II]のようになっています。四角形PQRSの面積が1cm²のとき、次の問いに答えなさい。ただし、円周率は3.14とします。

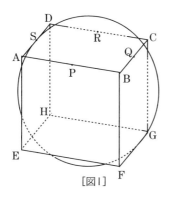

[図I]

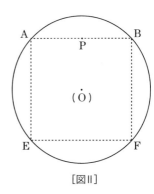

[図II]

(1) この球を直径を含む平面で切ったときの切り口の図形の面積は何ですか。

(2) 球面上で点Pから点Qまでひもをかけます。このひもが、もっとも短くなるときの長さは何cmですか。

(本郷中)

▶解答

(1) 正方形PQRSの面積が1cm²なので、PQ=1cmである。正方形ABCDの対角線の長さは、AC=2PO=2cmである。[図II]から、この球の半径は1cmである。(1)で求めるのは、この球を直径を含

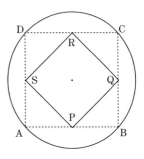

む平面で切ったときの切り口（大円）の面積だから，$1\times 1\times \pi = 3.14\,[\mathrm{cm}^2]$ である．

(2) 球の中心 O と PQ を含む大円の中で，三角形 OPQ に注目する．OP と OQ は球の半径なので，それぞれ 1cm である．
また，PQ = 1cm であったから，三角形 OPQ は正三角形である．大円上の弧 PQ は，中心角が 60 度の扇形の弧であるから，

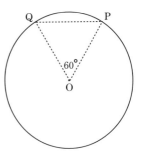

$$\widehat{\mathrm{PQ}} = 2\pi \times \frac{1}{6} = \frac{\pi}{3} = \frac{3.14}{3} = \frac{157}{150}\,[\mathrm{cm}]$$

算数仮面の解説　球面上で2点を結ぶ最短経路は大円であるという事実を算数の問いにしたものだ．さらにいえば，「円周率が3ではない」ことを心から実感できる問題だ．もし $\pi = 3$ であれば，弧 PQ と弦 PQ との区別がつかなくなってしまう．

さて，同じ事実を大学入試で取り上げると，次のような定量的な問題となる．

【問題3】

　地球上の北緯 60° 東経 135° の地点を A，北緯 60° 東経 75° の地点を B とする．A から B に向かう2種類の飛行経路 R_1, R_2 を考える．R_1 は西に向かって同一緯度で飛ぶ経路とする．R_2 は地球の大円に沿った経路のうち飛行距離の短い方とする．R_1 に比べて R_2 は飛行距離が3％以上短くなることを示せ．ただし地球は完全な球体であるとし，飛行機は高度0を飛ぶものとする．また必要があれば，三角関数表を用いよ．

　注：大円とは，球を球の中心を通る平面で切ったとき，その切り口にできる円のことである．

(2008年　京都大学・理系乙)

▶**解答**

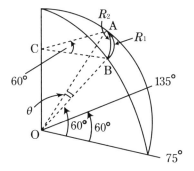

地球の中心を O, 半径を r とする. 弧 R_1 は, 半径 $r\cos 60° = \dfrac{1}{2}r$,

中心角 $60°$ なので,

$$R_1 = 2\pi \cdot \dfrac{1}{2}r \cdot \dfrac{1}{6} = \dfrac{\pi r}{6}$$

$\angle \mathrm{AOB} = \theta$ (弧 R_2 の中心角) とおくと,

$$R_2 = r\theta$$

よって, $\dfrac{R_2}{R_1} = \dfrac{r\theta}{\dfrac{\pi r}{6}} = \dfrac{6\theta}{\pi}$

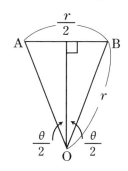

となるので, これが 0.97 よりも小さいことを示せばよい.

ここで $\triangle \mathrm{ABC}$(C は弧 R_1 の中心)は正三角形で,

$$\mathrm{AB} = \dfrac{r}{2} \quad \sin\dfrac{\theta}{2} = \dfrac{\dfrac{r}{4}}{r} = \dfrac{1}{4}$$

である. これに近い値を三角関数表から探すと, $\sin 14.5° = 0.2504$ がある. そこで,

$$\sin\dfrac{\theta}{2} < \sin 14.5°$$

$$\dfrac{\theta}{2} < 14.5° = \dfrac{14.5}{180}\pi \qquad \therefore\ \theta < \dfrac{29}{180}\pi$$

$\dfrac{R_2}{R_1} = \dfrac{6\theta}{\pi} < \dfrac{6}{\pi} \cdot \dfrac{29}{180}\pi = \dfrac{29}{30}$ (これが 0.97 よりも小さいことを示す)

$$0.97 - \frac{29}{30} = \frac{97}{100} - \frac{29}{30} = \frac{1}{300} > 0$$

したがって $\frac{R_2}{R_1} < 0.97$ となったので，題意は示された．

 算数仮面の解説　同一緯度上に移動するよりも，大円に沿って移動する方が移動距離が短くてすむという事実を定量的に確認した問題だ．

4. 地球から宇宙へ

【問題 4】
　空間内の点 O を中心とする一辺の長さが l の立方体の頂点を $A_1, A_2, \cdots, A_8$ とする．また，O を中心とする半径 r の球面を S とする．
(1) S 上のすべての点から $A_1, A_2, \cdots, A_8$ のうち少なくとも 1 点が見えるための必要十分条件を l と r で表せ．
(2) S 上のすべての点から $A_1, A_2, \cdots, A_8$ のうち少なくとも 2 点が見えるための必要十分条件を l と r で表せ．
　　ただし，S 上の点 P から A_k が見えるとは，A_k が S の外側にあり，線分 PA_k と S との共有点が P のみであることとする．
(1996 年・東京大学・理科)

▶解答

(1)（i）$r \leqq \dfrac{l}{2}$ のとき，図 1 のように球面が立方体の内部に入る（または内接する）このとき，S 上のすべての点から，立方体の頂点のうちの少なくとも 1 点が見える．

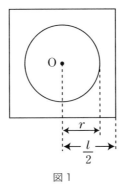

図 1

(ii) $\frac{l}{2} < r$ のとき,図 2 のように球面 S が立方体からはみ出す部分が存在する.このとき,図 2 のように,P での接平面が立方体の一つの面と平行になるように点 P をとることができる.このような点 P からは,立方体の頂点は一つも見えない.

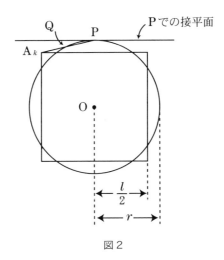

図 2

以上 (i)(ii) より,求める必要十分条件は

$$r \leqq \frac{l}{2}$$

(2) 図 3 のように頂点 $A_1, A_2, \cdots, A_8$ を考えるとき,2 つの三角形

△$A_2A_3A_4$, △$A_5A_6A_7$ は平行な 2 平面に含まれる．この 2 平面の距離は $\frac{\sqrt{3}}{3}l$ である．

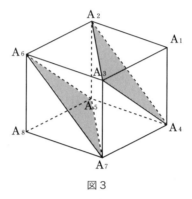

図3

（i）$\frac{\sqrt{3}}{6}l < r$ のとき

図4のように球面が平行な 2 平面からはみ出す部分が存在する．このとき図4の点 P からは，立方体の頂点のうちの A_1 しか見ることができない．

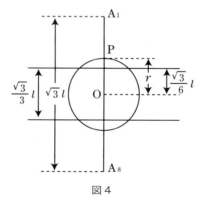

図4

（ii）$r \leqq \frac{\sqrt{3}}{6}l$ のとき

図5のように球面 S が平行な 2 平面の間に入る．このとき題意が満たされることを背理法で証明する．

Round 11. 球面——世界地図を征服する

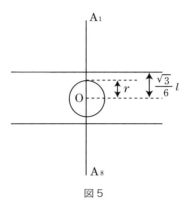

図 5

球面 S 上の 1 点 P から，立方体の一つの頂点だけを見ることができることがあると仮定する．見える頂点のひとつを A_1 としても一般性を失わない．このとき，P における球面 S の接平面を π とすると，

点 A_1 は π に関して O と反対側，

点 $A_2, \cdots, A_8$ は π に関して O と同じ側

にあるから，平面 π が立方体の 3 辺 A_1A_2, A_1A_3, A_1A_4 と交わることになる．このとき，接点 P は平面 π 上にあるから，球面 S と平面 $A_2A_3A_4$ が交わりをもつことになり，図 5 の場合分けに矛盾する．よって $r \leqq \dfrac{\sqrt{3}}{6} l$ のとき，S 上のすべての点から $A_1, A_2, \cdots, A_8$ のうち少なくとも 2 点が見える．

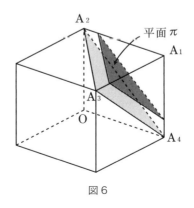

図 6

以上(i)(ii)より,求める必要十分条件は
$$r \leq \frac{\sqrt{3}}{6} l$$

算数仮面の解説　人工衛星を利用するテクノロジーとして,偵察衛星・リモートセンシング(気象衛星もその一例)・衛星通信などがよく知られている.近年は「カー・ナビゲーション」などの普及により地球上での自分の位置を決定する GPS (global positioning system) システムがよく知られるようになった.もともとは軍事目的のために開発されたものであるが,これが一般にも開放されて「カー・ナビ」などで利用することができるようになった.

　人工衛星の位置は正確にわかっている.複数の衛星から発射された同期電波を,航空機や車に搭載した受信機で受信し,同期電波の時間差をもとに,受信機の位置から各衛星までの距離の差を計測しながら自分の位置を計算する.同時に3個の衛星からの電波が受信できれば,自分の位置がわかる仕組みである.GPS の原理を連想させる,楽しい問題であった.

Round 12　空間内の位置関係
——翔べ！ 宇宙へ

 1.　日の出と日の入り

　前章は,「球面」と「世界地図」をテーマに,算数と社会科の融合に取組んでみた.本章は,算数と理科の融合に取組んでみよう.

> 【問題1】
> 　日本で春分の日と秋分の日は,太陽が真東からのぼり真西に沈む日であり,昼と夜の長さが等しい日であると言われています。
>
>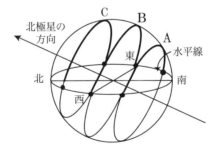
>
> 図1でAの弧は冬至の日の太陽の動きを,Bの弧は春分の日と秋分の日の太陽の動きを,Cの弧は夏至の日の太陽の動きを示しています.Bは半円形になるため,昼の長さが1日のちょうど半分になり,昼と夜の長さが同じで12時間ずつになると考えられます.
>
> **問1**　日本の場合を参考にして,赤道では昼と夜の長さは季節によってどう変わるかを考え,次のア〜エから正しいものを選びなさい.なお北極星の見える高さ(角度)は,その地点の緯度と等しいです.また,太陽の大きさは考えないものとします.

ア 春分の日と秋分の日だけ昼と夜の長さが等しく，夏は昼が長く，冬は夜が長い．

イ 春分の日と秋分の日だけ昼と夜の長さが等しく，夏は夜が長く，冬は昼が長い．

ウ 季節にかかわらず，昼と夜の長さが等しい．

エ 昼と夜の長さが等しくなる日は1年に1回もない．

問2 実際は太陽に大きさがあり，日の出や日の入りは太陽の上のふちが水平線に来た瞬間（図2）としているため，春分や秋分の日に，昼の長さは12時間よりも長くなります．この理由によって，赤道では春分と秋分の日の昼の長さは，12時間より何分長くなるはずですか．適するものを次から選びなさい．ただし，太陽の見えている大きさ（直径）は，角度の0.5度です（図2）．

ア 0.5分　イ 1分　ウ 2分　エ 4分

日の出，日の入りの瞬間

問3 北緯30度の地点では，春分と秋分の日の太陽は図3の矢印の方向に上ります．問2とおなじ理由で，北緯30度の地点では春分と秋分の日の昼の長さは，12時間より何分長くなるはずですか．適するものを次から選びなさい．ただし，正三角形を2等分してできる直角三角形の辺の長さの比は図4の通りです．

ア　0.43分　　イ　0.58分　　ウ　0.87分
エ　1.15分　　オ　1.7分　　カ　2.3分
キ　3.5分　　ク　4.6分

Round 12. 空間内の位置関係 ——翔べ！宇宙へ

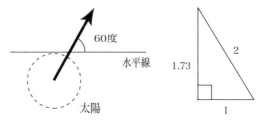

問4 地球をとりまく空気の中を光が通るとき，屈折が起こります．そのため，水平線よりも下 0.6 度にあって本来は見えない天体がうき上がって，ちょうど水平線の高さにあるように見えます（図5）．このことも計算に入れると，北緯 30 度の地点では春分と秋分の日の昼の長さは，12 時間より何分長くなるはずですか．適するものを次から選びなさい．

ア　1.3分　　イ　2.5分　　ウ　3.0分
エ　3.9分　　オ　5.1分　　カ　7.8分
キ　10.1分　　ク　15.6分

（灘中学校・理科）

▶解答

問1 ウ

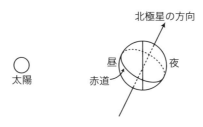

地球の表面のうち，太陽の側に向いている半分が昼，残りの半

分が夜となっている．赤道の円弧は，半分が昼，半分が夜の部分に含まれており，これは1年中どこでも変わらない．よって，季節にかかわらず，昼と夜の長さが等しい．

問2 ウ

春分や秋分の日に，太陽の中心が水平線を上る瞬間から水平線に沈む瞬間までがちょうど12時間だとすると，日の出の時刻は，0.25度ぶんの時間だけ早くなっており，日の入りの時刻は，0.25度ぶんの時間だけ遅くなっていることになる．つまり，赤道では春分と秋分の日の昼の長さは，12時間より「太陽が0.5度だけ動くのにかかる時間分だけ」長くなるはずである．

太陽は12時間で180度ぶんだけ回転してみえるので，「0.5度だけ動くのにかかる時間」は，$12 \times 60 \times \dfrac{0.5}{180} = 2$［分］ということになる．

問3 カ

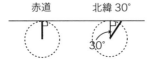

赤道で太陽が「0.5度だけ動くのにかかる時間」は2分であったが，北緯30度の地点では，もっと長い時間を要する．その時間は，問題に与えられた直角三角形の辺の比を参考にすると，$2 \times \dfrac{2}{1.73} = 2.312\cdots$［分］である．

問4 カ

まず，赤道について考えてから，問3と同様にして，$\dfrac{2}{1.73}$をかける．

赤道では，太陽の中心が水平線より0.25度だけ下にあるときが日

の出の時刻とされているが，屈折の効果を考えると，太陽の中心が水平線より 0.25＋0.6 ＝ 0.85 度だけ下にあるときが日の出の時刻となる，日の入りについても同様である．したがって，赤道において，屈折まで考慮にいれたとき，昼の長さが 12 時間よりも長くなる時間は， $12 \times 60 \times \dfrac{0.85+0.85}{180} = 4 \times 1.7 = 6.8$ ［分］である．

北緯 30 度の地点では，これに $\dfrac{2}{1.73}$ をかければよい．

$6.8 \times \dfrac{2}{1.73} = 7.861\cdots$ ［分］となる．

算数仮面の解説　中学入試の理科の問題だったが，緻密な分析をさせる問題だ．角度と時間の関係を，比の問題としてしっかり考え切ることが求められる問題だった．

2. 日食と月食

さらに，次の問題も，太陽・地球・月の動きについて考えさせる問題だ．

【問題 2】
　お父さんとダイ吉君の次の会話を読んで，問いに答えなさい．
ダイ吉：「お父さん，(2009 年) 7 月 22 日に日本全国で日食が見られるって本当？」
父：「本当さ．特に，トカラ列島 (鹿児島県の屋久島と奄美大島の間にある島々) で皆既日食と言って，太陽が完全にかくれる日食が見られるんだよ．」
ダイ吉：「へぇ，それはスゴイね．ところで，どんなときに日食は起こるの？」
父：「太陽・地球・月が（　①　）のように並ぶと日食が見られるのさ．」

ダイ吉:「同じような現象に月食もあるよね.」

父:「太陽・地球・月が（　②　）のように並ぶと月食が見られるよ.しかし,残念ながら今年は,はっきりとわかる月食は起こらないそうだ.」

ダイ吉:「へぇ,でも今の説明によると,日食は③{ア　新月　イ　三日月　ウ　半月　エ　満月}の時に,月食は④{ア　新月　イ　三日月　ウ　半月　エ　満月}の時に起こるんでしょ？なのになぜ,毎月,日食や月食が見られないの？」

父:「それは,（　⑤　）からさ.」

ダイ吉:「日食や月食のことで,ほかに何かおもしろい話はないの？」

父:「太陽の全体がかくれると,太陽の回りにかがやく（　⑥　）が見え始めるんだ.これは太陽を取り巻く数百万℃もある大気で,ふだんは見ることができないものだぞ.また,太陽が欠けて三日月型になったとき,こもれび(木々の葉のすき間からもれてくる太陽の光)も三日月型をしているから見てごらん.面白いぞ.」

ダイ吉:「ほかには？」

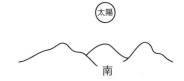

父:「太陽がこのように南の方角にある時,日食が起こると,どのような欠け方をするかわかるか？」

ダイ吉:「う～ん.⑦こんな感じかな…」

父:「では,地球で皆既日食や皆既月食が起きているときに,月から地球の方を見ると,どの様になっていると思う？」

ダイ吉:「日食の時は（　⑧　）し,月食の時は（　⑨　）のではないかな.」

父:「昔の人々は,日食や月食は空の魔物が太陽や月を食べている,と考え恐れていたそうだよ.」

ダイ吉:「でも, …あまり, おいしくなさそうだね.」

(1) ①, ② の説明として正しい図を選びなさい. なお, 図中の円は地球や月が動く軌道を示しています.

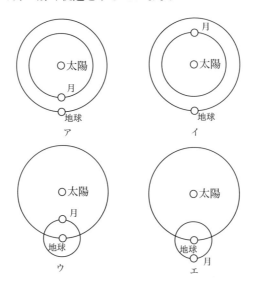

(2) ③, ④ にあてはまるものを{ }の中から選びなさい.

(3) ⑤の説明として適当なものを選びなさい.

　　ア　日食や月食は毎月起きているのだけれど, 日本では太陽や月が空に出ていなくて, 見ることができないときもある

　　イ　日食や月食は毎月起きているのだけれど, くもりや雨の日もあって, 見ることができないときもある

　　ウ　月が回る軌道と, 地球が太陽の周りを回る軌道は横から見ると, ぴったり重ならずに交差している

　　エ　月が回る軌道と, 地球が太陽の周りを回る軌道は横から見ると, 重ならずに大きく上下に離れている

(4) ⑥ にあてはまる言葉(3文字のカタカナ)を答えなさい.

(5) ⑦ での太陽の欠け方として正しいものを選びなさい.

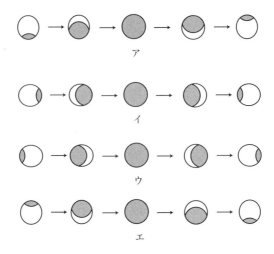

(6) ⑧,⑨の説明として正しいものは次のどれですか.なお,月の半径は地球の半径のおよそ0.27倍で,地球から見た太陽と月の大きさは,ほぼ同じです.また,月食は月が空に出ていれば,どこからでも見ることができますが,日食は太陽が空に出ていても,見ることができるのは一部の地域に限られます.

ア 地球が太陽を完全におおいかくしている様子が見られる
イ 太陽の上を地球が黒い丸として移動する様子が見られる
ウ 太陽の裏側に地球がかくれていく様子が見られる
エ 地球の上を月の丸い影が移動する様子が見られる
オ 月の影が地球を完全におおいかくしている様子が見られる

(ラ・サール中学校・理科)

▶解答

(1) ①=ウ,②=エ

日食は,地球と太陽の間に月が入ることによって起こるので,①=ウとなる.

月食は,月と太陽の間に地球が入ることによって起こるので,②=エとなる.

(2) ③＝ア，④＝エ

日食のとき，太陽と月が地球から見て同じ側にある．すなわち，新月となっているので，③＝アとなる．

月食のとき，地球から見て月が太陽と反対側にあり，その間に地球が入ることで月の姿が蝕まれて見える．すなわち，満月のときなので，④＝エとなる．

(3) ウ

(4) コロナ

(5) イ

地球の北極側から，地球の公転面，月の公転面をみると，図のようになっている．月の公転方向は，反時計まわりである．

したがって，太陽が南方に見えるときに日食が起こるのであれば，太陽の欠け方は，イのようになる．

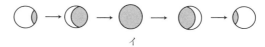

(6) ⑧＝エ，⑨＝ア

日食のとき，太陽・月・地球の順に一直線上に並んでいるのだから，月から地球の方をみると，地球の上を月の丸い影が移動する様子が見られる(エ)．

月食のとき，太陽・地球・月の順に一直線上に並んでいるのだから，月から地球の方をみると，地球が太陽の手前にある．しかも，地球は月よりも大きいのだから，地球が太陽を完全におおいかくしている様子が見られる(ア)．

算数仮面の解説　計算は出てこなかったが，日食や月食という現象を，3つの天体（太陽・地球・月）の空間内における位置関係として分析するという問題だった．ここにも，理科の知識だけではなく，算数や数学のセンスが必要だ．

3. 衛星を観測

次の問題は，衛星の出から入りまでの時間（観測可能時間）をモデル化した問題だ．

【問題3】

S を中心O，半径 a の球面とし，N を S 上の1点とする．点Oにおいて線分ONと $\frac{\pi}{3}$ の角度で交わる1つの平面の上で，点Pが点Oを中心とする等速円運動をしている．その角速度は毎秒 $\frac{\pi}{12}$ であり，またOP $= 4a$ である．点Nから点Pを観測するとき，Pは見えはじめてから何秒間見えつづけるか．またPが見えはじめた時点から見えなくなる時点までの，NPの最大値および最小値を求めよ．ただし球面Sは不透明であるものとする．

（1973年・東京大学・理系）

▶解答

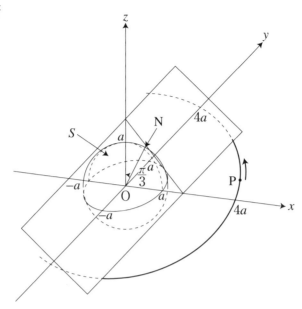

P は xy 平面上で等速円運動をするものと設定する．$OP=4a$，角速度は $\dfrac{\pi}{12}$ なので，

$P\left(4a\cos\dfrac{\pi}{12}t,\ 4a\sin\dfrac{\pi}{12}t,\ 0\right)$ とおく．また ON は xy 平面と角 $\dfrac{\pi}{3}$ をなすので，$N\left(\dfrac{1}{2}a,\ 0,\ \dfrac{\sqrt{3}}{2}a\right)$ とおく．

N における S の接平面：$\dfrac{1}{2}ax+\dfrac{\sqrt{3}}{2}az=a^2$

これと xy 平面 ($z=0$) との交線は，$x=2a$ である．xy 平面上で点 N から見渡すことができる領域は，$x\geqq 2a$ の部分である．N から P が見えるとき，

$$4a\cos\dfrac{\pi}{12}t\geqq 2a \qquad \therefore\ \cos\dfrac{\pi}{12}t\geqq \dfrac{1}{2}$$

1 周期分の解を求めると，$-\dfrac{\pi}{3}\leqq \dfrac{\pi}{12}t\leqq \dfrac{\pi}{3}$ すなわち $-4\leqq t\leqq 4$ となるので，P は 8 秒間見えつづける．また，

$$NP^2 = \left(4a\cos\frac{\pi}{12}t - \frac{1}{2}a\right)^2 + \left(4a\sin\frac{\pi}{12}t\right)^2 + \left(\frac{3}{2}a\right)^2$$

$$= \left(17 - 4\cos\frac{\pi}{12}t\right)a^2$$

$$NP = \sqrt{17 - 4\cos\frac{\pi}{12}t}\,a$$

最大値は $t = \pm 4$ のときで $\sqrt{15}\,a$

最小値は $t = 0$ のときで $\sqrt{13}\,a$

算数仮面の解説　地球上の北緯 60 度に位置する点 N から，赤道上を回転する人工衛星が見える場合について計算させる問題であった．やはり，大学入試の数学となると，数学上の道具が豊富になってくるので，このような具体的な文字設定や計算により，定量的な議論ができるようになるものだ．

4. 新型惑星が登場

【問題 4】

　宇宙のどこかに太陽系型の星の集団があり，恒星 X を中心に惑星が円を描いて廻っています．その惑星の一つ Y は球形でなく浮き輪型をしています．それをスケッチしたものが図 1 です．この図で地軸と名づけられた直線を軸として，その周りに，経度 0 と記された円盤を 360 度回転してでき上がったものが浮き輪型惑星 Y です．

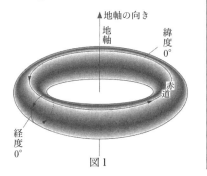

図 1

Round 12. 空間内の位置関係 ——翔べ！宇宙へ

Yは地軸の周りを，図1の赤道に付けた矢印の向きに，回転しています．これを自転といいます．Yでは，この自転でほぼ一周する時間を24時間とし，またこれを一日とします．自転軸と緯度0°の円輪で決まる平面内にXがあるときをYの標準時刻12時とします．自転の結果，この平面上にXがあるときは次々に来ますが，その瞬間はすべて12時とします．これが24時間の決めかたになります．YはXを中心とする円周をちょうど360日かけて一周しています．この一周を一年とします．Yが描くこの円は平面の中にあり，この平面を公転面といいます．Yの地軸はちょうど公転面のなかにあります．（註．地球の自転軸は公転面と67度の角をなしている）この惑星では30日をひと月としています，一年が一月一日から始まって十二月三十日で終わります．

Yの住人が世界地図を描きます．世界地図は平面で長方形におさめます．下記の設問に答えなさい．

(1) 地球の世界地図を長方形におさめようとすると，決定的な難点があります．ところがYの世界地図は地球の世界地図より，はるかに正確に描けます．どうしてか説明しなさい．
(2) それでもYの世界地図を長方形のなかに正確に書くことはできません．なぜですか？
(3) ちょうど一年の間にYは地軸の周りを何回自転していますか？　正確な数字が求められています．

惑星Yの世界地図を描くために，図1に示したように赤道（緯度0°）と経度0°の位置を決めました．地軸に垂直な平面でYに接するものが二つありますが，その一つは，地軸がXの方に向いているとき，恒星Xのある側と，惑星Yのある側とに空間を二分しています．この平面とYが接している所を赤道と呼びます．

緯度0°の円と赤道の交点を緯度が0°で経度が0°の点といい，(0,0)と表します．緯度は経度0°の円輪に沿って，矢印の方向に0°から360°まで進んで，また0°に戻ります．経度も赤道に

沿って0°から360°まで進んで,また0°に戻ります.

　惑星Yの地球儀に代わる模型は浮き輪型をしています.その模型を薄いゴム膜で覆って,その膜を緯度0°の線に沿ってはさみで切り,次に赤道に沿ってはさみで切ると,ゴム膜が図2のような平面になりました.

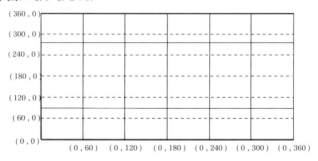

(4) そのようなゴム膜は,浮き輪の表面を覆っていたとき,ゴムがもっとも伸びているのは,緯度何度の部分ですか？　もっとも伸びが小さい部分の緯度はいくつですか？

(5) 地軸がちょうどXの方に向いている日を一月一日とします.七月一日に惑星Yで夜になる部分を世界地図(a)(掲載省略.図2と同じもの)の上で斜線を引いて示しなさい.

(6) 二月一日に,常に夜である地域のうち緯度の数字がもっとも大きい地点の緯度と経度の数値を(10,20)のような形式で答えなさい.

(7) 標準時刻4時のとき,ちょうど夜明けになっている所を地図(b)(掲載省略.図2と同じもの)の上におおよその線で示しなさい.ただしこの曲線上,もっとも緯度の高くなる位置と,もっとも緯度の低くなる位置を地図(b)上で示すことが大事です.

(海陽学園中学校・記述試験)

▶解答

(1) 球形である地球は,高緯度地点ほど緯線の長さが短くなり経線の間隔が狭くなるため,世界地図を長方形におさめるのは難しい.

これに対して浮き輪型のYは、緯度による緯線の長さの変化が小さく、経線の間隔の変化も小さいため、世界地図をはるかに正確に描くことができる.

(2) 長方形の世界地図を正確に描くには、緯線の長さが緯度によらず同じであることが必要だが、Yの緯線の長さは場所によって変化するから.

(3) 360回

地軸が公転面に含まれているため、自転の回数に公転の影響が及ばない. Yは地軸の周りを1日に1回転しているので、1年で360回転することになる.

(4) ゴム膜がもっとも伸びているのは緯度90°の部分で、もっとも伸びが小さいのは緯度270°の部分.

(5) Yは次の図のように公転している.

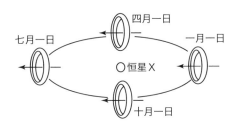

七月一日には、Yの地軸は恒星Xの反対側を向いているので、緯度0度を中心として前後90度の範囲にはXの光が届かないので夜になる.

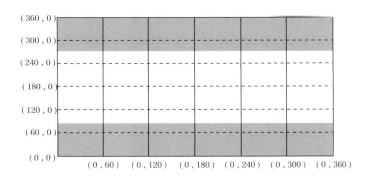

(6) $(240,0)$ から $(240,360)$ まで

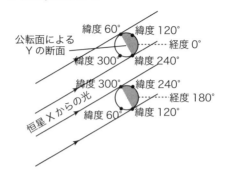

一月一日から二月一日までの間に Y は 30 度だけ公転することから, X からの光は地軸に垂直な面に対して 30 度傾いて Y に届く. 公転面による Y の断面は図のようになる (標準時刻 12 時の時点). つねに夜である地域は緯度 120°から 240°の範囲であるから, 最高緯度は 240°である.

(7) (6) と同じく二月一日について図示する.

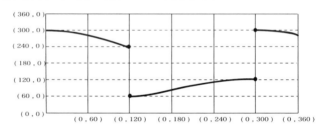

二月一日に昼と夜が両方あるのは, 緯度が 60°から 120°までと 240°から 300°までの地点である. 経度 0°の地点が公転面上に位置する 12 時の 8 時間前が標準時刻 4 時である. 1 時間の自転で経度 15°分だけ回るので, 標準時刻 4 時に公転面上にあるのは経度 120°と経度 300°の地点である.

Round 12. 空間内の位置関係 ——翔べ！宇宙へ

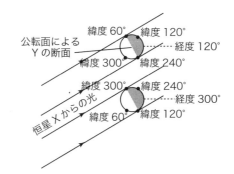

標準時刻4時の時点での昼と夜の様子を世界地図に描くと次のようになり，昼夜の境界線が日の出または日の入りを表している．

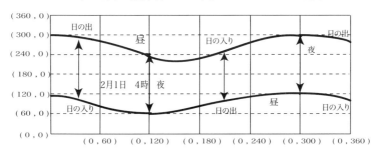

算数仮面の解説　算数と理科の総合格闘技戦のような問題だ．Yのような浮き輪型惑星が，ニュートン力学にしたがうのかという疑問は脇に置くこととして，考える力をみる「記述試験」としては意欲的な出題であった．中学受験生がどのくらい喰いついてくれたのか，関心のあるところだ．

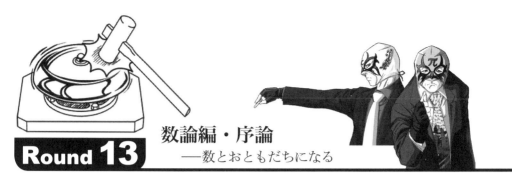

Round 13 数論編・序論
——数とおともだちになる

　前章までの話題は主として「図形編」の内容を取り上げてきたが，本章からは「数論編」として進めていこう．

　大学受験生の多くが，整数の分野は難しい，という．高校カリキュラムと大学受験の乖離がある分野だからだろう．ところが不思議なことに，中学入試問題を観察してみると，大学入試とほとんど同じ素材が出題されている．違いを探すと，大学入試の方がさすがに一般化・抽象化の度合いが深いといえる．しかし，中学入試でも，n という文字こそ出てこないものの，扱う数字を大きくすることで，事実上「一般化」した思考を要求しているものもある．

 1. 末尾に並ぶ 0 の個数

　まずは，中学入試の定番メニューから見てみよう．解法技術は中学受験塾で教えられているが，原理をきちんと説明できる子供は少ないという問題だ．

> 【問題 1】
> 　$1\times2\times3\times4\times5\times\cdots\times2007\times2008\times2009$ と，1 から順に整数を 2009 までかけていくと，一の位から数字の 0 が ☐ 個連続して並びます．
> （宝仙学園中学校・共学部）

▶**解答** 筆者が中学1年生のクラスを担当するとき，この手の問題を出題すると，多くの子供が次のような手順で「正解」を求めてくる．

$$2009 \div 5 = 401 \cdots 4$$
$$401 \div 5 = 80 \cdots 1$$
$$80 \div 5 = 16 \cdots 0$$
$$16 \div 5 = 3 \cdots 1$$

これらの商をたして

$$401 + 80 + 16 + 3 = 500$$

よって500個

算数仮面の解説 確かに，正解だ．ところが，子供たちに「なぜ，このように解くと正解が得られるのか」と問うと，(答えが合っているのにどうして，と言わんばかりの)怪訝な顔をして，「合ってるでしょ」と言う．「うん，合ってるんだけどさあ，どうしてこの解き方をするの」「塾で習ったよ」ここに，学力低下問題の本質の一つが見え隠れしている．この子の名誉のために一言添えておくと，塾での偏差値は高い．テストの得点力も優れている．だから，難関の中学校に合格した．

でも，本当は，学力は着々と下がっているのではないか，という疑いがあることも確かだ．ここでいう「学力」とは，ペーパー・テストで測定しきれない「何か」を指している．この手の議論をする際には，ことばの定義に気を遣う必要があるものだ．ともあれ，塾に行けば行くほど，得点力と引き換えに，思考力を失っていくカラクリがあるのだ，と私は考えている．

一方，思考力を失っていない子(どういうわけか，小規模塾の出身の子が多い)は，こう答える．末尾の $10 = 2 \times 5$ の数を数えるのだから，数が少なそうな5の方を数えればよい．1から2009までに5の倍数が401個ある．でも，もっとある．5×5の倍数が80個あるから，481個はある．でも，もっとある．$5 \times 5 \times 5$の倍数が16個あるから，497個はある．さらに，$5 \times 5 \times 5 \times 5$の倍数が3個あるから，500個になる．$5 \times 5 \times 5 \times 5 \times 5$の倍数はもうないから，ここまでだ．だから，500個．

Round 13. 数論編・序論 ——数とおともだちになる

　中学受験塾の先生方には，このように答えられる子を養成してもらいたいものだ．ところが試験の現実としては，このように自分の力で思考を組み立てていくと，時間がかかる．すると，時間制限の厳しいタイトルマッチ（入学試験）の場では不利な立場に置かれてしまうことがある．算数の試験時間は，通常は40分から長くても60分程度しかないのだ．

　本問を通してわかることは，問題の類型ごとに「この問題はこう解く」という「手順」を覚えるような学習は，子どもから思考力を奪うということだ．これをアルゴリズム学習という．もちろん，子ども自身の資質が高ければ，教師がアルゴリズム学習を仕込んでも，本人はそこから本質を抽出することができるのだが．

　では次に，同じ年の大学入試問題を見てみよう．同じ問題だが，抽象化とともに，本質を探るつくりになっていることが分かる．ひょっとすると，出題に当たられた大学の先生も，同じ問題意識を持っているのかもしれない．

【問題2】

自然数 n について $n!$ の末尾に続く 0 の個数を a_n とする．

(1) $n = 5^k$ のとき a_n を k の式で表せ．

(2) a_{2009} を求めよ． （2009年・群馬大学・医）

▶解答

(1) $(5^k)!$ の素因数分解において，2×5 の組の個数をかぞえる．素因数 2 より 5 の方が少ないので，素因数 5 の個数が a_n となる．

　$\{1, 2, 3, \cdots, 5^k\}$ の中で，

　　　　5 の倍数は　5^{k-1} 個

　　　　5^2 の倍数は 5^{k-2} 個

　　　　5^3 の倍数は 5^{k-3} 個

　　　　　　$\vdots$　　　　$\vdots$

　　　　5^k の倍数は $5^0 = 1$ 個

$(5^k)!$ に含まれる素因数 5 の個数は

$$a_n = 5^{k-1} + 5^{k-2} + \cdots + 5 + 1$$
$$= \frac{5^k - 1}{4}$$

(2) $2009 = 3 \times 5^4 + 5^3 + 5 + 4$ だから,

$(2009)!$ に含まれる素因数 5 の個数は,

$$a_{2009} = 3a_{5^4} + a_{5^2} + a_5$$
$$= 3 \times \frac{5^4 - 1}{4} + \frac{5^3 - 1}{4} + \frac{5 - 1}{4}$$
$$= 468 + 31 + 1 = 500$$

■算数仮面の解説 中学入試と大学入試がシンクロしている例をみた. これらはともに,答えがちょうど 500 個になる最後の年である 2009 年の出題であった.

2. 循環小数の世界

中学入試と大学入試がシンクロしている他の例として,分析の難易度が逆転しているケースをみてみよう.

【問題 3】

$\frac{1}{7}$ を小数で表したとき,小数点以下 2010 位の数を求めなさい.

(2010 年・兵庫県立大・経済・経営)

▶**解答** $\frac{1}{7} = 0.\dot{1}4285\dot{7}$ は周期 6 の循環小数であり,$2010 = 6 \times 335$ であることから,小数点以下 2010 位の数は 7

算数仮面の解説　解答に補足すべき点はないが，この循環小数は魅力的だ．

$\dfrac{2}{7} = 0.\dot{2}8571\dot{4}$, $\dfrac{3}{7} = 0.\dot{4}2857\dot{1}$,

$\dfrac{4}{7} = 0.\dot{5}7142\dot{8}$, $\dfrac{5}{7} = 0.\dot{7}1428\dot{5}$,

$\dfrac{6}{7} = 0.\dot{8}5714\dot{2}$ という具合だ．さらに，

$\dfrac{1}{7} = 0.\dot{1}4285\dot{7}$ の両辺を 7 倍すると，

$\dfrac{7}{7} = 0.\dot{9}9999\dot{9}$　ん？

次の問題は，この話がモチーフになっている．

【問題 4】

6けたの整数 ABCDEF で，一番上の位の数字 A を一番下の位に移した数 BCDEFA がもとの数の 3 倍になるものは，ちょうど 2 つあります．このような数 ABCDEF のうち大きい方を x とすると，$x = \boxed{}$ です．また，$\dfrac{x}{999999}$ をできる限り約分した分数は $\boxed{}$ です．

(灘中学校)

▶**解答**　5けたの整数 BCDEF を P とおくと，

　　　　6けたの整数 ABCDEF は $A \times 10^5 + P$

　　　　6けたの整数 BCDEFA は $P \times 10 + A$

と表される．条件は，

$$P \times 10 + A = (A \times 10^5 + P) \times 3$$

となる．整理すると，

$$P \times 7 = A \times 299999$$

$$P = A \times 42857$$

$A = 1$ のとき $P = 42857$

$A = 2$ のとき $P = 85714$

大きい方は，$x = 285714$

また，$\dfrac{x}{999999} = \dfrac{285714}{999999} = \dfrac{2}{7}$

算数仮面の解説 中学受験の場で，事実上，不定方程式の整数解を求める処理が要求されていることが見てとれる．

3. 条件を満たす配列の数

中学入試では，文字「n」を用いた抽象化思考を要求することができない建前となっている．しかし，出題の実態としては，100 とか 1000 といった大きな数字を用いた考察をさせることで，抽象化思考の素養を試しているのである．次の問題は，「10 個」というだけでも抽象化思考をしないと苦戦するというつくりになっている．

【問題 5】

　○と×をいくつか並べるとき，×が 2 つ以上連続しない並べ方を考えます．例えば，○と×を全部で 2 個並べるとき，条件を満たす並べ方は○○と○×と×○の 3 通りです．このとき，次の問いに答えなさい．

(1) ○と×を全部で 3 個並べるとき，条件を満たす並べ方は何通りになりますか．

(2) ○と×を全部で 4 個並べるとき，条件を満たす並べ方は何通りになりますか．

(3) ○と×を全部で 10 個並べるとき，条件を満たす並べ方は何通りになりますか．

(栄東中学校)

▶解答

(1) ○○○／○○×／○×○／×○○／×○×

　があるので，5 通り

(2) ○○○○/○○○×/○○×○/○×○○/
　　　○×○×/×○○○/×○○×/×○×○

があるので，8通り

(3) ○と×を全部で n 個並べるとき，条件を満たす並べ方が a_n 通りあるとすると，
$$a_1 = 2, \ a_2 = 3, \ a_3 = 5, \ a_4 = 8$$
である．ここで，
$$a_{n+2} = a_{n+1} + a_n \qquad \cdots (*)$$
という規則性に気付くと，
$$a_5 = 13, \ a_6 = 21, \ a_7 = 34, \ a_8 = 55, \ a_9 = 89$$
と順次求めることができて，$a_{10} = 144$ なので，144通り

算数仮面の解説　フィボナッチ数列が出てきたが，中学入試の場合には規則性 (*) に気付けば十分で，規則の根拠を説明 (記述) することまでは要求されない．しかし，規則性の存在に気付くには，やはり抽象化思考 (の片鱗) が要求されていると見てよいだろう．

ここでは，規則性 (*) の説明に代えて，次の問題をみてみよう．

【問題6】
硬貨を n 回投げるとき，表が連続して出ることはない確率を p_n とする．
(1) p_n を $p_k \ (k < n)$ を用いて表せ．ただし，$n \geq 3$ とする．
(2) p_{10} を求めよ． (1989年・名古屋大学・理系)

▶解答
(1) p_n とは，

「1回目に裏が出て，残り $n-1$ 回に表が連続して出ることがない」
または
「1回目に表が出て，2回目に裏が出て，残りの $n-2$ 回に表が連続して出ることがない」確率である．

このことから，$n \geq 3$ のとき，
$$p_n = \frac{1}{2}p_{n-1} + \left(\frac{1}{2}\right)^2 p_{n-2} \qquad \cdots \text{〔答〕}$$

(2) 漸化式の両辺に 2^n をかけると，
$$2^n p_n = 2^{n-1} p_{n-1} + 2^{n-2} p_{n-2} \quad (n \geq 3)$$

数列 $\{2^n p_n\}$ に関する漸化式と考えて，

$2^1 p_1 = 2$, $2^2 p_2 = 4 \times \dfrac{3}{4} = 3$ を初期値に使う．

$$\{2^n p_n\} = \{2, 3, 5, 8, 13, 21, 34, 55, 89, 144, \cdots\}$$
$$\therefore \ 2^{10} p_{10} = 144$$
$$p_{10} = \frac{144}{2^{10}} = \frac{9}{64} \qquad \cdots\cdots\text{〔答〕}$$

算数仮面の解説 前問の【問題5】との関係でいえば，「○」が「裏」に，「×」が「表」に，「×が2つ以上連続しない並べ方」が「表が連続して出ることはない」に，それぞれ対応することになる．20年の時を超えて，大学入試問題が中学入試問題に変身した，というわけだ．

この問題の設定をもう一歩，進化させた次の問題を見てみよう．

【問題7】

記号 $+$ と $-$ を重複を許し一列に並べてできる列のうち，同じ記号は3つ以上連続して並ばないものを考える．$+$ と $-$ という記号を全部で n 個 $(n \geq 2)$ 使って作られるこのような列のうち，最後が $++$ または $--$ で終わる列の個数を a_n とおき，最後が $+-$ または $-+$ で終わる列の個数を b_n とおく．

(1) a_{n+1} と b_{n+1} を a_n と b_n で表せ．
(2) $\{a_n + r b_n\}$ が公比 r の等比数列となるような r の値をすべて求めよ．
(3) 長さが n のこのような列の個数 $a_n + b_n$ を，(2) で求めた r の値を使って表せ．

(1990年・東北大学・理系)

▶解答

(1) 記号 $n+1$ 個でできる列について，はじめの n 個の末尾 2 個（$n-1$ 番目と n 番目）に注目してみる．

$$\begin{cases} 末尾が++ならばn+1個目は- \\ 末尾が--ならばn+1個目は+ \\ 末尾が+-ならばn+1個目は+または- \\ 末尾が-+ならばn+1個目は-または+ \end{cases}$$

となるから，「n 番目と $n+1$ 番目が $++$ または $--$ で終わる列の個数 a_{n+1}」は，$a_{n+1}=b_n$ となり，「n 番目と $n+1$ 番目が $+-$ または $-+$ で終わる列の個数 b_{n+1}」は，$b_{n+1}=a_n+b_n$ となる．

(2) $a_{n+1}+rb_{n+1}=r(a_n+rb_n)$ ……①

となるとき，(1)の結果を代入すると，
$$b_n+r(a_n+b_n)=ra_n+r^2b_n$$
$$b_n(r^2-r-1)=0$$

これらが n によらず成り立つように r を決めるとよい．
$$r=\frac{1\pm\sqrt{5}}{2}$$

(3) $\alpha=\dfrac{1+\sqrt{5}}{2}$, $\beta=\dfrac{1-\sqrt{5}}{2}$ とおいてみる．

すると①は，
$$a_{n+1}+\alpha b_{n+1}=\alpha(a_n+\alpha b_n)$$
$$\therefore\quad a_n+\alpha b_n=\alpha^{n-2}(a_2+\alpha b_2)$$
$$=\alpha^{n-2}(2+2\alpha)$$
$$=2\alpha^2\cdot\alpha^{n-2}=2\alpha^n \qquad \cdots\cdots ②$$

となる．α を β にとりかえても同様で，
$$a_n+\beta b_n=2\beta^n \qquad \cdots\cdots ③$$

②-③：$(\alpha-\beta)b_n=2(\alpha^n-\beta^n)$
$$\sqrt{5}\,b_n=2(\alpha^n-\beta^n)$$
$$\therefore\quad a_n+b_n=b_{n+1}=\frac{2}{\sqrt{5}}(\alpha^{n+1}-\beta^{n+1})$$
$$=\frac{2}{\sqrt{5}}\left\{\left(\frac{1+\sqrt{5}}{2}\right)^{n+1}-\left(\frac{1-\sqrt{5}}{2}\right)^{n+1}\right\}$$

算数仮面の解説　(1) の結果を用いて，数列 $\{a_n\}$ についての漸化式をたててみよう．
$$a_{n+2}=b_{n+1}=a_n+b_n=a_n+a_{n+1}\ (n\geqq 2)$$
となる．数列 $\{b_n\}$ についても，
$$b_{n+2}=a_{n+1}+b_{n+1}=b_n+b_{n+1}\ (n\geqq 2)$$
のように，同じ形の漸化式をみたしている．

このようにして，フィボナッチ数列が現れる仕掛けが明らかになった．

ん？この設定からフィボナッチ数列が現れる場面を，どこかで見たような気がする．

【問題8】
図のような2つのタイプの錘があり，一方のタイプは両端が鉤型で，他方のタイプは一端が鉤型で他端が輪になっている．鉤型と鉤型は接続できる．鉤型と輪も接続できる．しかし輪と輪は接続できない．いま，天井から一つの鉤型がぶら下がっているとき，この下に n 個の錘をぶら下げる方法の数をフィボナッチ数
$$f_n=\frac{1}{\sqrt{5}}\left\{\left(\frac{1+\sqrt{5}}{2}\right)^n-\left(\frac{1-\sqrt{5}}{2}\right)^n\right\}$$
を用いて表せ．

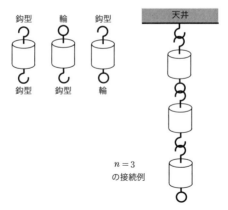

（算数仮面の出題）

▶解答

ぶら下がった n 個の錘の一番下の接続部分で分類し,ここが鉤型のものが a_n 通り,輪のものが b_n 通りであるとする.絵を描いて数えてみる.

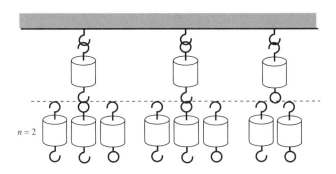

$n=2$

などとなっている.これを表にすると,

n	1	2	3	$\cdots$	n	$n+1$
a_n	2	5	13	$\cdots$	a_n	$2a_n+b_n$
b_n	1	3	8	$\cdots$	b_n	a_n+b_n
a_n+b_n	3	8	21	$\cdots$	a_n+b_n	$3a_n+2b_n$

すなわち,次の漸化式が成り立つ.

$$a_{n+1}=2a_n+b_n \qquad \cdots\cdots [1]$$
$$b_{n+1}=a_n+b_n \qquad \cdots\cdots [2]$$

ここで,フィボナッチ数列の第 n 項を f_n とする.
すなわち,

$$f_1=1,\ f_2=1,\ f_{n+2}=f_{n+1}+f_n$$

とすると,

$$a_1=2=f_3,\ b_1=1=f_2,\ a_1+b_1=f_4$$
$$a_2=5=f_5,\ b_2=3=f_4,\ a_2+b_2=f_6$$
$$a_3=13=f_7,\ b_3=8=f_6,\ a_3+b_3=f_8$$

となっているので,

$$a_n = f_{2n+1}, \quad b_n = f_{2n}, \quad a_n + b_n = f_{2n+2} \quad \cdots\cdots(\ast)$$

と予想できる．$(\ast)$を数学的帰納法によって示す．

$n = k$ での成立は確認済みである．

$n = k$ で$(\ast)$の成立を仮定する．すなわち，
$$a_k = f_{2k+1}, \quad b_k = f_{2k}$$
を仮定する．漸化式[1], [2]を用いると，
$$\begin{aligned}
a_{k+1} &= 2a_k + b_k & \cdots\cdots[1] \\
&= 2f_{2k+1} + f_{2k} \\
&= f_{2k+1} + (f_{2k+1} + f_{2k}) \\
&= f_{2k+1} + f_{2k+2} \\
&= f_{2k+3} \\
b_{k+1} &= a_k + b_k & \cdots\cdots[2] \\
&= f_{2k+1} + f_{2k} \\
&= f_{2k+2}
\end{aligned}$$

したがって，
$$\begin{aligned}
a_{k+1} + b_{k+1} &= f_{2k+3} + f_{2k+2} \\
&= f_{2k+4} \\
&= f_{2(k+1)+2}
\end{aligned}$$

すなわち，$n = k+1$ のときも$(\ast)$は成立する．

したがって，n 個の錘をぶら下げる方法の数は，
$$\begin{aligned}
a_n + b_n &= f_{2n+2} \\
&= \frac{1}{\sqrt{5}}\left\{\left(\frac{1+\sqrt{5}}{2}\right)^{2n+2} - \left(\frac{1-\sqrt{5}}{2}\right)^{2n+2}\right\}
\end{aligned}$$

算数仮面の解説 本問のカギは「しかし輪と輪は接続できない」にある．これまでに見た問題でいうと，「×が2つ以上連続しない並べ方」あるいは「表が連続して出ることはない」に対応しているということだ．小・中・高校生には，問題の表面をみて解法パターンを暗記するアルゴリズム学習ではなく，問題の本質がどこにあるのかを観察する

ような学習の習慣をつけてもらいたいものだ．

　本章の後半での【問題 5】以下の流れを振り返ってみることで，算数の問題の中に，数論の萌芽があるということを，感じていただけただろうか．

　一般化・抽象化思考の芽生えが，小学校高学年で待っている．思考力の芽を摘み取らないような指導が望まれるところだ．

　小学生諸君！ 算数と数学が得意になる秘訣を，ひとつ教えてあげよう．それは，

　　　　　　　数とおともだちになることだ．

「遊歴算家」

江戸時代，関孝和らが活躍していた和算の時代，数学の担い手は都市部に居住する身分の高い者がほとんどであったという．江戸時代の後期になると，諸地方の商家や農家などからも数学に熟達した者が多く現れるようになった．この要因のひとつとして「遊歴算家」の存在が寄与していたと言われている．日本各地を歩きまわり，行く先々で数学の教授を行った数学者たちが，数学を学ぶ喜びを人々に解放したのである．

Round 14 剰余
——余りを武器に大きな数とたたかう

1. 剰余と周期性

本章は，割り算をしたときにでてくる「余り」（剰余）に関する楽しい問題をいくつかとりあげてみよう．

まずは，商（quotient）と余り（remainder）について，概念を確認する問題だ．

【問題 1】
11 で割ったときの商と余りが等しくなるような整数をすべてたすと □ になります．　　　　　　　　　（渋谷教育学園渋谷中学校）

▶解答　整数 N を 11 で割ったときの商を Q，余りを R とすると，$N = 11Q + R$ と表される．ただし，余りの R は 0 から 10 までの整数値しかとらない．いま，N を 11 で割ったときの商と余りが等しいとすると，$N = 11Q + Q = 12Q$ である．Q を 0 から 10 まで変えながらこれをすべてたすと，

$$12 \times (1 + 2 + \cdots + 9 + 10) = 12 \times 10 \times 11 \div 2 = 660$$

となる．

算数仮面の解説　割り算の「余り」として出てくる数は「割る数」よりも小さくなければならない，という基本を確認した．ということは，整

数は無限にあるのに，余りは有限個しかない，ということだ．

【問題2】

17 で割ると 3 余り，13 で割ると 7 余る 3 桁の整数で最も大きいものは ☐ である．　　　　　　　　　　（灘中学校）

▶**解答**　「17 で割ると 3 余り，13 で割ると 7 余る整数」の一つとして 20 がある．17 で割った余りは周期 17 で，13 で割った余りは周期 13 で，それぞれ循環するから，「17 で割ると 3 余り，13 で割ると 7 余る整数」は周期 $17 \times 13 = 221$ ごとに現れる．その一般形は $20 + 221 \times n$ となるが，3 桁の整数という範囲で最大のものとしては，$n = 4$ とすることで，$20 + 221 \times 4 = 904$ が得られる．

算数仮面の解説　余りは有限個しかないだけでなく，周期的に現れる．2 つの周期があれば，これが絡まって，周期の最小公倍数が新たな周期になる．3 つの周期がある問題も見ておこう．

【問題3】

7 で割ると 2 余り，11 で割ると 6 余り，13 で割ると 8 余る整数の中で，小さい方からかぞえて 3 番目の整数は ☐ です．
　　　　　　　　　　（開智中学校）

▶**解答**　このような整数に 5 を加えると，7 と 11 と 13 の公倍数となるから，その一般形は $7 \times 11 \times 13 \times n - 5$ となる．小さい方から 3 番目のものとしては，$n = 3$ とすることで，$7 \times 11 \times 13 \times 3 - 5 = 2998$ が得られる．

算数仮面の解説　大きな数字の答えだ．数学は，具体と抽象の間を往来することを訓練する学問だが，中学受験の算数の世界では，小学生に対しても「具体と抽象」思考の萌芽を要求しているとみてよいだろう．

2. 合同式

余りが持っている「周期性」という性質は，合同式の表現を導入することで明瞭になる．次の問題は，算数の世界でも小学生に合同式の世界を感じさせることができるように工夫された問題だ．

【問題4】

図は，2009年4月のカレンダーです．この表で例えば金曜日の日付を7で割ると3あまり，土曜日の日付を7で割ると4あまるので，この2つの曜日の日付の和は7で割り切れ，積は7で割ると5あまります．

日	月	火	水	木	金	土
			1	2	3	4
5	6	7	8	9	10	11
12	13	14	15	16	17	18
19	20	21	22	23	24	25
26	27	28	29	30		

また，火曜日の日付は7で割り切れ，日曜日の日付は7で割ると5あまるので，この関係を

$$(金)+(土)=(火), \quad (金)\times(土)=(日)$$

のように表すことにします．

ただし，引き算については，引き算ができる日付の組合せのみ考えます．

次の ☐ にあてはまる曜日を答えなさい．

(1) (月)＋(水) ＝ ☐

(2) (金)－(日) ＝ ☐

(3) (月)×(水)×(土) ＝ ☐

(4) (木)×{(金)－(火)}－(水)×(日) ＝ ☐

(攻玉社中学校)

▶解答 具体例を使って計算してしまえばよい．

(1) (月)＋(水) ＝ 6＋1 ＝ 7 なので(火)

(2) (金)-(日)= 10-5 = 5 なので(日)

(3) (月)×(水)×(土)= 6×1×4 = 24 なので(金)

(4) (木)×{(金)-(火)}-(水)×(日)= 2×(10-7)-1×5 = 1 なので(水)

算数仮面の解説 n を法として，$a \equiv b \pmod{n}$, $c \equiv d \pmod{n}$ のとき，
$$a + c \equiv b + d \pmod{n},$$
$$a - c \equiv b - d \pmod{n},$$
$$a \times c \equiv b \times d \pmod{n}$$
である，という命題を体感させる問題であった．

次は大学受験の問題だが，同じ性質を使うものだ．

【問題5】

m を自然数とするとき，次の問いに答えなさい．

(1) m^2 を 5 で割ったときの余りは，0, 1, 4 のいずれかであることを証明しなさい．

(2) m^2 が 5 の倍数ならば，m は 5 の倍数であることを証明しなさい．

(3) $\sqrt{5}$ が無理数であることを証明しなさい．

(2009 年・山口大学)

▶**解答** 5 を法として (mod 5) 表をつくり，完全場合分けをする．

m	0	1	2	3	4
m^2	0	1	4	4	1

この表により(1),(2)の命題が証明される．

(3) 背理法による．$\sqrt{5}$ が有理数だと仮定して，$\sqrt{5} = \dfrac{m}{n}$ (m, n は互いに素な自然数)とおくと，$m^2 = 5n^2$ となる．(2) より m は 5 の倍数であるから $m = 5k$ とおくと，$(5k)^2 = 5n^2$ から $n^2 = 5k^2$ と

なる．再び (2) より n は 5 の倍数であるが，これは m, n が互いに素であることに反して矛盾する．よって，$\sqrt{5}$ が無理数であることが示された．

算数仮面の解説　合同式を利用すれば，(1), (2) の証明を簡潔に示すことができる．【問題 4】のような具体論から，【問題 5】のような抽象論に架橋できれば，中等教育の成果がもっと上がることだろう．

3. べき乗を 10 or 100 で割った余り

十進法表示の一の位，十の位を調べる問題も，算数の領域での重要な問題の一つだ．

【問題 6】

13 を 2008 回かけた数の一の位の数は ☐ です．

（芝中学校）

▶解答

$$13, \ 13^2 = 169, \ 13^3 = \cdots 7, \ 13^4 = \cdots 1,$$
$$13^5 = \cdots 3, \ 13^6 = \cdots 9, \ 13^7 = \cdots 7, \ 13^8 = \cdots 1, \cdots$$

のように，13^n の 1 の位の数は，$(3, 9, 7, 1)$ を周期 4 で繰り返す．2008 は 4 の倍数だから，13^{2008} の 1 の位の数は 1 である．

算数仮面の解説　具体論を固める算数の場面では，周期性を見つけることに主眼が置かれ，その証明までは要求しない．

【問題7】

7 を 2008 個かけたときの十の位と一の位の数字を求めなさい．

(浅野中学校)

▶解答

$$7,\ 7^2 = 49,\ 7^3 = 343,\ 7^4 = 2401,$$
$$7^5 = \cdots 07,\ 7^6 = \cdots 49,\ 7^7 = \cdots 43,\ 7^8 = \cdots 01,\ \cdots$$

ように，7^n の下 2 桁は，$(07, 49, 43, 01)$ を周期 4 で繰り返す．2008 は 4 の倍数だから，7^{2008} の十の位の数は 0 であり，一の位の数は 1 である．

算数仮面の解説 「十の位」と言われると少しびびってしまうかもしれないが，下 2 桁をよく観察してみれば，やはり周期性が見つかる．

この素材は，大学入試では次のように問われる．

【問題8】

n を，3 で割ると余りが 1 であるような自然数とする．このとき，2^n を 7 で割ると，余りは 2 となることを示せ．

(2007 年・津田塾大学)

▶解答 $n = 3k + 1\ (k = 0, 1, 2, \cdots)$ とおく．以下，7 を法として，

$$2^{3k+1} \equiv 2 \times 8^k \equiv 2 \times 1^k \equiv 2 \pmod{7}$$

となるので，題意は示された．

算数仮面の解説 同じ内容を二項定理を使って表現すると，次のようになる．

$$2^{3k+1} = 2 \times 8^k = 2 \times (7+1)^k = 2\left\{1 + \sum_{i=1}^{k} {}_k C_i 7^i\right\}$$

これは, 7 で割ると 2 余る数である.

高校生の競技数学の大会 (日本数学オリンピック) の予選大会では, 【問題 6】と【問題 7】を融合させた上に発展させた問題が問われた.

【問題 9】

2011 以下の正の整数のうち, 一の位が 3 または 7 であるものすべての積を X とする. X の十の位を求めよ.

(2011 年・日本数学オリンピック予選)

▶**解答** $X = \left\{\prod_{k=0}^{200}(10k+3)\right\}\left\{\prod_{l=0}^{200}(10l+7)\right\}$

である. $\prod_{k=0}^{200}(10k+3)$ の展開式から 10^2 の倍数となる部分を取り除くと,

$$10(1+2+\cdots+200) + 3^{201} = 10 \times 100 \times 201 + 3^{201}$$

となる. $\prod_{l=0}^{200}(10l+7)$ についても同様だから, X の十の位は, $3^{201} \times 7^{201}$ の十の位と等しい.

$3^4 = 80+1$, $7^4 = 2400+1$ のそれぞれを 50 乗したものの下 2 桁を考えると,

$$3^{200} = (80+1)^{50} = \cdots\cdots 01$$
$$7^{200} = (2400+1)^{50} = \cdots\cdots 01$$

したがって,

$$3^{201} = \cdots\cdots 03$$
$$7^{201} = \cdots\cdots 07$$
$$3^{201} \times 7^{201} = \cdots\cdots 21$$

X の十の位は, 2 である.

算数仮面の解説 日本数学オリンピックの予選大会を突破するには, 倒しておかなければならない問題であった.

4. 商についての規則性

次は，割り算の商・余りと，その整数部分（ガウス記号）について考える問題だ．算数の中学入試問題としては，かなり高度な部類に属する．

> **【問題 10】**
> 数 x に対して，x をこえない整数のうち，最も大きいものを $[x]$ で表します．例えば $[3.3] = 3$, $[4] = 4$ です．
> (1) $\left[\dfrac{20}{7}\right] + \left[\dfrac{2010}{7}\right] = \boxed{}$, $\left[\dfrac{30}{7}\right] + \left[\dfrac{2000}{7}\right] = \boxed{}$
> (2) 次の計算をしなさい．
> $$\left[\dfrac{20}{7}\right] + \left[\dfrac{30}{7}\right] + \left[\dfrac{40}{7}\right] + \cdots + \left[\dfrac{2000}{7}\right] + \left[\dfrac{2010}{7}\right]$$
> (3) 次の 20 個の整数の中に，全部で $\boxed{}$ 種類の整数があります．
> $$\left[\dfrac{1 \times 1}{20}\right], \left[\dfrac{2 \times 2}{20}\right], \left[\dfrac{3 \times 3}{20}\right], \ldots, \left[\dfrac{20 \times 20}{20}\right]$$
> (4) 次の 2010 個の整数の中に，全部で何種類の整数がありますか．
> $$\left[\dfrac{1 \times 1}{68}\right], \left[\dfrac{2 \times 2}{68}\right]\left[\dfrac{3 \times 3}{68}\right], \ldots, \left[\dfrac{2010 \times 2010}{68}\right]$$
>
> (2007 年・津田塾大学)

▶解答

(1) $\left[\dfrac{20}{7}\right] + \left[\dfrac{2010}{7}\right] = 2 + 287 = 289$

$\left[\dfrac{30}{7}\right] + \left[\dfrac{2000}{7}\right] = 4 + 285 = 289$

(2) 同様に続けてみると，

$$\left[\frac{40}{7}\right]+\left[\frac{1990}{7}\right]=5+284=289$$

$$\left[\frac{50}{7}\right]+\left[\frac{1980}{7}\right]=7+282=289$$

$$\left[\frac{60}{7}\right]+\left[\frac{1970}{7}\right]=8+281=289$$

$$\left[\frac{70}{7}\right]+\left[\frac{1960}{7}\right]=10+280=290\text{(おっと!)}$$

$$\left[\frac{80}{7}\right]+\left[\frac{1950}{7}\right]=11+278=289$$

分数が割り切れる場合に限り,和が 290 になる.

そのような組は,$\left[\dfrac{70}{7}\right]+\left[\dfrac{1960}{7}\right]$ に続けて,

$$\left[\frac{140}{7}\right]+\left[\frac{1890}{7}\right],\left[\frac{210}{7}\right]+\left[\frac{1820}{7}\right],\cdots\cdots$$

$$\left[\frac{980}{7}\right]+\left[\frac{1050}{7}\right]$$ までの 14 組である.

組は全部で 100 組あり,このうちの 14 組が 290 で,その他は 289 になることから,

$$\left[\frac{20}{7}\right]+\left[\frac{30}{7}\right]+\left[\frac{40}{7}\right]+\cdots+\left[\frac{2000}{7}\right]+\left[\frac{2010}{7}\right]$$

$$289\times100+1\times14=28914$$

(3) $\left[\dfrac{n\times n}{20}\right]$ の値には重複がある.

$$\left[\frac{1\times1}{20}\right]=\left[\frac{2\times2}{20}\right]=\left[\frac{3\times3}{20}\right]=\left[\frac{4\times4}{20}\right]=0$$

$$\left[\frac{5\times5}{20}\right]=\left[\frac{6\times6}{20}\right]=1$$

$$\left[\frac{7\times7}{20}\right]=2,\left[\frac{8\times8}{20}\right]=3,\left[\frac{9\times9}{20}\right]=4$$

以後は分子の値の増分が 20 より大きいので,異なる n に対して $\left[\dfrac{n\times n}{20}\right]$ の値はすべて異なる.

20 個の整数

$$\left[\frac{1\times1}{20}\right],\left[\frac{2\times2}{20}\right],\left[\frac{3\times3}{20}\right],\cdots,\left[\frac{20\times20}{20}\right]$$

のうち,4 個の重複があるので,異なる値は 16 種類である.

(4) 分子の差が68以上になると,異なる n に対して $\left[\dfrac{n \times n}{68}\right]$ の値はすべて異なる.分子の差が初めて68以上になるのは,$35 \times 35 - 34 \times 34 = 69$ のときである.したがって,

$\left[\dfrac{1 \times 1}{68}\right] = \left[\dfrac{2 \times 2}{68}\right] = \cdots = \left[\dfrac{8 \times 8}{68}\right] = 0$ から

$\left[\dfrac{34 \times 34}{68}\right] = 17$ までの区間では,異なる値は18個である.

$\left[\dfrac{35 \times 35}{68}\right]$ から $\left[\dfrac{2010 \times 2010}{68}\right]$ までの1976個は,すべて異なる値をとる.したがって,2010個の整数

$$\left[\dfrac{1 \times 1}{68}\right],\ \left[\dfrac{2 \times 2}{68}\right],\ \left[\dfrac{3 \times 3}{68}\right],\ \cdots,\ \left[\dfrac{2010 \times 2010}{68}\right]$$

のうち,異なる値は $18 + 1976 = 1994$ 種類である.

算数仮面の解説 これは,算数の問題としては新境地を拓く問題だ.本問に挑んだ小学生諸君のどれくらいが,本問を倒すことができたのだろう.

次の問題は,【問題10】のモチーフになっている可能性がある問題だ.

【問題11】

実数 a に対して $k \leq a < k+1$ をみたす整数 k を $[a]$ で表す.n を正の整数として,

$$f(x) = \dfrac{x^2(2 \cdot 3^3 \cdot n - x)}{2^5 \cdot 3^3 \cdot n^2}$$

とおく.$36n + 1$ 個の整数

$$[f(0)],\ [f(1)],\ [f(2)],\ \cdots,\ [f(36n)]$$

のうち相異なるものの個数を n を用いて表せ.

(1998年・東京大学)

▶**解答**

$f'(x) = \dfrac{1}{2^5 \cdot 3^3 \cdot n^2} x(36n - x)$ なので,

極小値 $f(0)=0$, 極大値 $f(36n)=27n$

$f(x)$ のグラフは次のようになる.

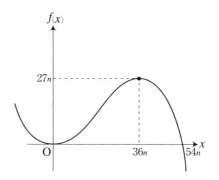

したがって，題意の $36n+1$ 個の整数値は，最小値 0，最大値 $27n$ の間の $27n+1$ 個の値のどれかをとる．

次に方程式 $f'(x)=1$ を解いてみる．

$$x(36n-x)=2^5\cdot 3^2\cdot n^2 \iff (x-12n)(x-24n)=0$$

よって $f'(12n)=f'(24n)=1$ であり，$12n<x<24n$ において $f'(x)>1$

$$f(12n)=7n, \quad f(24n)=20n$$

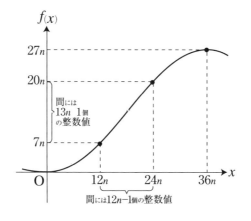

$f(12n)=7n$ と $f(24n)=20n$ の間の $13n-1$ 個の値のうち，実際にとることのできる値は $12n-1$ 個（$12n$ と $24n$ の間の整数値の個数）であ

る．したがって，先に述べた $27n+1$ 個の値のうち，n 個の値は抜けてしまい，

$$26n+1 \text{（個）}$$

の値をとることができる．

算数仮面の解説

1° $f(x)$ の増加の速度に注目することが本質的．

$f'(x)$ が小さい区間では $[f(k)]$ と $[f(k+1)]$ の間にあまり差がなく，これらは隣り合う整数となるのに対して，

$f'(x)$ が大きい区間では $[f(k)]$ と $[f(k+1)]$ の差が大きく，これらの間に「抜ける整数」が発生する．

2° したがって，$f'(x)$ との大小に注意する．

$\{f(k)\}$ $(k=0,1,2,\cdots,12n)$ の間隔は 1 より小さいので，$7n+1$ 個

$\{f(k)\}$ $(k=12n+1,\cdots\cdots,24n-1)$ の間隔は 1 より大きいので，$12n-1$ 個

$\{f(k)\}$ $(k=24,\cdots,36n)$ の間隔は 1 より小さいので，$7n+1$ 個．

合わせて，

$(7n+1)+(12n-1)+(7n+1)=26n+1$ 個

$f(x)=\dfrac{x^2(2\cdot 3^3\cdot n-x)}{2^5\cdot 3^3\cdot n^2}$ とは何とも人工的な関数であったが，解いてみると，実に巧みな「係数合わせ」がなされていたことが分かる．大学入試問題としては，芸術作品の部類に入ると言ってよいだろう．あまりにも特殊な作品なので，他大学の出題に波及することはなかったのだが，中学入試に波及していた．

【問題 11】の書式で【問題 10】(4)を書くと，次のようになる．

「$f(x)=\dfrac{x^2}{2^2\cdot 17}$ とおく．2010 個の整数 $[f(1)]$，$[f(1)],[f(2)],\cdots,[f(2010)]$ のうち相異なるものの個数を求めよ．」

小学生諸君には，さらに知的な強さを身につけてもらいたい．

Round 15 互いに素
——共通な素因数をもたないタッグ・チーム

1. 約数の和と単位分数分解

本章は,「互いに素」という概念をキーワードとして,いろいろな問題をみていこう. 自然数 a, b が互いに素であるとは, a, b が共通の素因数をもたないこと,すなわち, a, b の最大公約数が 1 であることであった(確認).

【問題1】

最大公約数が 1 である 2 つの数は,足した数とかけた数どうしの最大公約数も 1 になります. 必要があればこの性質を用いて,次の問いにそれぞれ答えなさい.

(1) 和が 825 で,最小公倍数が 2100 になる 2 つの数を求めなさい.

(2) (1)で求めた 2 つの数の差を考えます. この数の約数の和とある数の約数の和が等しくなりました. ある数を求めなさい. ただし,2 つの数の差は除くものとします.

(栄東中学校)

▶解答

(1) 2 つの数を $A, B (A<B)$ とし,これらの最大公約数を g とすると,互いに素な 2 つの数 a, b を用いて, $A=ga, B=gb \ (a<b)$ と表すことができる. 条件から,

$$A + B = 825 \iff g(a+b) = 3 \cdot 5^2 \cdot 11$$
$$gab = 2100 = 2^2 \cdot 3 \cdot 5^2 \cdot 7$$

ここで, $a+b, ab$ も互いに素であるから, g は 825 と 2100 の最大公約数にもなっている. よって,
$$g = 3 \cdot 5^2 = 75, \ a+b = 11, \ ab = 2^2 \cdot 7 = 28$$
したがって, $a = 4, b = 7$
$$A = 300, \ B = 525$$

(2) $B - A = 225 = 3^2 \cdot 5^2$ であり, この数の約数の総和は,
$$(1 + 3 + 3^2)(1 + 5 + 5^2) = 13 \cdot 31$$
である. ここで, $31 = 1 + 2 + 4 + 8 + 16$ であることを用いると, 約数の和が同じく
$$(1 + 3 + 3^2)(1 + 2 + 2^2 + 2^3 + 2^4) = 13 \cdot 31$$
になる数として, $3^2 \cdot 2^4 = 144$ が見つかる.

算数仮面の解説 まず, 問題文冒頭の命題;

「a, b が互いに素, ならば, $a+b, ab$ も互いに素」

を証明しておこう. 対偶を示すことにする.

$a+b, ab$ がともに素因数 p をもつとすると, a, b の少なくとも一方は p の倍数となる. $a+b$ も p の倍数なのだから, 他方も p の倍数となり, a, b は互いに素ではなくなる. よって示された.

(2)では, 次の命題(公式)を利用している.

p, q を素数として $N = p^i q^j$ と素因数分解される整数 N の約数の総和は
$$(1 + p + p^2 + \cdots + p^i)(1 + q + q^2 + \cdots + q^j)$$
である. なぜなら, この式を展開して得られる $(i+1)(j+1)$ 個の項が, N の約数のすべてを尽くしているからである. ここでは,
$$1 + 5 + 5^2 = 31 = 1 + 2 + 2^2 + 2^3 + 2^4$$
に気付くことがポイントであった.

Round 15. 互いに素 ——共通な素因数をもたないタッグ・チーム

【問題2】
　次の【例】のように，ある分数を，分子が1で**分母が異なる**いくつかの分数の和でかき表すことを考えます．

【例】 $\dfrac{2}{3} = \dfrac{1}{2} + \dfrac{1}{6}$, $\dfrac{2}{3} = \dfrac{1}{3} + \dfrac{1}{4} + \dfrac{1}{12}$ など

$\dfrac{13}{20} = \dfrac{1}{2} + \dfrac{3}{20} = \dfrac{1}{2} + \dfrac{1}{7} + \dfrac{1}{140}$,

$\dfrac{13}{20} = \dfrac{10+2+1}{20} = \dfrac{1}{2} + \dfrac{1}{10} + \dfrac{1}{20}$ など

次の(1),(2)の分数について，このような表し方を1つ答えなさい．

(1) $\dfrac{13}{18}$　　　　(2) $\dfrac{5}{13}$

（麻布中学校）

▶**解答**　試行錯誤によって見つけることもできるが，ここでは，分母の約数の和で分子を表すことを考える．

(1) 18の約数 1, 2, 3, 6, 9, 18 を使って 13 をつくると，

$$\dfrac{13}{18} = \dfrac{9+3+1}{18} = \dfrac{1}{2} + \dfrac{1}{6} + \dfrac{1}{18}$$

(2) $\dfrac{5}{13}$ の分母13は素数なので，これらの約数の和として分子の5を表すことができない．

$\dfrac{5}{13} = \dfrac{10}{26}$ でも，26の約数 1, 2, 13, 26 の和として分子の10を表せない．$\dfrac{5}{13} = \dfrac{15}{39}$ もできない．

$\dfrac{5}{13} = \dfrac{20}{52}$ の場合，$13 + 4 + 2 + 1 = 20$ とできるから，

$$\dfrac{5}{13} = \dfrac{1}{4} + \dfrac{1}{13} + \dfrac{1}{26} + \dfrac{1}{52}$$

算数仮面の解説　本問でみたような単位分数への分解は，約数の和と関係していることが分かった．なお，特に「自分自身を除いた約数の和が自分自身と等しい」という性質をもつ数を**完全数**というが，完全数を使うと1を単位分数に分解できる．完全数の例として 6, 28 が知られているので，これを使ってみるとどうなるか．

$6 = 3 + 2 + 1$ の両辺を 6 で割って,

$$1 = \frac{1}{2} + \frac{1}{3} + \frac{1}{6}$$

$28 = 14 + 7 + 4 + 2 + 1$ の両辺を 28 で割って,

$$1 = \frac{1}{2} + \frac{1}{4} + \frac{1}{7} + \frac{1}{14} + \frac{1}{28}$$

といった具合である. なかなか, 美しいだろう.

【問題 3】

次の兄弟の会話をもとにして, 問い (1)〜(4) に答えよ.

兄 :「$\frac{1}{2} + \frac{1}{3} + \frac{1}{6} = 1$ のような式を作るためには, この式を 6 倍してみると $3 + 2 + 1 = 6$ となり 6 の約数の和が 6 になっている. このことを利用するんだよ.」

弟 :「なるほど, 36 の約数の和で $12 + 4 + 2 = 18$ からは $\frac{1}{3} + \frac{1}{9} + \frac{1}{18} = \frac{1}{2}$ のような式が作れるということだね.」

兄 :「よくわかったね. それでは,

$$\frac{1}{○} + \frac{1}{□} + \frac{1}{△} = \frac{1}{3}$$

となる例もつくってみなさい.」

(1) ○, □, △ に 24 の異なる約数を入れて式を一つ作れ.

兄 :「今度は少し難しいかな?. 分子が 1 で分母が 120 の約数である異なる 3 つの分数の和が $\frac{1}{2}$ になる式はいくつかあるが, 分母に奇数が入っているものを作ってみなさい.」

弟 :「表を作って準備したら, 分母が偶数ばかりの式がわかったよ.」

(2) 120 の約数のすべてを表の中に書き入れよ.

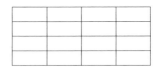

(3) 弟が作った式を書け.
(4) 兄が作ってほしいといった式を三つ作れ.

(灘中学校)

▶**解答** (1) $\dfrac{1}{3} = \dfrac{8}{24}$ として,24 の約数の和で分子の 8 を作る.

$$\dfrac{1}{3} = \dfrac{8}{24} = \dfrac{4+3+1}{24} = \dfrac{1}{6} + \dfrac{1}{8} + \dfrac{1}{24}$$

(2)

1	2	3	4
5	6	8	10
12	15	20	24
30	40	60	120

(3), (4) $\dfrac{1}{2} = \dfrac{60}{120}$ として,120 の約数の和で分子の 60 を作る.

$$60 = 40 + 15 + 5, \quad 60 = 40 + 12 + 8,$$
$$60 = 30 + 24 + 6, \quad 60 = 30 + 20 + 10$$

の 4 通りができる.これらを 120 で割ると,

〈弟が作った式〉 $\dfrac{1}{4} + \dfrac{1}{6} + \dfrac{1}{12}$

〈兄が作ってほしいといった式〉

$$\dfrac{1}{3} + \dfrac{1}{8} + \dfrac{1}{24}, \ \dfrac{1}{3} + \dfrac{1}{10} + \dfrac{1}{15}, \ \dfrac{1}{4} + \dfrac{1}{5} + \dfrac{1}{20}$$

算数仮面の解説 小学生でも考えられるように,適切な誘導がついた問題だ.このような過去問で中学受験勉強を進めれば,強く(賢く)なれるだろう.

2. 既約分数

「互いに素」をテーマとするのであれば,次は既約分数について考えてみよう.既約分数とは,すでに約分が済んでいる分数,すなわち,分母と分子が互いに素な整数でできているような分数のことである.

【問題 4】

次の 2008 個の分数のうち，約分できるものはいくつありますか．

$$\frac{1}{2008},\ \frac{2}{2008},\ \frac{3}{2008},\ \cdots,\ \frac{2007}{2008},\ \frac{2008}{2008}$$

（海城中学校）

▶解答　$2008 = 2^3 \cdot 251$ と素因数分解できる．1 から 2008 までの整数のうち，2 の倍数または 251 の倍数となっているものの個数を数えればよい．

2 の倍数は 1004 個，251 の倍数は 8 個であるが，これらのうち重複しているもの（2 と 251 の公倍数，すなわち 502 の倍数）は 4 個であるから，

$$1004 + 8 - 4 = 1008\ （個）$$

算数仮面の解説　「約分できるもの」については，上記の方法（包含排除の原理）で秒殺してもらいたい．次は「約分できないもの」だ．

【問題 5】

59 個の分数 $\dfrac{1}{60},\ \dfrac{2}{60},\ \dfrac{3}{60},\ \cdots,\ \dfrac{58}{60},\ \dfrac{59}{60}$ について，次の問いに答えなさい．

(1) 約分できない分数は何個ありますか．

(2) 約分できない分数をすべて加えるといくつになりますか．

（立教新座中学校）

▶解答

(1) まず，1 から 59 までの整数の中で，$60 = 2^2 \cdot 3 \cdot 5$ と互いに素でないものを数える．2 の倍数が 29 個，3 の倍数が 19 個，5 の倍数が 11 個，2 と 3 の公倍数が 9 個，3 と 5 の公倍数が 3 個，5 と 2 の

公倍数が 5 個, 2 と 3 と 5 の公倍数が 1 個なので,
$$29+19+11-(9+3+5)+1 = 43 \text{ (個)}$$
よって, 60 と互いに素なものは,
$$59-43 = 16 \text{ (個)}$$
である.

(2) (1)で求めた 16 個は,
$$\frac{1}{60}+\frac{59}{60}, \frac{7}{60}+\frac{53}{60}, \frac{11}{60}+\frac{49}{60}, \frac{13}{60}+\frac{47}{60},$$
$$\frac{17}{60}+\frac{43}{60}, \frac{19}{60}+\frac{41}{60}, \frac{23}{60}+\frac{37}{60}, \frac{29}{60}+\frac{31}{60}$$

のように, 和が 1 となるような 8 組に分けることができる. よって, これらの合計は 8

算数仮面の解説　a が 60 と互いに素であるならば, $60-a$ も 60 と互いに素であるという命題を利用したものだ. もっと一般化すると, 次のようになる.

「a が n と互いに素であるならば, $b = n-a$ も n と互いに素である.」
証明もしておこう. 対偶を示すことができる.

$b = n-a$ と n がともに素数 p の倍数であるならば, $a = n-b$ も素数 p の倍数となるので, a と n とは互いに素でない. よって命題は示される.

このことから, $\frac{a}{n}$ が既約分数であるならば, $\frac{n-a}{n}\left(=1-\frac{a}{n}\right)$ も既約分数であることがいえる.

【問題 4】や【問題 5】のような分数の列において, 既約分数は左右対称に現れるということだ. 回文 (例えば「うどんじるするじんどう」) のようなものだ.

3. オイラー関数

自然数 n と互いに素であるような自然数は何個あるか，ということを考えてきた．その値はオイラー数（オイラー関数，Totient Function）として知られている．これを取り扱っている大学入試問題をみてみよう．

【問題 6】

1 から n までの自然数のうちで，n と互いに素であるものの個数を $\varphi(n)$ とする．

(1) $\varphi(10)$ を求めよ．

(2) p を素数，k を自然数とするとき，$\varphi(p^k)$ を求めよ．

(3) $\varphi(100)$ を求めよ．

(4) $\varphi(1500)$ を求めよ． (2005 年・佐賀大学)

▶解答

(1) $10 = 2 \cdot 5$ であり，2 または 5 の倍数は $2, 4, 5, 6, 8, 10$ の 6 個なので，$\varphi(10) = 10 - 6 = 4$

(2) 素数 p の倍数は，$p, 2p, 3p, \cdots, p^{k-1}p$ の p^{k-1} 個なので，
$\varphi(p^k) = p^k - p^{k-1} = p^{k-1}(p-1)$

(3) $100 = 2^2 \cdot 5^2$ であり，2 の倍数は 50 個，5 の倍数は 20 個，2 と 5 の公倍数は 10 個なので，
$$\varphi(100) = 100 - (50 + 20 - 10) = 40$$

(4) $1500 = 2^2 \cdot 3 \cdot 5^2$ であり，2 の倍数は 750 個，3 の倍数は 500 個，5 の倍数は 300 個，2 と 3 の公倍数は 250 個，3 と 5 の公倍数は 100 個，5 と 2 の公倍数は 150 個，2 と 3 と 5 の公倍数は 50 個である．2 または 3 または 5 のいずれかの倍数になっているものは，$750 + 500 + 300 - (250 + 100 + 150) + 50 = 1100$ 個であるから，

$\varphi(1500) = 1500 - 1100 = 400$

算数仮面の解説　(4)でやったことは，【問題5】の(1)と同じ包含排除の原理だ．小学生のうちからきちんと学んでおくことは有益だ．

【問題7】

　N を自然数とし，$\varphi(N)$ を N より小さくかつ N と互いに素な自然数の総数とする．すなわち，
$$\varphi(N) = \#\{n \mid n \text{ は自然数}, \ 1 \leqq n < N, \ \gcd(N, n) = 1\}$$
で，オイラー関数と呼ばれている．ここに $\gcd(a, b)$ は a と b の最大公約数を，$\#A$ は集合 A の要素の個数を意味する．

(1) p と q を互いに異なる素数とし，$N = pq$ とおく．N より小さい自然数 n で，$\gcd(N, n) \neq 1$ となるものをすべて求めよ．また，$\varphi(N)$ を求めよ．

(2) p と q を互いに異なる素数とし，$N = pq$ おく．いま，N と $\varphi(N)$ があらかじめわかっているとき，p と q を解としてもつ二次方程式を N や $\varphi(N)$ 等を用いて表せ．

(3) $N = 84773093$ および $\varphi(N) = 84754668$ であるとき，$N = pq$ $(p > q)$ となる素数 p および q を求めよ（求めた p および q が素数であることを示さなくてよい）．ただし，必要に応じて以下の数表を使ってもよい．

$320^2 = 102400 ; 322^2 = 103684 ; 324^2 = 104976 ;$
$326^2 = 106276 ; 328^2 = 107584 ; 330^2 = 108900$

（2006年・横浜市立大学・医学部）

▶解答

(1) N より小さい自然数 n で，p の倍数または q の倍数となるものを

列挙すればよい．
$$p, 2p, \cdots, (q-1)p, q, 2q, \cdots, (p-1)q$$
また，
$$\varphi(N) = (pq-1) - (q-1) - (p-1)$$
$$= (p-1)(q-1)$$
である．

(2) $N = pq$ のとき(1)より $\varphi(N) = pq - p - q + 1$ なので，
$$p + q = N + 1 - \varphi(N)$$
よって，p と q を解としてもつ二次方程式は，
$$x^2 - (N+1-\varphi(N))x + N = 0$$

(3) $N = 84773093$ および $\varphi(N) = 84754668$ を(2)の方程式に代入して，
$$x^2 - 18426x + 84773093 = 0$$
これを解くと，
$$x = 9213 \pm \sqrt{9213^2 - 84773093}$$
$$= 9213 \pm \sqrt{106276}$$
$$= 9213 \pm 326$$
$p > q$ に注意して，$p = 9539$, $q = 8887$

算数仮面の解説 オイラー関数を利用して素因数分解をしてみるという問題だった．

なお，N の素因数分解からオイラー関数 $\varphi(N)$ の値を求める一般公式が知られている．

素数 $p_1, p_2, \cdots, p_m$ を用いて
$$N = p_1^{k_1} \times p_2^{k_2} \times \cdots \times p_m^{k_m}$$
と素因数分解されるとき，
$$\varphi(N) = N\left(1 - \frac{1}{p_1}\right)\left(1 - \frac{1}{p_2}\right)\cdots\left(1 - \frac{1}{p_m}\right)$$
となる．たとえば【問題6】(4)であれば，

$1500 = 2^2 \cdot 3 \cdot 5^2$ なので,
$$\varphi(1500) = 1500\left(1-\frac{1}{2}\right)\left(1-\frac{1}{3}\right)\left(1-\frac{1}{5}\right)$$
$$= 1500 \cdot \frac{1}{2} \cdot \frac{2}{3} \cdot \frac{4}{5}$$
$$= 400$$

という具合になる.

 ## 4. ユークリッドの互除法

ここまで「互いに素」をテーマとしていくつかの問題を見てきたが, 2つの自然数の最大公約数を調べるアルゴリズムであるユークリッドの互除法 (Euclidean algorithm) についても触れておくことにしよう.

【問題8】

実数 x の小数部分を, $0 \leqq y < 1$ かつ $x - y$ が整数となる実数 y のこととし, これを記号 $\langle x \rangle$ で表す. 実数 a に対して, 無限数列 $\{a_n\}$ の各項 a_n ($n = 1, 2, 3, \cdots$) を次のように順次定める.

(ⅰ) $a_1 = \langle a \rangle$

(ⅱ) $a_n \neq 0$ のとき, $a_{n+1} = \left\langle \dfrac{1}{a_n} \right\rangle$

$a_n = 0$ のとき, $a_{n+1} = 0$

(1)(2) 省略

(3) a が有理数であるとする. a を整数 p と自然数 q を用いて $a = \dfrac{p}{q}$ と表すとき, q 以上のすべての自然数 n に対して, $a_n = 0$ であることを示せ.

(2011年・東京大学・理科)

▶**解答** (3) p と q の間で，ユークリッドの互除法の手続きを実行する．p を q で割った商を b_1，余りを r_1 とすると，
$$p = b_1 q + r_1 \ (0 \leqq r_1 < q)$$
$$\to a_1 = \langle a \rangle = \left\langle b_1 + \frac{r_1}{q} \right\rangle = \frac{r_1}{q}$$

q を r_1 で割った商を b_2，余りを r_2 とすると，
$$q = b_2 r_1 + r_2 \ (0 \leqq r_2 < r_1)$$
$$\to a_2 = \left\langle \frac{q}{r_1} \right\rangle = \left\langle b_2 + \frac{r_2}{r_1} \right\rangle = \frac{r_2}{r_1}$$

r_1 を r_2 で割った商を b_3，余りを r_3 とすると，
$$r_1 = b_3 r_2 + r_3 \ (0 \leqq r_3 < r_2)$$
$$\to a_3 = \left\langle \frac{r_1}{r_2} \right\rangle = \left\langle b_3 + \frac{r_3}{r_2} \right\rangle = \frac{r_3}{r_2}$$

これを繰り返していくと，
$$r_{q-2} = b_q r_{q-1} + r_q \ (0 \leqq r_q < r_{q-1})$$
$$\to a_q = \left\langle \frac{r_{q-2}}{r_{q-1}} \right\rangle = \left\langle b_q + \frac{r_q}{r_{q-1}} \right\rangle = \frac{r_q}{r_{q-1}}$$

となる．ここで，あまりの列について，
$$0 \leqq r_q < r_{q-1} < \cdots < r_2 < r_1 < q$$
となっているが，0 以上 q 未満の整数は q 個であることから，$r_q = 0$ でなければならない．したがって，$n \geqq q$ ならば $a_n = 0$ となることが示された．

算数仮面の解説 これが，人類最古のアルゴリズムだ．有理数 a を整数 p と自然数 q を用いて $a = \dfrac{p}{q}$ と表した上で，無限数列 $\{a_n\}$ を求める手続に入るということは，整数 p と自然数 q の間でユークリッドの互除法のアルゴリズムに入ることと同じなのである．

有理数の比に対してユークリッドの互除法を実行すれば，いずれ必ず割り切れて，高々 q 回のステップで，手続が終了することが示されたわけだ．裏を返せば，無理数の比に対しては，ユークリッドの互除

法を幾ら繰り返しても，どこかで割り切れて終了することはない，ということだ．

> 【問題 9】
> n は正の整数とする．x^{n+1} を x^2-x-1 で割った余りを $a_n x + b_n$ とおく．
> (1) 数列 a_n, b_n, $n=1,2,3,\cdots$ は
> $$a_{n+1} = a_n + b_n, \quad b_{n+1} = a_n$$
> を満たすことを示せ．
> (2) $n=1,2,3,\cdots$ に対して，a_n, b_n は共に整数で，互いに素であることを証明せよ．　　　　　　　　（2002 年・東京大学・文理共通）

▶解答　(1) $x^{n+1} = (x^2-x-1) Q_n(x) + a_n x + b_n$
とおくと，
$$\begin{aligned}
x^{n+2} &= x\{(x^2-x-1) Q_n(x) + a_n x + b_n\} \\
&= (x^2-x-1) \cdot x Q_n(x) + a_n x^2 + b_n x \\
&= (x^2-x-1) \cdot x Q_n(x) + a_n (x^2-x-1) \\
&\qquad\qquad + a_n x + a_n + b_n x \\
&= (x^2-x-1) \cdot \{x Q_n(x) + a_n\} \\
&\qquad\qquad + (a_n + b_n) x + a_n
\end{aligned}$$
とできるので，$a_{n+1} = a_n + b_n$, $b_{n+1} = a_n$ を得る．

(2) まず，a_n, b_n が共に整数であることについては，$a_1 = 1$, $b_1 = 1$ と，(1)で得た漸化式により，帰納的に示される．

次に，$a_{n+1} = a_n + b_n = a_n + a_{n-1}$ に注意する（フィボナッチ数列だ）．ここで，a_n と $b_n = a_{n-1}$ の間で，ユークリッドの互除法の手続きを実行する．

a_n を $b_n = a_{n-1}$ で割ると，商が 1 で余りが a_{n-2} である．
$$a_n = a_{n-1} \times 1 + a_{n-2}$$

a_{n-1} を a_{n-2} で割ると，商が 1 で余りが a_{n-3} である．
$$a_{n-1} = a_{n-2} \times 1 + a_{n-3}$$
a_{n-2} を a_{n-3} で割ると，商が 1 で余りが a_{n-4} である．
$$a_{n-2} = a_{n-3} \times 1 + a_{n-4}$$
これを繰り返していくと，
$$a_3 = a_2 \times 1 + a_1$$
に至る．$a_1 = 1$, $a_2 = a_1 + b_1 = 2$ であるから，
$$a_2 = a_1 \times 2 + 0$$
となって割り切れる．割り切れる直前の，最後のあまり $a_1 = 1$ が，a_n と $b_n = a_{n-1}$ の最大公約数である．すなわち，a_n, b_n は互いに素であることが示された．

算数仮面の解説　隣り合うフィボナッチ数が互いに素であることを，ユークリッドの互除法を用いて，最大公約数が 1 であることを直接に求めることで，証明してみた．

　なお，(2)は，背理法によって証明することもできる．ある番号 $n+1$ において，a_{n+1}, b_{n+1} がともに素数 p の倍数であると仮定する．$a_n = b_{n+1}$ は p の倍数である．

　また，$b_n = a_{n-1} = a_{n+1} - a_n = a_{n+1} - b_{n+1}$ も p の倍数である．つまり，「a_{n+1}, b_{n+1} がともに p の倍数，ならば，a_n, b_n もともに p の倍数」ということになる．これを繰り返すと，「$a_1 = 1$, $b_1 = 1$ もともに p の倍数」ということになるが，これは矛盾である．したがって，あらゆる番号 n において，a_n, b_n は互いに素である．

　【問題8】と【問題9】では，2 問続けて，ユークリッドの互除法の使い道をみてもらった．「互いに素」の深みを味わっていただきたい．

Round 16 フィボナッチ数
──神出鬼没な数論の貴公子

1. うさぎのつがい

本章は，中世イタリアの数学者レオナルド・フィボナッチにちなむフィボナッチ数の問題を考えてみよう．フィボナッチは次のような「兎の問題」を提示した．「1つがいの兎は，生まれて2ヶ月後から毎月1つがいずつの兎を産むものとしよう．1つがいの兎は1年後に何つがいになるか．」

次の問題は，兎の問題の設定を少しいじったものである．

【問題1】

つぎは仮想世界での話である．ある生物の雌雄一対がある日ある時刻に生まれた．その対をAと名付ける．Aは1時間後に雌雄一対の子をもうけた．さらに1時間後雌雄一対の子をもうけ，その30分後に死んだ．Aの子孫の対はどれもAと同じ一生を送った．さて，A誕生からn時間後に生存する対の数を$f(n)$とし，$f(n)$の変化を問題としよう．$n = 0, 1, 2, 3$に対しては，
$$f(0) = 1, \quad f(1) = 2, \quad f(2) = 4, \quad f(3) = 6$$
となる．その後の推移は，
$$f(6) = \boxed{}, \quad f(7) = \boxed{}, \quad f(8) = \boxed{}$$
となる．

(栄東中学校)

▶**解答** $f(n)$ 対のうち，子をもうけていないものが a_n 対，1回子をもうけたものが b_n 対，2回子をもうけたものが c_n 対あるとすると，
$$f(n) = a_n + b_n + c_n$$
であり，$n \geq 0$ のとき，
$$a_{n+1} = a_n + b_n$$
$$b_{n+1} = a_n$$
$$c_{n+1} = b_n$$
順次，漸化式を用いると，次のようになる．

n	0	1	2	3	4	5	6	7	8
a_n	1	1	2	3	5	8	13	21	34
b_n	0	1	1	2	3	5	8	13	21
c_n	0	0	1	1	2	3	5	8	13
$f(n)$	1	2	4	6	10	16	26	42	68

表により，$f(6) = 26$，$f(7) = 42$，$f(8) = 68$

算数仮面の解説 3つの数列 $\{a_n\}, \{b_n\}, \{c_n\}$ について，漸化式を変形してみると，
$$a_{n+2} = a_{n+1} + b_{n+1} = a_{n+1} + a_n$$
$$b_{n+2} = a_{n+1} = a_n + b_n = b_{n+1} + b_n$$
$$c_{n+2} = b_{n+1} = a_n = a_{n-1} + b_{n-1}$$
$$= b_n + b_{n-1} = c_{n+1} + c_n$$
これらを加えると，
$$f(n+2) = f(n+1) + f(n)$$
これは，フィボナッチ数の漸化式と同じ形をしている．

2. 階段の昇り方

中学入試でも，フィボナッチ数はすでに「定番問題」の地位を占めている．まずは，階段昇りの問題を見てみよう．

> 【問題2】
> 　階段を1段ずつと2段ずつ混ぜて昇るのぼり方を調べます．例えば3段の階段の場合，のぼり方は（1段＋1段＋1段），（1段＋2段），（2段＋1段）の3通りになります．
> 　階段が8段のとき，のぼり方は何通りですか．
>
> （本郷中学校）

▶解答　階段が n 段のとき，のぼり方が $f(n)$ 通りあるとすると，$f(1)=1, f(2)=2, f(3)=3$ である．

階段が $n+2$ 段のとき，のぼり方は $f(n+2)$ 通りあるが，これを

$$(1\text{段}+(n+1)\text{段}), (2\text{段}+n\text{段})$$

と分類することで，$f(n+2)=f(n+1)+f(n)$ が成り立つことがわかる．よって，

n	1	2	3	4	5	6	7	8
$f(n)$	1	2	3	5	8	13	21	34

表により，$f(8)=34$ 通り

算数仮面の解説　この問題は，いまや多くの中学受験塾で指導されている．フィボナッチ数は，多くの小学生にも馴染みになっているのだ．

【問題3】

たて2cm，横1cm の長方形のタイルがたくさんあります．このタイルをすきまなくならべて，たて2cm，横 x cm の長方形を作るとき，タイルのならべ方の総数を，《x》と表すことにします．例えば，下の図から《4》＝5となります．このとき，次の □ に適当な数を入れなさい．

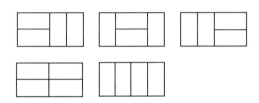

(1) 《3》＝ □ ，《5》＝ □ です．
(2) 《10》＝ □ です．

(慶応義塾中等部)

▶**解答** (1)《3》＝ 3，《5》＝ 8
(2)《10》＝ 89

算数仮面の解説 問題に掲載されている《4》＝ 5 の例は，それぞれ (2＋1＋1)，(1＋2＋1)，(1＋1＋2)，(2＋2)，(1＋1＋1＋1) を表しているとみれば，実は【問題2】の階段の問題と同じことをしていることがわかる．

長方形の横の辺の長さ x cm を，1cm と 2cm とに分割する方法の数ということになるのだから，1cm と 2cm を「1段」と「2段」と言い換えれば同じ問題だということになる．

Round 16. フィボナッチ数 —— 神出鬼没な数論の貴公子

【問題 4】

階段を昇るのに,1度に1段,2段,3段を昇る3種類の昇り方が可能であるとします.例えば,3段の階段を昇るには,次の①〜④の4通りの昇り方があります.次の ☐ に適当な数を入れなさい.

① 1度に3段昇る
② はじめに1段,次に2段昇る
③ はじめに2段,次に1段昇る
④ 1段ずつ3度で昇る

(1) 4段の階段の昇り方は ☐ 通りあります.
(2) 10段の階段の昇り方は ☐ 通りあります.

(慶応義塾中等部)

▶解答

(1) 4段の階段の昇り方には;

(1段+1段+1段+1段),(1段+1段+2段),

(1段+2段+1段),(2段+1段+1段),

(2段+2段),(1段+3段),(3段+1段)

があるので,7通り

(2) 階段が n 段のとき,のぼり方が $f(n)$ 通りあるとすると,

$f(1)=1$, $f(2)=2$, $f(3)=4$ である.

階段が $n+3$ 段のとき,のぼり方は $f(n+3)$ 通りあるが,これを(1段+$(n+2)$段),(2段+$(n+1)$段),(3段+n段)と分類することで,

$$f(n+3)=f(n+2)+f(n+1)+f(n)$$

が成り立つことがわかる.よって,

n	1	2	3	4	5	6	7	8	9	10
$f(n)$	1	2	4	7	13	24	44	81	149	274

表により,$f(10)=274$ 通り

算数仮面の解説　「1度に3段昇る」こともできるので，漸化式が $f(n+3)=f(n+2)+f(n+1)+f(n)$ となった．なお，次の数列 $\{T_n\}$ は，トリボナッチ数列とも呼ばれる．

$$T_0=0,\ T_1=0,\ T_2=1,$$
$$T_{n+3}=T_{n+2}+T_{n+1}+T_n$$

3. 剰余と周期性

フィボナッチ数を剰余類に分けて分析する問題も，小中学生には手頃な問題だ．たとえば2を法とすれば（偶数・奇数に着目すれば），フィボナッチ数は，(奇数，奇数，偶数) を繰り返していることが容易に分かるだろう．次の問題は，3を法とする剰余類を検討するものだ．

【問題5】

　次のような規則にしたがって，整数を並べていきます．
（規則）
1番目，2番目の数をともに1とし，3番目以降はその直前の2つの数を足した数とします．
例えば最初のいくつかの数を並べると次のようになります．

　　1, 1, 2, 3, 5, 8, 13, ……

このとき，次の各問いに答えなさい．
(1)（ア）15番目の数を3で割ったときのあまりはいくつですか．
　　（イ）2007番目の数を3で割ったときのあまりはいくつですか．
(2) 5番目から2008番目までの数のうち，3で割るとあまりが1になるものはいくつありますか．

（渋谷教育学園幕張中学校）

Round 16. **フィボナッチ数** ——神出鬼没な数論の貴公子

▶**解答** n 番目の数を $f(n)$ とすると,
$$f(1)=1, f(2)=1, f(n+2)=f(n+1)+f(n)$$
という規則がある. $f(n)$ を 3 で割ったあまりを $g(n)$ として表をつくってみる.

n	1	2	3	4	5	6	7	8	9	10
$f(n)$	1	1	2	3	5	8	13	21	34	55
$g(n)$	1	1	2	0	2	2	1	0	1	1

表によれば, $g(n)$ は周期 8 で, $(1, 1, 2, 0, 2, 2, 1, 0)$ を繰り返すことがわかる.

(1)(ア) 15 番目の数 $f(15)$ を 3 で割ったときのあまりは,
$$g(15)=g(7)=1$$
(イ) 2007 番目の数 $f(2007)$ を 3 で割ったときのあまりは,
$$g(2007)=g(8\times 250+7)=g(7)=1$$

(2) 3 で割るとあまりが 1 になるものは,

1 番目から 8 番目までの中には 3 個,

1 番目から 2008 番目までの中には $3\times 251=753$ 個,

1 番目から 4 番目までの中には 2 個,

であるから, 5 番目から 2008 番目までの中には

$753-2=751$ 個だけある.

算数仮面の解説 $f(n)$ を 3 で割ったあまり $g(n)$ についても, 漸化式を立ててみれば,
$$g(n+2)=g(n+1)+g(n) \pmod 3$$
ということになる. 表において,
$$(g(1), g(2))=(1, 1)=(g(9), g(10))$$
となっていることから, 周期 8 に気付く.

4. 大学入試では

階段昇りの問題は，大学入試にも出題されているが，さすがに小学生向けの問題と同じ設定というわけにはいかない．

> **【問題6】**
> 1歩で1段または2段のいずれかで階段を昇るとき，1歩で2段昇ることは連続しないものとする．15段の階段を昇る昇り方は何通りあるか． (2007年・京都大学)

▶解答 n 段昇る方法のうち，最後の1歩に1段昇る方法の数を a_n 通り，最後の1歩に2段昇る方法の数を b_n 通りとする．

$$a_1 = 1, \quad b_1 = 0, \quad a_2 = 1, \quad b_2 = 1$$

であり，漸化式は

$$\begin{cases} a_n = a_{n-1} + b_{n-1} \\ b_n = a_{n-2} \end{cases}$$

となる．

	1	2	3	4	5	6	7	8
a_n	1	1	2	3	4	6	9	13
b_n	0	1	1	1	2	3	4	6

9	10	11	12	13	14	15	…
19	28	41	60	88	129	189	…
9	13	19	28	41	60	88	…

求める昇り方の数は

$$a_{15} + b_{15} = 189 + 88 = 277 \text{ 通り}$$

である．

Round 16. フィボナッチ数 ——神出鬼没な数論の貴公子

算数仮面の解説 「1歩で2段昇ることは連続しない」という設定が，中学入試と大学入試の差になっている．次のように考えてみるのもよいだろう．

1歩で1段または2段のいずれかで階段を昇るとき，1歩で2段昇ることは連続しないという条件で n 段昇る方法の数を c_n とする．

$$c_1 = 1, \quad c_2 = 2, \quad c_3 = 3, \quad c_4 = 4$$

である．最後の一歩に注目して漸化式を立てる．

（ⅰ）最後の一歩に1段昇るとき；c_{n-1} 通り

（ⅱ）最後の一歩に2段昇るとき；その直前は1段昇っているので c_{n-3} 通り

したがって，次のような漸化式が立つ．

$$c_n = c_{n-1} + c_{n-3} \quad (n \geq 4)$$

	1	2	3	4	5	6	7	8
c_n	1	2	3	4	6	9	13	19

9	10	11	12	13	14	15	…
28	41	60	88	129	189	277	…

求める昇り方は $c_{15} = 277$ 通りである．

「トリボナッチ数列」とも似て非なる漸化式であった．

【問題 7】

$p_1 = 1$, $p_2 = 1$, $p_{n+2} = p_{n+1} + p_n$

によって定義される数列 $\{p_n\}$ をフィボナッチ数列といい,その一般項は

$$p_n = \frac{1}{\sqrt{5}} \left\{ \left(\frac{1+\sqrt{5}}{2} \right)^n - \left(\frac{1-\sqrt{5}}{2} \right)^n \right\}$$

で与えられる.必要ならばこの事実を用いて,次の問に答えよ.

各桁の数字が 0 か 1 であるような自然数の列 X_n $(n = 1, 2, \cdots)$ を次の規則により定める.

(i) $X_1 = 1$

(ii) X_n のある桁の数字 a が 0 ならば a を 1 で置き換え,a が 1 ならば a を '10' で置き換える.X_n の各桁ごとにこのような置き換えを行って得られる自然数を X_{n+1} とする.

たとえば,

$X_1 = 1$, $X_2 = 10$, $X_3 = 101$, $X_4 = 10110$,
$X_5 = 10110101$, ……

となる.

(1) X_n の桁数 a_n を求めよ.

(2) X_n の中に '01' という数字の配列が現れる回数 b_n を求めよ (たとえば,$b_1 = 0$, $b_2 = 0$, $b_3 = 1$, $b_4 = 1$, $b_5 = 3$, $\cdots$).

(1992 年・東京大学・文科)

▶解答

(1) X_n の桁数 a_n の中で,0 が u_n 個,1 が v_n 個あるとすると,

$a_n = u_n + v_n$

ここで,規制 (ii) により,

$u_{n+1} = v_n$, $v_{n+1} = u_n + v_n$

が成り立つ.よって,数列 $\{a_n\}$ について,

$$a_{n+2} = u_{n+2} + v_{n+2} = v_{n+1} + (u_{n+1} + v_{n+1})$$
$$= (u_n + v_n) + (u_{n+1} + v_{n+1})$$
$$= a_{n+1} + a_n$$

となり,フィボナッチ数列 $\{p_n\}$ と同じ漸化式が成り立つ.しかも,$a_1 = 1 = p_2$, $a_2 = 2 = p_3$ だから,帰納的に

$$a_n = p_{n+1} = \frac{1}{\sqrt{5}}\left\{\left(\frac{1+\sqrt{5}}{2}\right)^{n+1} - \left(\frac{1-\sqrt{5}}{2}\right)^{n+1}\right\}$$

(2) '11' → '1010', '10' → '101', '01' → '110',

なので,X_n の中で 0 が隣り合うことはなく,0 が先頭に現れることもない.よって「'01' が現れる回数 b_n」は,「末尾を除く 0 の出現回数」となる.

ここで,n が奇数のとき X_n の末尾は 1,n が偶数のとき X_n の末尾が 0 となることは,帰納法により容易に示される.よって,

$$b_n = u_n \ (n \text{ が奇数のとき})$$
$$b_n = u_n - 1 \ (n \text{ が偶数のとき})$$

まとめると,$b_n = u_n - \dfrac{1+(-1)^n}{2}$

ここで,数列 $\{u_n\}$ について

$$u_{n+2} = v_{n+1} = u_n + v_n = u_{n+1} + v_n$$

より,やはり $\{p_n\}$ と同じ漸化式をみたす.そして,$u_1 = 0$, $u_2 = 1 = p_1$, $u_3 = 1 = p_2$ より

$$u_n = p_{n-1} \ (n \geq 2)$$
$$b_n = p_{n-1} - \frac{1+(-1)^n}{2}$$
$$= \frac{1}{\sqrt{5}}\left\{\left(\frac{1+\sqrt{5}}{2}\right)^{n-1} - \left(\frac{1-\sqrt{5}}{2}\right)^{n-1}\right\} - \frac{1+(-1)^n}{2}$$

この結果は $n = 1$ のときも $b_1 = 0$ となり正しい.

算数仮面の解説 こんなところにもフィボナッチ数が登場する.なかなか神出鬼没な数だ.本問は,フィボナッチ数の一般項を与えてい

る．出題趣旨としては，漸化式を解かせることよりも，漸化式を立てさせることに主眼を置いた問題だった．

5. 集合の個数にも

次の問題は，本誌でもおなじみの覆面の同胞による出題だ．

> 【問題8】
> nは2以上の自然数とする．集合$\{1,2,3,\cdots,n\}$の部分集合Sのうち，次の条件をみたすものの個数を求めよ．
> 条件：$1 \in S, n \in S$であり，Sのどの2つの要素の差も1より大きい． （『理系への数学』2010年6月号／
> 数理哲人見参！試練の五十番勝負・第4回）

▶**解答** 求める個数をa_nとする．

$n=2$のとき，このような集合Sは存在しないので$a_2 = 0$

$n=3$のとき，このような集合Sとして$\{1, 3\}$だけがあるので$a_3 = 1$

$n=4$のとき，このような集合Sとして$\{1, 4\}$だけがあるので$a_4 = 1$

$n=5$のとき，このような集合Sとして$\{1, 5\}, \{1, 3, 5\}$があるので$a_5 = 2$

$n=6$のとき，このような集合Sとして$\{1, 6\}, \{1, 3, 6\}, \{1, 4, 6\}$があるので$a_6 = 3$

$n=7$のとき，このような集合Sとして$\{1, 7\}, \{1, 3, 7\}, \{1, 4, 7\}, \{1, 5, 7\}, \{1, 3, 5, 7\}$があるので$a_7 = 5$

以下，$a_{n+2} = a_{n+1} + a_n$が成り立つことを示す．

$\{1, 2, 3, \cdots, n, n+1, n+2\}$の部分集合$S$のうち「$1 \in S, n+2 \in S$であり，$S$のどの2つの要素の差も1より大きい」ものを$S_{n+2}$とす

ると，その個数は a_{n+2} である．条件から $n+1 \notin S_{n+2}$ である．ここで，$n \in S_{n+2}$ か $n \notin S_{n+2}$ のいずれかとなるので，これに着目して分類する．

(1) $n \in S_{n+2}$ のとき；$\{1, 2, 3, \cdots, n\}$ の部分集合 S で条件をみたすものを S_n とする．

S_n と $\{n+2\}$ との和集合が S_{n+2} となる．すなわち，$S_{n+2} = S_n \cup \{n+2\}$ であり，その個数は a_n である．

(2) $n \notin S_{n+2}$ のとき；$\{1, 2, 3, \cdots, n, n+1\}$ の部分集合 S で条件をみたすものを S_{n+1} とする．

S_{n+1} から，その一つの要素 $n+1$ を取り除いた集合を S'_{n+1} とすると，S'_{n+1} と $\{n+2\}$ との和集合が S_{n+2} となる．すなわち，$S_{n+2} = S'_{n+1} \cup \{n+2\}$ であり，その個数は a_{n+1} である．

以上(1), (2)から，$a_{n+2} = a_{n+1} + a_n$ が成り立つことが示された．
求める個数 a_n はフィボナッチ数 f_n を用いて，
$$a_n = f_{n-2} = \frac{1}{\sqrt{5}}\left\{\left(\frac{1+\sqrt{5}}{2}\right)^{n-2} - \left(\frac{1-\sqrt{5}}{2}\right)^{n-2}\right\}$$
と表される．

算数仮面の解説 具体的に数字をあてはめて実験していると，あっ，フィボナッチ数列だ！と気付く爽快感を味わうことができる問題であった．エレガントな数である．「数論の貴公子」と名付けよう．

分からない，困ったなあ，というとき
「自分は何が分からないのか」
をじっと考えよう．

「無知の知」

ソクラテス

Round 17　パスカルの三角形
――三角形に潜む美の響宴

1. パスカルの三角形で遊んでみると

　前章は，数論の貴公子「フィボナッチ数列」についての話題をとりあげたが，本章も数論の魅惑的な素材である「パスカルの三角形」をとりあげてみよう．最初の問題は，今回のオープニングにふさわしい問題だ．

【問題1】

　図1のような規則にしたがって，数を並べます．このとき，次の各問いに答えなさい．

```
1段目                     1
2段目                  1     1
3段目               1     2     1
4段目            1     3     3     1
5段目         1     4     6     4     1
6段目      1     5    10    10     5     1
```

(1) 7段目はどのような数字の列になりますか．書きなさい．
(2) 10段目の数字の列の和を求めなさい．

(3) 図2のような規則にしたがって，ななめに数をたしていきます．どのような数の列になっていますか．数字の列を最初から10個書き，列の規則性を説明しなさい．

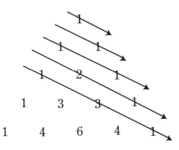

（自修館中等教育学校）

▶解答 (1) 図1はパスカルの三角形であることがわかる．7段目は，
    1 6 15 20 15 6 1

(2) 1段目から順に和をつくっていくと，
    1, 2, 4, 8, 16, 32, ……

となっている．n段目の数字の列の和は2^{n-1}であるから，10段目の数字の列の和は$2^9 = 512$

(3) 図2にしたがって和をつくっていくと，
    1, 1, 2, 3, 5, ……

となっている．最初から10個を書くと，
    1, 1, 2, 3, 5, 8, 13, 21, 34, 55

となる．

列の規則性；ある項の数字は，その直前の2つの項の数字の和でできている．

算数仮面の解説　パスカルの三角形をいじくって遊んでいると，フィボナッチ数列が出てくるという問題であった．もともとパスカルの三角形は，二項係数の漸化式

$$_nC_k = {}_{n-1}C_{k-1} + {}_{n-1}C_k \quad (1 \leqq k \leqq n-1)$$

によって作られている．ななめに数をたしていくことでできる数列を $\{f_n\}$ とすると，

$$f_{n+2} = f_{n+1} + f_n$$

というフィボナッチ数列の漸化式ができあがるというわけだ．

2. パスカルの三角形を立体化してみる

今度は，パスカルの三角形で立体状の模型を作ってみようという設定の問題だ．

【問題2】

次の問いに答えなさい．答は最も簡単な整数の比で表しなさい．必要な計算などは図中に書きなさい．

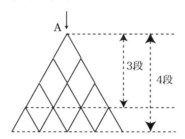

(1) 図のような，上から下に流れる水路があります．入り口Aから入った水が分岐点で同じ量に分かれます．4段の水路には出口は5個ありますが，出る水の量は同じではありません．最も少ないところと最も多いところの水の量の比を求めなさい．

(2) 今度は[図ア]のように，Aから入った水が3つに分かれB，C，Dから同じ量の水が出てくる立体状の水路を考えます．これを4つ組み合わせてできる[図イ]のような水路を2段の水路と呼ぶことにします．

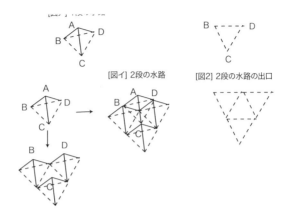

[図イ] 2段の水路　　[図2] 2段の水路の出口

このように次々と水路をつなげていきます．1段，2段，3段，4段の水路の出口はそれぞれ[図1]～[図4]のようになります．

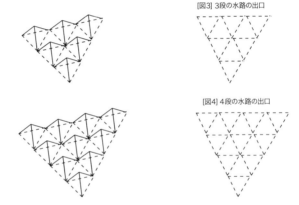

[図3] 3段の水路の出口

[図4] 4段の水路の出口

① 3段の水路の出口から出る水の量について考えます．最も少ないところと最も多いところの水の量の比を求めなさい．

② 4段の水路の出口から出る水の量について考えます．最も少ないところと最も多いところの水の量の比を求めなさい．

(麻布中学校)

▶解答

(1) 1段の水路では，水は1:1に分かれる．2段の水路では，水は1:2:1に分かれる．

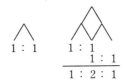

3段の水路では,水は $1:3:3:1$ に分かれる.

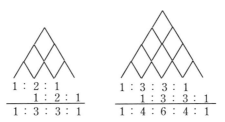

4段の水路では,水は $1:4:6:4:1$ に分かれる.

(2) (1) の場合と同様に,立体状の水路で分かれる水の量の比を重ね合わせてゆく.

1段の水路では,水は $1:1:1$ に分かれる.これを正三角形の3つの頂点に書き込む.比の合計は3になっている.

1段

2段の水路は,1段の水路を3つ重ねてつくる.水は図のような比に分かれる.比の合計は9になっている.

2段

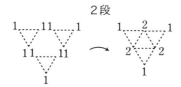

① 3段の水路は,2段の水路を3つ重ねてつくる.水は図のような比に分かれる.比の合計は27になっている.最も少ないところと最も多いところの水の量の比は,$1:6$ である.

3段

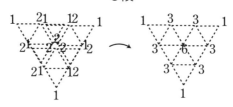

③ 4段の水路は，3段の水路を3つ重ねてつくる．水は図のような比に分かれる．比の合計は81になっている．最も少ないところと最も多いところの水の量の比は，1:12である．

4段

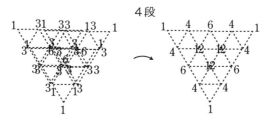

算数仮面の解説 なかなか大げさな仕掛けの問題であった．もともと2次元のパスカルの三角形が，3次元に進化したらどうなるか，ということを考えさせる良問だ．

3. パスカルの三角形の偶奇性に注目する

　大学入試にもパスカルの三角形は多々現れるが，その多くは二項展開／二項定理にまつわるものである．ここでは，パスカルの三角形そのものについて考えさせる問題をとりあげてみることとしよう．

Round 17. パスカルの三角形 ―― 三角形に潜む美の饗宴

【問題3】

(1) k を自然数とする．m を $m = 2^k$ とおくとき，$0 < n < m$ をみたすすべての自然数 n について，二項係数 $_mC_n$ は偶数であることを示せ．

(2) 以下の条件をみたす自然数 m をすべて求めよ．

条件：$0 \leq n \leq m$ をみたすすべての整数 n について二項係数 $_mC_n$ は奇数である． (1999年・東京大学・理科)

▶解答 パスカルの三角形の m 段目には，左から順に，

$$1, \ _mC_1, \ _mC_2, \ _mC_3, \ \cdots\cdots, \ _mC_{m-1}, \ 1$$

が並ぶことに注意する．ここで，パスカルの三角形に現れる数字が偶数である場合にはそれを 0 に，奇数である場合にはそれを 1 に置換することを考える．たとえば 5 段までの範囲でこの置換を行うと，次のようになる．

```
      1 1                  1 1
     1 2 1                1 0 1
    1 3 3 1              1 1 1 1
   1 4 6 4 1            1 0 0 0 1
  1 5 10 10 5 1        1 1 0 0 1 1
```

題意は，このように置換されたパスカルの三角形について，

(1) $m = 2^k$ 段目には両端の 1 を除いて途中のすべてに 0 が並ぶこと

(2) m 段目にはすべて 1 が並ぶような段の番号 m を決定すること

を要求している．

(1)は，k についての数学的帰納法により証明する．

$k = 1$ すなわち $m = 2$ のとき，2 段目は 101 なので，題意は成り立つ．また $k = 2$ すなわち $m = 4$ のとき，4 段目は 10001 なので，題意は成り立つ．

次にある k で, $m=2^k$ 段目が 1 0 0 …… 0 0 1 となっていると仮定しよう. 途中の 0 の個数は 2^k-1 個である. 次の段 (2^k+1 段目) は, 1 1 0 0 …… 0 0 1 1 (途中の 0 の個数は $2^k+2-4=2^k-2$ 個) である.

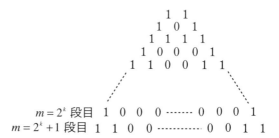

2^k+1 段目の両端の「1 1」の下には, 1 段目の「1 1」の下にできる「置換されたパスカルの三角形」が再現される. というのも, 二項係数の漸化式

$$_mC_r = {_{m-1}C_{r-1}} + {_{m-1}C_r} \quad (1 \leq r \leq m-1)$$

をもとにして, 偶数を 0 に, 奇数を 1 に置換すると, 次のようなパターンが繰り返されるからである.

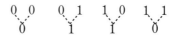

その結果, 次の図の網目部のように, パターンのコピーが行われる.

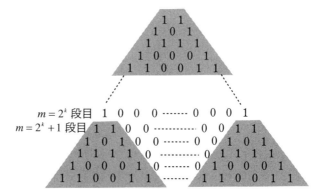

$m = 2^k$ 段目の両端の 1 の間に並んでいる $2^k - 1$ 個の 0 は,その下に 0 だけが並ぶ逆三角形を作る.逆三角形の段の数は $2^k - 1$ 段であるから,$2^k - 1 + 2^k - 1 = 2^{k+1} - 2$ 段目の中央に,逆三角形の最後の 0 が置かれる.

```
          m = 2^k 段目           1  0  0  0  ⋯⋯  0  0  0  1
          m = 2^k +1 段目     1  1  0  0  ⋯⋯  0  0  1  1
                                 1  0  1  0  0  ⋯⋯  0  0  1  0  1
                                 1  1  1  1     ⋯⋯     0  1  1  1  1
                                 1  0  0  0  1  0  ⋯⋯  0  1  0  0  0  1
                                 1  1  0  0  1  1     ⋯⋯     1  1  0  0  1  1
m = 2^{k+1} - 2 段目     1  0  1  0  1  ⋯⋯  1  0  1  ⋯⋯  1  0  1  0  1
m = 2^{k+1} - 1 段目  1  1  1  1 ──────────────────── 1  1  1  1
m = 2^{k+1}     段目  1  0  0  0 ──────────────────── 0  0  0  1
```

$2^{k+1} - 2$ 段目には $10101 \cdots\cdots 10101$ のように 1 と 0 が交互に並ぶ.次の $2^{k+1} - 1$ 段目には 1 だけが並ぶことになり,さらに次の $m = 2^{k+1}$ 段目には両端の 1 を除いてその間に 0 だけが並ぶ.したがって,命題は,k についての数学的帰納法により証明された.

(2) m 段目にはすべて 1 が並ぶような段の番号 m については,(1) の帰納法の途中経過から,
$$m = 2^k - 1 \quad (k = 1, 2, 3, \cdots)$$
が該当する.

算数仮面の解説 パスカルの三角形を構成する二項係数が,偶数か奇数かという点に着目してみると,「置換されたパスカルの三角形」の中に,自己相似なフラクタル構造が出現するという事実をとりあげた問題であった.

4. パスカルの三角形の最大公約数に注目する

前問が出題された 10 年後に，その続編とみられる出題があるので，一緒にみてみることにしよう．

【問題 4】
自然数 $m \geqq 2$ に対し，$m-1$ 個の二項係数
$$_mC_1, {}_mC_2, \cdots, {}_mC_{m-1}$$
を考え，これらすべての最大公約数を d_m とする．すなわち d_m はこれらすべてを割り切る最大の自然数である．
(1) m が素数ならば，$d_m = m$ であることを示せ．
(2) すべての自然数 k に対し，$k^m - k$ が d_m で割り切れることを，k に関する数学的帰納法によって示せ．
(3) m が偶数のとき d_m は 1 または 2 であることを示せ．

(2009 年・東京大学・理科)

▶解答

(1) m が素数のとき $1 \leqq i \leqq m-1$ の各 i につき ${}_mC_i = \dfrac{m(m-i)!}{i!(m-i)!}$ となるが，分母の $i!(m-i)!$ は素数 m より小さい自然数の積なので，分子の素数 m は約分されない．${}_mC_i$ は自然数であることと合わせ，すべての ${}_mC_i$ は m の倍数である．さらに ${}_mC_1 = m$ なので ${}_mC_i$ $(1 \leqq i \leqq m-1)$ の最大公約数は $d_m = m$

(2) $k = 1$ のとき $1^m - 1 = 0$ なので命題は成立する．ある k で，$k^m - k$ が d_m の倍数であると仮定する．

Round 17. パスカルの三角形 ——三角形に潜む美の響宴

$$(k+1)^m - (k+1) = k^m + \sum_{i=1}^{m-1} {}_mC_i k^i + 1^m - (k+1)$$

$$= \underbrace{(k^m - k)}_{\substack{d_m \text{の倍数} \\ (\text{仮定による})}} + \underbrace{\sum_{i=1}^{m-1} {}_mC_i k^i}_{\substack{d_m \text{の倍数} \\ (d_m \text{の定義による})}}$$

よって，$(k+1)^m - (k+1)$ もまた d_m で割り切れる．以上から，k に関する帰納法により命題は成立する．

(3) d_m を単に d と書くものとし，(2)の結果で $k = d-1$ とおくと，$(d-1)^m - (d-1)$ が d で割り切れる．

m が偶数であることに注意して二項展開を用いると，

$$(d-1)^m - (d-1)$$
$$= (d^m - {}_mC_1 d^{m-1} + {}_mC_2 d^{m-2} + \cdots - {}_mC_{m-1} d)$$
$$= (d \text{ の倍数}) + 2$$

よって 2 は d で割り切れることになり，$d (= d_m)$ は 1 または 2 である．

算数仮面の解説

(1)は他校でもよく出題される有名事実である．

(3)については，空中戦の解法も見ておこう．

$$(1+x)^m = \sum_{i=0}^{m} {}_mC_i x^i$$

において $x = -1$ とおくと，

$$0 = {}_mC_0 - {}_mC_1 + {}_mC_2 - {}_mC_3 + \cdots - {}_mC_{m-1} + {}_mC_m \quad (m \text{ は偶数})$$
$${}_mC_1 - {}_mC_2 + {}_mC_3 - \cdots + {}_mC_{m-1} = 2$$

左辺は d_m の倍数なので，$d_m = 1, 2$ に限られる．

Round 18　規則性・周期性
―実験をくりかえし規則を見つけだす

1. 継子立て

本章は，規則性・周期性にまつわる問題を検討してみよう．最初に取り上げるのは，日本では「継子立ての問題」，西洋では「ヨセフスの問題」として伝えられてきたタイプのものだ．江戸時代に出版された数学書「塵劫記」では，次のような形で紹介されている．

実子15人，継子15人から家督を継ぐ1人を決めるにあたり，実子に跡を継がせたいと思った継母（実子の母）が策略を練った．実子と［継子］を交互に，2人，［1人］，3人，［5人］，2人，［2人］，4人，［1人］，1人，［3人］，1人，［2人］，2人，［1人］(以上合計30人)と円形に並べ，最初から数えて10人目ごとに外して，継子だけを取り除こうとした．継母の策略の通り，継子が次々と外されていき，実子15人と継子1人が残ったところで，最後に残った継子が機転を利かせて「最後に残った私から数え始めてください」と申し出た．残った実子15人が油断してこの申出を受け入れた結果，大どんでん返しが起こり，継母の目論みは崩れることとなった．

それでは，現代版「継子立ての問題」を見てみよう．

【問題 1】

$1, 2, 3, \cdots, n$ の数が 1 つずつ書かれた n 枚のカードを時計回りに数の小さい順に円形に並べます．次の規則にしたがって，カードを 1 枚ずつ取り除いていくとき，最後に残るカードがどれであるかを考えます．

- まず，1 の書かれたカードを取り除く．
- あるカードを取り除いたら，次に，そのカードから時計回りに数えて 2 枚目のカードを取り除く．これをカードが 1 枚だけ残るまで繰り返す．

たとえば，$n = 13$ のときは図 1 のようにカードが取り除かれ，最後に 10 の書かれたカードが残ります．
(×印は取り除いたカードを表します)

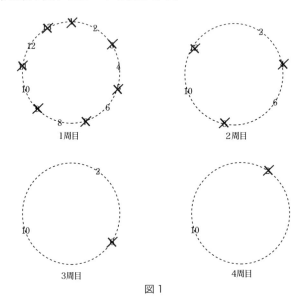

図 1

このとき，次の問いに答えなさい．
(1) $n = 8$ のとき，最後に残るカードに書かれた数を答えなさい．

(2) $n=16$ のとき,1 周目にカードを取り除いた時点で,図 2 のように 8 枚のカードが残り,次に 2 の書かれたカードから取り除くことになります.もし必要ならばこのことを用いて,$n=16$ のとき最後に残るカードに書かれた数を答えなさい.また,$n=32$ と $n=64$ のとき,最後に残るカードに書かれた数をそれぞれ答えなさい.

図 2

(3) $n=35$ のとき,1 周目に 1, 3, 5 の書かれたカードを取り除いた時点で,残るカードが 32 枚で,次には 7 の書かれたカードを取り除くことになります.もし必要ならばこのことを用いて,$n=35$ のとき,最後に残るカードに書かれた数を答えなさい.

(4) $n=100$ のとき,1 周目に 36 枚のカードを取り除いた時点で残るカードは 64 枚です.もし必要ならばこのことを用いて,$n=100$ のとき,最後に残るカードに書かれた数を答えなさい.

(5) $n=2009$ のとき,最後に残るカードに書かれた数を答えなさい.

(開成中学校)

▶解答

(1) $n=8$ のとき,実際に図を書いて,規則にしたがってカードを取り除いてみる.

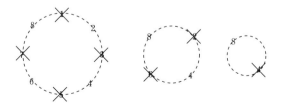

1巡目に 1, 3, 5, 7(奇数番目)が取り除かれ，2巡目に 2, 6(奇数番目)が取り除かれ，3巡目に 4(奇数番目)が取り除かれて「8」が残る．

(2) $n = 16$ のとき，1巡目に 1, 3, 5, ……, 15(奇数番目)を取り除くと 8枚の偶数が残る．ここで(1)の結果が使える．

$\{1, 2, 3, 4, 5, 6, 7, 8\}$ が円形に並ぶとき，1から取り除きはじめて最後に 8 が残ったのだから，$\{2, 4, 6, 8, 10, 12, 14, 16\}$ が円形に並ぶとき，2から取り除きはじめれば最後に「16」が残る．

$n = 32$ のとき，1巡目に 1, 3, 5, ……, 31(奇数番目)を取り除くと 16枚の偶数が残る．

$\{1, 2, 3, 4, 5, 6, 7, 8, ……, 15, 16\}$ が円形に並ぶとき，1から取り除きはじめて最後に 16 が残ったのだから，$\{2, 4, 6, 8, 10, 12, 14, 16, ……, 30, 32\}$ が円形に並ぶとき，2から取り除きはじめれば最後に「32」が残る．

$n = 64$ のとき，1巡目に 1, 3, 5, ……, 63(奇数番目)を取り除くと 32枚の偶数が残る．

$\{1, 2, 3, 4, 5, 6, 7, 8, ……, 31, 32\}$ が円形に並ぶとき，1から取り除きはじめて最後に 32 が残ったのだから，$\{2, 4, 6, 8, 10, 12, 14, 16, ……, 62, 64\}$ が円形に並ぶとき，2から取り除きはじめれば最後に「64」が残る．

この段階で，$n = 2^k$ の形のとき，$\{1, 2, 3, 4, ……, 2^k - 1, 2^k\}$ を円形に並べて1から取り除くと，最後に残るのは $n = 2^k$ であると予想できる．

(3) $n = 35$ のとき，1周目に 1, 3, 5 の書かれたカードを取り除いた時点で，残るカードが 32枚である．次に7から取り除きはじめるので，残る 32枚を 7 から順に円形に並べると，$\{7, 8, 9, 10, ……, 34, 35, 2, 4, 6\}$ となる．(2)の結果を用いれば，これら 32枚を 7 から順に取り除いていくと，最後に「6」が残る．

(4) $n = 100$ のとき，1周目に 36枚のカードを取り除いた時点で残るカードは 64枚である．この時点で取り除かれた番号は 1, 3, 5,

……, 69, 71 なので，残ったカードの番号は {2, 4, 6, ……, 68, 70, 72, 73, 74, 75, ……, 99, 100} である．次に取り除くのは 73 のカードなので，残ったカードを 73 が先頭にくるように並べ替えると，{73, 74, 75, ……, 99, 100, 2, 4, 6, ……, 68, 70, 72} となる．(2) の結果を用いれば，これら 64 枚を 73 から順に取り除いていくと，最後に「72」が残る．

(5) $n = 2009$ のとき，まず 2009 以下で最大の 2 の累乗を考えると，$2^{10} = 1024$ がある．そこで，$2009 = 1024 + 985 = 985 + 2^{10}$ とみて，最初に 985 枚を取り除いて残るカードが 2^{10} 枚になる状況を考える．この時点で取り除かれた番号は 1, 3, 5, ……, 1967, 1969 なので，残ったカードの番号は {2, 4, 6, ……, 1966, 1968, 1970, 1971, 1972, ……, 2008, 2009} である．次に取り除くのは 1971 のカードなので，残ったカードを 1971 が先頭にくるように並べ替えると，{1971, 1972, ……, 2008, 2009, 2, 4, 6, ……, 1966, 1968, 1970} となる．これら 2^{10} 枚を 1971 から順に取り除いていくと，最後に「1970」が残る．

算数仮面の解説　うまく誘導をつけてくれた問題であった．「$n = 2^k$ の形のとき，1, 2, 3, 4, …, 2^k-1, 2^k} を円形に並べて 1 から取り除くと，最後に残るのは $n = 2^k$ である」という予想が立つかどうかがポイントだ．中学入試（算数）の場合は，「予想」が立つだけで十分なのだが，大学入試（数学）の場合は，これを「証明」することも要求される．

【問題2】

1からnまでの数字が1つずつ書かれたn枚のカードを図のように円周上に時計まわりに並べる．2が書かれたカードから始めて時計まわりに1枚おきにカードを取り除く操作を続けていき，カードが最後の1枚になるまで円周上を何回でもまわる．そして残った1枚のカードに書かれた数を$f(n)$とする．ただし，1枚おきに取り除く操作は，まだ円周上に残っているカードに対して行う．

たとえば，$n=9$のときには，2, 4, 6, 8, 1, 5, 9, 7が書かれたカードが順に取り除かれるので$f(9)=3$である．

また，$n=10$のときには，2, 4, 6, 8, 10, 3, 7, 1, 9が書かれたカードが順に取り除かれるので$f(10)=5$である．

このとき，次の問いに答えよ．ただし，$f(1)=1$とする．

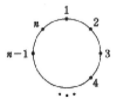

(1) 2から8までのnに対し，$f(n)$の値を求めよ．
(2) 自然数nに対して，
$$f(2n)=2f(n)-1,\ f(2n+1)=2f(n)+1$$
が成り立つことを示せ．
(3) 自然数nに対して，$f(2^n)=1$が成り立つことを示せ．
(4) $f(2^{10}+2^9+\cdots+2+1)$の値を求めよ．

(2007年・島根大学医学部)

▶解答
(1) 実行すれば，$f(2)=1$, $f(3)=3$, $f(4)=1$, $f(5)=3$, $f(6)=5$, $f(7)=7$, $f(8)=1$ となる．

(2)「n 枚のカードがあり,このうち 2 番目に小さい数が書かれたカードから順に取り除いていくとき,操作後に残るカードは,小さい方から数えて $f(n)$ 番目の数が書かれたカードである」(✽)という事実に注意する.

カードの枚数が偶数($2n$ 枚)である場合;n 枚を取り除いた後に残るカードは $\{1, 3, 5, \cdots\cdots, 2n-1\}$ であり,次に 3 のカードから順に取り除く.ここで(✽)によれば,小さい方から数えて $f(n)$ 番目の数である $2f(n)-1$ が書かれたカードが残る.

よって,$f(2n) = 2f(n)-1$ が成り立つ.

カードの枚数が偶数($2n+1$ 枚)である場合;$n+1$ 枚を取り除いた後に残るカードは $\{3, 5, 7, \cdots\cdots, 2n-1, 2n+1\}$ であり,次に 5 のカードから順に取り除く.ここで(✽)によれば,小さい方から数えて $f(n)$ 番目の数である $2f(n)+1$ が書かれたカードが残る.よって,$f(2n+1) = 2f(n)+1$ が成り立つ.

(3) $f(2^n) = 1$ を n に関する数学的帰納法により証明する.

$n=1$ のとき,(1)で $f(2)=1$ を確認済みである.

ある n で $f(2^n)=1$ が成り立つことを仮定する.このとき(2)の漸化式から,

$f(2^{n+1}) = f(2 \cdot 2^n) = 2f(2^n) - 1 = 2 \times 1 - 1 = 1$

よって n が $n+1$ になっても成り立つので,命題は証明された.

(4) $2^{10}+2^9+\cdots+2+1$ は奇数なので,(2)で示した漸化式 $f(2n+1) = 2f(n)+1$ を繰り返し用いる.

$$\begin{aligned}f(2^{10}+2^9+\cdots+2+1) &= 2f(2^9+2^8+\cdots+2+1)+1 \\ &= 2\{2f(2^8+2^7+\cdots+2+1)+1\}+1 \\ &= \cdots\cdots \\ &= 2^{10}+2^9+\cdots+2+1 \\ &= \frac{2^{11}-1}{2-1} = 2047\end{aligned}$$

算数仮面の解説　先の【問題1】のプロセスの中で得られた「予想」は，本問(3)で証明されたことになる．証明中で使われている漸化式 $f(2n) = 2f(n) - 1$ において「1」は不動点となっている．

2.　操作の繰り返し

　先に検討した「継子立ての問題」も含めて，何らかの操作を繰り返すタイプの問題は，規則性や周期性を見つけだすことによって解決するケースが多い．操作を繰り返すにあたり，「不動点を見つける」というのは有効な手段になる．

> 【問題3】
> 　ある整数 A から始めて，次の操作を何回もくり返す．
> 操作：2倍する．
> 　　ただし，
> 　　2倍した数が150以上のときには，この2倍した数から100を引く．
> 　　2倍した数が101以上149以下のときには，この2倍した数から50を引く．
> 　　2倍した数が100以下のときには，この2倍した数のままにする．
> たとえば，36から始めてこの操作を4回くり返したとき，得られる整数は順に 72, 94, 88, 76 となる．
> 　この操作を4回繰り返したとき，その結果が60になるような整数 A は，全部で　(1)　個ある．
> 　また，この操作を101回繰り返したとき，その結果が60になるような整数 A のうちで一番小さい数は，　(2)　である．
>
> 　　　　　　　　　　　　　　　　　　　　　　　　（灘中学校）

Round 18. 規則性・周期性 ——実験をくりかえし規則を見つけだす

▶**解答** 操作を式で記述すると,次のようになる.操作する直前の数を x として,

$75 \leqq x$ のとき: $x \to 2x - 100$

$50 \leqq x < 75$ のとき: $x \to 2x - 50$

$x \leqq 50$ のとき: $x \to 2x$

操作後には必ず偶数が現れることに注意する.

(1) 4回の操作後に60となるとき,3回の操作後の数(1回操作すれば60が出てくるような数)は, $2x - 100 = 60$ または $2x - 50 = 60$ または $2x = 60$ を解くことで, $x = 80, 55, 30$ のいずれかであるとわかる. $x = 55$ は奇数なので不適当である. $x = 30$ の場合,2回目の操作後の数が $2x = 30$, $x = 15$ となって奇数になるので,やはり不適当である.したがって,4回の操作で

$A \to \boxed{} \to \boxed{} \to 80 \to 60$

となっていることがわかる.

次に2回操作後の数についても,同様に $2x - 100 = 80$ または $2x - 50 = 80$ または $2x = 80$ を解くことで, $x = 90, 65, 40$ のいずれかであるとわかる.奇数の65は不適当である.残りは,

$A \to \boxed{*} \to 90 \to 80 \to 60$

または

$10 \to 20 \to 40 \to 80 \to 60$ (確定)

となる.次に1回操作後の数 $\boxed{*}$ についても,同様にすれば70と決まる.残りは,

$A \to 70 \to 90 \to 80 \to 60$

となるが,最初の数 A としては $2A - 100 = 70$ または $2A - 50 = 70$ または $2A = 70$ の解 $A = 85, 60, 35$ のいずれも適する.先に確定した $A = 20$ と合わせて,整数 A は「4個」ある.

(2) 4回の操作を→→→→という記号で表すと,(1)により

$60 \to\to\to\to 60$ および $10 \to\to\to\to 60$

が分かっている.101回繰り返す操作を(1回 + 4回 × 25周期)と

考えると，
$$30 \to 60 \to\to\to 60 \to\to\to 60 \cdots\cdots 60 \to\to\to 60$$
または
$$5 \to 10 \to\to\to 60 \to\to\to 60 \cdots\cdots 60 \to\to\to 60$$
とすればよいことがわかる．よって，この操作を 101 回繰り返したとき，その結果が 60 になるような整数 A のうちで一番小さい数は「5」である．

算数仮面の解説　この操作を 4 回くりかえすとき，$60 \to\to\to 60$ という「不動点」が見つかった．これを見つけないと，101 回もの操作を捉えることは難しいだろう．

3. 漸化式と周期性

　不動点を見つけることも含め，周期性を見いだすと突破口が開ける問題は多い．漸化式で規則を与え，実験を通して周期性を見つけだすというストーリーは，次の中学入試問題にも見られる．

> 【問題 4】
> 2009 個の数が次のように並んでいます．
> 1 番目の数は，3
> 2 番目の数は，4
> 3 番目の数は，2 番目の数に 1 を加えてから 1 番目の数で割ってできた数
> $$(4+1) \div 3 = \frac{5}{3}$$
> 4 番目の数は，3 番目の数に 1 を加えてから 2 番目の数で割ってできた数
> $$\cdots\cdots\cdots\cdots$$
> $$\cdots\cdots\cdots\cdots$$

なお，3番目からは，ひとつ前の数に1を加えてからふたつ前の数で割ってできた数です．次の問いに答えなさい．

(1) 5番目の数はいくつですか．
(2) 2009番目の数はいくつですか．
(3) 並んでいる2009個の数から，10番目ごとの数10番目，20番目，30番目，……，2000番目の数を取り除きました．このとき並んでいる数の合計を求めなさい．
(4) (3)で取り除いたあとに並んでいる数について，ふたたび10番目ごとの数　10番目，20番目，……の数を取り除きました．このとき並んでいる数の合計を求めなさい．

(筑波大学附属駒場中学校)

▶解答　n番目の数をa_nと書くことにすれば，ルールは次の漸化式により表現される．

$$a_1 = 3, \ a_2 = 4, \ a_n = \frac{a_{n-1}+1}{a_{n-2}}$$

(1) 漸化式を繰り返し用いれば，

$$a_3 = \frac{a_2+1}{a_1} = \frac{5}{3}, \quad a_4 = \frac{a_3+1}{a_2} = \frac{2}{3},$$

$$a_5 = \frac{a_4+1}{a_3} = 1$$

(2) $a_6 = \frac{a_5+1}{a_4} = 3, \quad a_7 = \frac{a_6+1}{a_5} = 4$

したがって，$(a_6, a_7) = (a_1, a_2)$が成り立つことから，以後は周期5で繰り返すことがわかる．すなわち，$a_{n+5} = a_n$が成り立つ．$2009 = 4 + 5 \times 401$なので，2009番目の数は，4番目の数と同じになる．

$$a_{2008} = a_4 = \frac{2}{3}$$

(3) a_1から順に数を並べると，$\left\{3, 4, \frac{5}{3}, \frac{2}{3}, 1\right\}$を繰り返す．10個ずつの周期とみることもできて，$\left\{3, 4, \frac{5}{3}, \frac{2}{3}, 1, 3, 4, \frac{5}{3}, \frac{2}{3}, 1\right\}$

を繰り返すともいえる．全部で2009個の数があるとき，10個周期で201周期(2010個)から最後の「1」を取り除いたものとなる．ここから10番目ごとの数を取り除くと，$\left\{3,\ 4,\ \dfrac{5}{3},\ \dfrac{2}{3},\ 1,\ 3,\ 4,\ \dfrac{5}{3},\ \dfrac{2}{3}\right\}$の9個を周期として，201周期分の数が並ぶ．これらの合計は，

$$\left(3+4+\dfrac{5}{3}+\dfrac{2}{3}+1+3+4+\dfrac{5}{3}+\dfrac{2}{3}\right)\times 201$$
$$=\left(15+\dfrac{14}{3}\right)\times 201 = 3953$$

(4) (3)で取り除いたあとの数は $9\times 201 = 1809$ 個あり，これらは9個周期なので，ここから10番目ごとの数を取り除くと，次のようになる．

まず，最初の90個について；$\left\{3,\ 4,\ \dfrac{5}{3},\ \dfrac{2}{3},\ 1,\ 3,\ 4,\ \dfrac{5}{3},\ \dfrac{2}{3}\right\}$の9個を周期として，10周期分で90個の数から，10番目ごとの数を取り除くと，81個の数が残る．これは，$\left\{3,\ 4,\ \dfrac{5}{3},\ \dfrac{2}{3},\ 1,\ 3,\ 4,\ \dfrac{5}{3},\ \dfrac{2}{3}\right\}$の9個が9回ずつ現れているので，その合計は，

$$\left(3+4+\dfrac{5}{3}+\dfrac{2}{3}+1+3+4+\dfrac{5}{3}+\dfrac{2}{3}\right)\times 9$$
$$=\left(15+\dfrac{14}{3}\right)\times 9$$

である．

90個ずつに注目すれば同じことが繰り返されるから，最初の1800 ($= 90\times 20$)個についての合計は，$\left(15+\dfrac{14}{3}\right)\times (9\times 20)$ となる．

最後の9個は $\left\{3,\ 4,\ \dfrac{5}{3},\ \dfrac{2}{3},\ 1,\ 3,\ 4,\ \dfrac{5}{3},\ \dfrac{2}{3}\right\}$ が残って消えないので，すべての合計は，

$$\left(15+\dfrac{14}{3}\right)\times (9\times 20+1) = \left(15+\dfrac{14}{3}\right)\times 181$$
$$= 2715+840+\dfrac{14}{3}$$
$$= 3559\dfrac{2}{3}$$

Round 18. 規則性・周期性 ——実験をくりかえし規則を見つけだす

算数仮面の解説 5個周期と10個周期，あるいは，9個周期と90個周期など，大小の周期を使いこなすという問題であった．

【問題5】

0以上の整数 a_1, a_2 があたえられたとき，数列 $\{a_n\}$ を
$$a_{n+2} = a_{n+1} + 6a_n$$
により定める．

(1) $a_1 = 1, a_2 = 2$ のとき，a_{2010} を10で割った余りを求めよ．

(2) $a_2 = 3a_1$ のとき，$a_{n+4} - a_4$ は10の倍数であることを示せ．

(2010年・一橋大学)

▶解答

(1)

n	1	2	3	4	5	6	7	8	9	10	11	12
a_n の一の位	1	2	8	0	8	8	6	4	0	4	4	8
n	13	14	15	16	17	18	19	20	21	22	23	24
a_n の一の位	2	0	2	2	4	6	0	6	6	2	8	0

一の位について，a_2 以降で，周期20が見つかった．

$$a_{n+20} \equiv a_n \pmod{10}$$

($a_{n+20} - a_n$ が10の倍数)

これをくりかえして，$a_{2010} = a_{20 \times 100 + 10}$ の一の位は a_{10} の一の位，4と一致する．

(2) 結論．10でわったあまりが，4項ごとに(周期4で)循環する．

$a_1 = a, a_2 = 3a$ とおく．

n	1	2	3	4	5	$\cdots$	n	$\cdots$
a_n	a	$3a$	$9a$	$27a$	$81a$	$\cdots$	$3^{n-1}a$	$\cdots$

(予想)

$a_n = 3^{n-1}a$ を帰納法で示す．

$n = 1, 2$ については成立している．

$n, n+1$ のとき $a_n = 3^{n-1}a, a_{n+1} = 3^n a$ を仮定すると，

273

$$a_{n+2} = 3^n a + 6 \cdot 3^{n-1} a$$
$$= (1+2)3^n a$$
$$= 3^{n+1} a$$

$n+2$ のときも成立するので，帰納的に示された．

すると，
$$a_{n+4} - a_n = 3^{n+3} a - 3^{n-1} a$$
$$= (3^4 - 1)3^{n-1} a$$
$$= 8 \times 10 \times 3^{n-1} a$$

これは10の倍数である．

算数仮面の解説　高校生になると，漸化式の解き方を学ぶなど，技が増えてくるのだが，本問は「漸化式を解いてはいけないよ」というメッセージに気付く必要があった．漸化式を解く（方程式を解いて数列を決定する）だけでなく，漸化式を使いこなすことにより，さまざまな命題を発掘し証明することができるようになるのだ．

Round 19 正三角形による平面充填
―― 縦横無尽に広がるトライアングル

1. 正三角形の頂点の移動

前章は,「規則性・周期性」をテーマとして取り上げた.本章は,前章の続編だが,なかでも図形上の規則性や周期性は,中学・大学入試どちらも多々問われている.さっそくはじめに,平面上の点の移動に関する問題を見てみよう.

【問題1】

図のように,平面が1辺の長さ1の正3角形で敷きつめられている.いま,点Pは図の頂点Aから出発して,3角形の辺上を1秒間に1だけ動くものとする.このとき,次の問に答えよ.

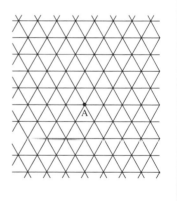

(1) 点PがAを出発してから k 秒以下の時間で到達できる頂点の総数を a_k とするとき,a_k を k で表せ.ただし,$k = 0, 1, 2, \cdots$ とし,a_k は頂点Aを含めた個数であるとする.(たとえば,$a_0 = 1$, $a_1 = 7$ である)

(2) $S_n = \sum_{k=0}^{n-1} a_k$ を求めよ.

(1981年・福井大学・教育学部)

▶**解答**

(1) 点 P は頂点 A を出発してから $k+1$ 秒後, 1 辺の長さが $k+1$ の正六角形の周上まで到達できる.

1 辺が $k+1$ の周上には頂点が $6(k+1)$ 個あるので, 漸化式 $a_{k+1} = a_k + 6(k+1)$ を得ることができる. よって, 階差数列 $b_k = a_{k+1} - a_k = 6(k+1)$ と考えることができるので, $k \geq 1$ のとき,

$$a_k = a_0 + \sum_{k=0}^{n-1} b_k = 1 + \sum_{k=0}^{n-1} 6(k+1) = 3k^2 + 3k + 1$$

これは, $k=0$ のときも成り立つので, 求める頂点の総数 a_k は,

$$a_k = \underline{3k^2 + 3k + 1}$$

(2) $S_n = \sum_{k=0}^{n-1} a_k = \sum_{k=0}^{n-1} (3k^2 + 3k + 1) = \underline{n^3}$

算数仮面の解説 前回同様, 規則性を見いだし, 漸化式を導いて解決していく問題だった. 本問のように, 平面内を複数種類の平面図形で隙間なく敷きつめる操作を平面充塡という. 1 種類で平面充塡できる正多角形は, 正三角形の
他に, 正方形, 正六角形の 3 種類しかない. このような平面充塡を正平面充塡形, または「プラトンの平面充塡」とも呼ばれる.

2. 正三角形の面の移動

この後も, 正三角形による平面充塡形を題材とした問題を複数紹介していく. 次は, 正三角形の頂点の移動から, 正三角形の面の移動に関する問題だ. まずは, 中学入試問題から見てみよう.

Round 19. 正三角形による平面充填 ——縦横無尽に広がるトライアングル

【問題2】

次の図1のように1辺3cmの正三角形がたくさんかいてある画用紙と,1辺が3cmの正三角形の厚紙が1枚ある.これを図1の①の三角形にぴったり重ねておく.厚紙の三角形のどれかの辺を画用紙から離さないようにして,厚紙の三角形を裏返して隣の三角形にぴったり重ねることを1回の移動とする.途中では同じ三角形に2度重ねないように移動をくり返して①の三角形に再び重なったとき移動を終わる.図2は移動回数が2回で終わるものの1つであり,移動回数が2回で終わるものはこれを含めて3通りある.図3は移動回数が6回で終わるものの1つである.ただし,図中の矢印は移動の方向を表す.

後の各問いに答えよ.

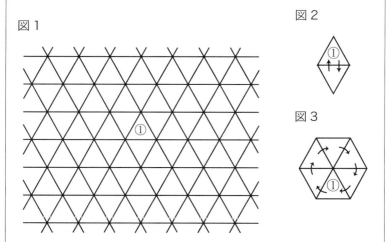

(1) 移動回数が6回以下で終わるものは全部で□通りある.

(2) 移動回数が10回で終わるもののうち,次の図の矢印で始まるものすべてを,図3の例にならって,次の図を必要なだけ使って1つずつかきこめ.

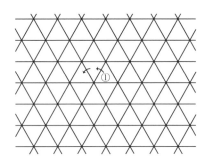

(3) 移動回数が 10 回で終わるものは全部で ☐ 通りある．

(4) 移動回数が 12 回で終わるものは全部で ☐ 通りある．

(灘中学校)

▶解答

(1) 移動回数が 6 回以内で終わるのは，2 回と 6 回のときである．

（ⅰ）2 回のとき，図のように 3 通りある．

（ⅱ）6 回のとき，図のように 3 通りある．

ただし，逆回りもあるので，$3 \times 2 = 6$ [通り]

よって，（ⅰ），（ⅱ）より，$3 + 6 = \underline{9 \text{[通り]}}$

(2) 移動回数が 10 回のとき，図のように <u>5 通り</u>ある．

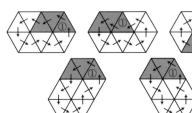

(3) 2回目までは，図のように6通りある．

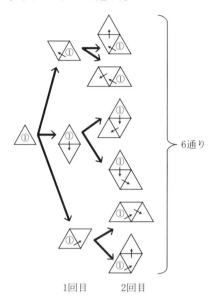

1回目　　2回目

3回目以降は，(2)より，各々5通りずつある．よって，移動回数が10回で終わるものは全部で，

$6 \times 5 = \underline{30}$ [通り]

(4) (2)と同様に，2回目までを固定し，3回目以降の移動の経路は，図のように4通りある．

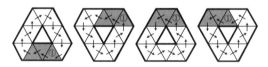

(3)より，2回目までは6通りあるので，移動回数が12回で終わるものは全部で，

$6 \times 4 = \underline{24}$ [通り]

算数仮面の解説　移動回数を考えるとき，思いつきで考えるのではなく，規則的に検証する必要がある．例えば，本問の(3)のように，反時計回りに移動先の候補の検証をする．ただし，中学入試(算数)では，検証実験して規則性の仮説を立てるまででよかったが，大学入試

（数学）だと，妥当性を検討した上で，第 n 番目，つまり一般項において考えなくてはならない．なお，奇しくも同年度の栄東中の入試問題にも，本問の類題が出題されている．

そして，以下が正三角形の面の移動に関する大学入試問題である．

【問題3】

下の図のように，1辺の長さが1の正3角形で，平面を分割する．

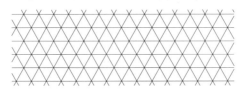

これらの1辺の長さが1の正3角形1つ1つを，単位正3角形とよぶことにする．はじめに1個以上有限個の単位正3角形が塗りつぶされているとし，以下の操作を繰り返すことにより，次々に単位正3角形を塗りつぶしていく．

『1回の操作ごとに，既に塗りつぶされている単位正3角形と少なくとも1つの辺を共有する単位正3角形を，すべて塗りつぶす』

次の問に答えよ．

(1) はじめに塗りつぶされている単位正3角形が1つだけのとき，n 回目の操作が終わったときに塗りつぶされている単位正3角形の個数 a_n を求めよ．

(2) はじめに2個以上有限個の単位正3角形が塗りつぶされているとき，n 回目の操作が終わったときに塗りつぶされている単位正3角形の個数を b_n とおくと，極限
$$\lim_{n \to \infty} \frac{a_n}{b_n}$$
は，はじめの塗りつぶされ方がどのようであっても存在するか．極限が存在する場合については，その極限値を求めよ．存在しない場合があるならば，その例をあげよ．

(1997年・東京大学・理科・後期)

Round 19. 正三角形による平面充填 ——縦横無尽に広がるトライアングル

▶解答

(1)

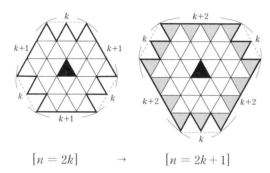

$$[n = 2k] \quad \to \quad [n = 2k+1]$$

図のように考えて,
$$a_{2k+1} = a_{2k} + 3k + 3(k+1) = a_{2k} + 3(2k+1)$$
同様に,
$$a_{2k+2} = a_{2k+1} + 3(k+2) + 3k = a_{2k+1} + 3(2k+2)$$
したがって, n の偶奇によらず,
$$a_{n+1} = a_n + 3(n+1) \quad (n = 1, 2, \cdots)$$
$a_0 = 1$, $a_1 = 4$ だから, 漸化式は $n = 0$ でも成り立つ. $n \geq 1$ のとき,
$$a_n = a_0 + \sum_{k=0}^{n-1}(a_{k+1} - a_k) = 1 + \sum_{k=0}^{n-1} 3(k+1)$$
$$= 1 + 3 \cdot \frac{1}{2} n(n+1) = \frac{1}{2}(3n^2 + 3n + 2)$$

これは $n = 0$ でも成り立つ.

(2) はじめに,

「p 個の単位正3角形が塗りつぶされている」…(∗)

とする. ($b_0 = p$)

$p > 1$ なので, $b_0 > a_0$

したがって, $b_n > a_n$ ……①

ここで, はじめに1個の単位正3角形が塗りつぶされているとき, 次のような番号 L が存在する.「L 回操作後に塗りつぶされ

ている a_L 個の単位正3角形からなる図形が，(＊)の p 個をすべて含んでいる」

とすると，
$$b_0 = p \leqq a_L$$
$$b_n \leqq a_{n+L} \quad \cdots\cdots ②$$

となる．①，②から，
$$a_{n+L} \geqq b_n > a_n$$
$$\frac{a_n}{a_{n+L}} \leqq \frac{a_n}{b_n} < 1 \quad \cdots\cdots ③$$

ここで，
$$\lim_{n \to \infty} \frac{a_n}{a_{n+L}} = \lim_{n \to \infty} \frac{3n^2 + 3n + 2}{3(n+L)^2 + 3(n+L) + 2}$$
$$= \lim_{n \to \infty} \frac{3 + \dfrac{3}{n} + \dfrac{2}{n^2}}{3\left(1 + \dfrac{L}{n}\right)^2 + 3\left(\dfrac{1}{n} + \dfrac{L}{n^2}\right) + \dfrac{2}{n^2}}$$
$$= 1$$

③において，はさみうちの原理を用いると，
$$\lim_{n \to \infty} \frac{a_n}{b_n} = \underline{1}$$

算数仮面の解説 本問(2)から，はじめに塗りつぶされている単位正3角形の個数に依存していないことがいえる．前問も本問も操作の繰り返しにより規則性を見いだすことができた．

3. 正四面体の移動

さらに，正三角形の面の移動から，正四面体の移動に関する問題を見てみよう．

Round 19. 正三角形による平面充填 —— 縦横無尽に広がるトライアングル

【問題 4】

　図①は，4 つの面すべてが正三角形の三角すいで，1 つの面が赤く塗られている．図②は図①の 1 つの面と同じ大きさの正三角形を紙の上に 46 個並べて描いたものである．三角すいを，赤い面が図②の⑦の三角形と一致するように置き，紙に重なっている三角形のどれかの辺を紙から離さないようにして滑ることなく転がしていく．転がす回数を 5 回以内とすると，図②の 46 個の三角形のうち赤い面が重なることのできる三角形は ☐ 個ある．

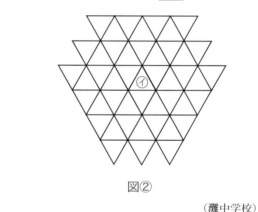

図①　　　　　　　　　図②

（灘中学校）

▶解答　図 1 のように，赤い面の三角形の頂点を A, B, C，残りの頂点を D とすると，正四面体をマス目⑦から転がしたときの重なる頂点は，図 2 のようになる．

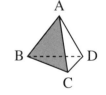

　よって，赤い面が重なることのできる三角形は，マス目⑦も含めて，13 個ある．

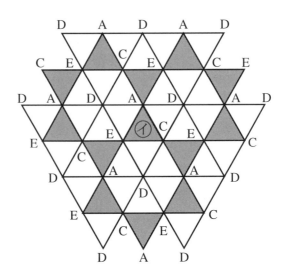

算数仮面の解説 本問のような正四面体の移動に関する問題は,【問題2】,【問題3】のような正三角形の面の移動に関する問題と別物に見えるが,経路が似ており本質は同じである.

そして,正三角形による平面充填形を題材とした中学入試問題では,最も難しいといわれている問題を紹介する.

【問題5】

右の図のような,4つの面が同じ大きさの正三角形でできているコマと,次の図のような,コマの面と同じ大きさの正三角形がたくさんかいてある盤があります.コマの1つの面には印☆がついていて,はじめに,この☆の面
が下の図の★のついた三角形とぴったり重なるようにおいてあります.

盤についている面の1つの辺を動かさないようにコマを倒し,別の面を下にする操作を何回か行って,コマを動かすことを考えます.例えば,1回目の操作で,コマは図で○をつけた3つの三

角形のどれかに移動します．また，例えば，3 回目の操作で図の●，4 回目の操作で図の■，5 回目の操作で図の▲の三角形にコマはたどりつけて，このときいずれも☆の面が●，■，▲の三角形に重なります．

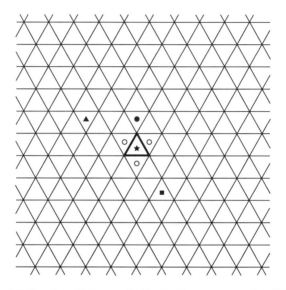

コマが移動できる盤上の三角形の個数について，次の問いに答えなさい．ただし，はじめにコマをおいた★の三角形は個数に含めません．

(1) 2 回目の操作で，はじめてコマがたどりつける三角形は何個ありますか．また，そのうち☆の面が重なるものは何個ありますか．3 回目の操作，4 回目の操作についても同じものを求めなさい．

(2) 8 回以下の操作でコマが移動できる三角形は全部で何個ありますか．また，そのうち☆の面が重なるものは全部で何個ありますか．

(3) 100 回以下の操作でコマが移動できる三角形のうち，☆のついた面が重なるものは全部で何個ありますか．

(筑波大学附属駒場中学校)

▶解答

(1)

(i) 2回目の操作のとき
- はじめてコマがたどりつける三角形：6個
- ☆の面が重なるもの：0個

(ii) 3回目の操作のとき
- はじめてコマがたどりつける三角形：9個
- ☆の面が重なるもの（●）：3個

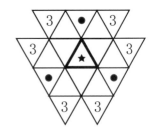

(iii) 4回目の操作のとき
- はじめてコマがたどりつける三角形：12個
- ☆の面が重なるもの（■）：6個

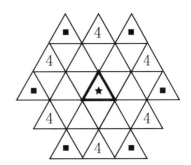

Round 19. 正三角形による平面充填 ——縦横無尽に広がるトライアングル

(2) 8回以下の操作のとき
- コマが移動できる三角形：<u>108 個</u>
- ☆の面が重なるもの（●）：<u>30 個</u>

n	1	2	3	4	5	6	7	8	計
初	3	6	9	12	15	18	21	24	108
☆	0	0	3	6	3	0	6	12	30

（n：操作した回数，

初：はじめてコマがたどりつける三角形の個数，

☆：☆のついた面が重なる三角形の個数）

(3) 17回目までの操作で，コマが移動できる三角形のうち，☆のついた面が重なるものを調べる．

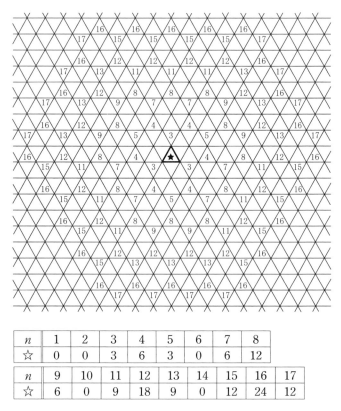

n	1	2	3	4	5	6	7	8
☆	0	0	3	6	3	0	6	12
n	9	10	11	12	13	14	15	16	17
---	---	---	---	---	---	---	---	---	---
☆	6	0	9	18	9	0	12	24	12

よって，k が自然数のとき，

- $n = 4k-1$ 回目で，☆の面が重なるものは $3k$ 個
- $n = 4k$ 回目で，☆の面が重なるものは $6k$ 個
- $n = 4k+1$ 回目で，☆の面が重なるものは $3k$ 個

と予測できる．また，この3回分の合計は，

$$3k + 6k + 3k = 12k \ [個]$$

である．☆の面が重なるものは，

- $99 (= 4 \times 25 - 1)$ 回目で，3×25 個
- $100 (= 4 \times 25)$ 回目で，6×25 個

となるので，求める個数は，

$$12 \times 1 + 12 \times 2 + \cdots\cdots + 12 \times 24 + 3 \times 25 + 6 \times 25$$
$$= \underline{3825}\,[個]$$

算数仮面の解説 本問の(1), (2)は，【問題4】と同様である．ただし，本問の(3)の規則性を発見するには，10回の操作以上の実験を行わないと厳しい．操作の回数に対して，はじめてコマがたどりつける三角形の個数と，☆のついた面が重なる三角形の個数を表にして整理しないといけない．しかし，問題に載っている盤上のマス目だけだと実験するには少ないので，実際の試験ではどうしたのだろうか．

また，本問や【問題4】の中学入試問題とも，【問題3】の移動部分と同様であることから，【問題3】の東京大学の入試問題を参考にしたと思われる．

最後に，おまけとして，前問【問題5】と設定が同様の東京大学の入試問題を紹介しよう．

【問題6】
　平面上に正四面体が置いてある．平面と接している面の3辺のひとつを任意に選び，これを軸として正四面体をたおす．n 回の操作の後に，最初に平面と接していた面が再び平面と接する確率を求めよ．　　　　　　　　　　　　　（1991年・東京大学・理科）

▶**解答**　n 回の操作の後に，最初に平面と接していた面が再び平面と接する確率を p_n とすると，

$$p_0 = 1, \quad p_1 = 0$$

また，「最初に接していた面」を A とする．$n+1$ 回の操作の後に面 A が平面と接するのは，

「n 回の操作の後に，面 A が平面と接していないとき，$n+1$ 回目の操作で面 A が平面と接するような1辺を選んで正四面体をたおす」

場合である．よって，漸化式 $p_{n+1} = \dfrac{1}{3}(1-p_n)$ を得るので，求める確率 p_n は，

$$p_n = \dfrac{1}{4} + \dfrac{3}{4}\left(-\dfrac{1}{3}\right)^n$$

算数仮面の解説 $\displaystyle\lim_{n\to\infty} p_n = \dfrac{1}{4}$ となることがわかるが，実際「十分大きな n においては，面 A が平面と接している確率は，ほぼ $\dfrac{1}{4}$」とみなせる．

なお，本問は，一度たどりついた平面上の三角形に再び正四面体のコマが移動した場合も含まれている．よって，【問題5】のように実験して，最初に平面と接していた面が再び平面と接する事象の組合せを調べるのは難しい．

Round 20　ゲーム・パズル
―次の一手を見極める

 1. チェスの駒の動き

　前章は,「正三角形による平面充填」状のマス目上の移動の規則性がテーマだった. 本章は, 正方形のマス目を盤面としたゲームを題材とした問題をはじめに紹介しようと思う. まずは,「チェス」に関する問題だ. チェスの駒の1つである「ルーク」の動き方に関する問題からみてみよう.

【問題1】

　チェスというゲームに「ルーク」♖ という駒があります.

　ただし,「ルーク」は, 盤上を縦・横の方向にしか動くことができません.

　次の①〜⑥の中で,「ルーク」がすべてのマス目を1回ずつ通って, ★まで行くことのできるものをすべて選びなさい.

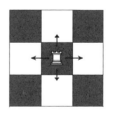

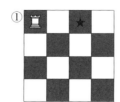

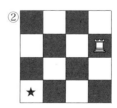

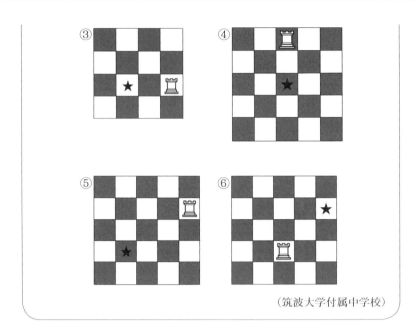

(筑波大学付属中学校)

▶**解答** 図のように,②と④のとき,すべてのマス目を1回ずつ通る.

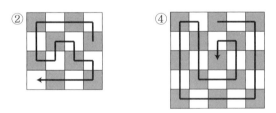

算数仮面の解説 「ルーク」は,縦・横の方向の任意のマスに移動できるので,1マスずつ地道に動かして調べていけばよい.

次に,チェス盤上での硬貨の置き方に関する問題だ.

【問題2】

次の図のように,黒と白で塗られたマスが交互に並んでいます.

マスに置かれた硬貨は,次の図の矢印のように,8つのマスのいずれかに動かすことができます.そして,硬貨の移った先から,さらに同じように8つの方向に動かすことができます.

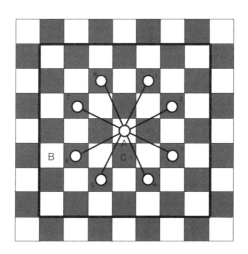

最初に硬貨がAの位置に置かれているとき,次の問いに答えなさい.

(1) Aにある硬貨を2回動かしてBに移動する方法は2通りあります.その動かし方を次のように表すとき,空らん □ にあてはまるマスを,それぞれ番号で答えなさい.

(2) 太線内の白いマスのうち,Aから2回の移動で硬貨を置くことのできないマスは何個ありますか.
(3) 硬貨を3回動かしてAからCに移動する方法は何通りありますか.

(吉祥女子中学校)

▶**解答**

(1) A → $\underline{5}$ → B, A → $\underline{7}$ → B

(2) はじめに，A，1，2 のマスを含む 4×4 のマス目（右図の太線内）に注目する．2 回目で白いマス（ア〜キ）に移動するとき，1 回目にあったマスの位置を調べる．

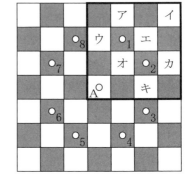

- ア ← 2, 8
- イ ← 1,
- ウ ← 2, 7
- エ ← ×
- オ ← 3, 8
- カ ← 1, 3
- キ ← 1, 4

2 回の移動でエのマスにだけ置くことができない．

同様に，A，3，4 のマスを含む 4×4 のマス目，A，5，6 のマスを含む 4×4 のマス目，A，7，8 のマスを含む 4×4 のマス目も，2 回の移動で置くことができない白いマスは，1 個ずつある．

よって， 1×4 = $\underline{4}$ [個]

(3) A，C，1，2，3，4 のマスを含む 8×4 のマス目（右図の太線内）において，3 回目で C に移動するためには，2 回目でク〜サの白いマスに硬貨が置いていないといけない．(2) と同様，2 回目で白いマス（ク〜サ）に移動するとき，1 回目にあったマスの位置を調べる．

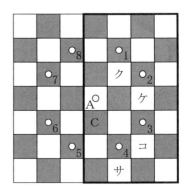

- ク ← 3, 8
- ケ ← 1, 4
- コ ← ×
- サ ← 3, 5

の 6 通りある．同様に，A，C，5，6，7，8 のマスを含む 8×4 のマス目においても，6 通りある．

よって， 6×2 = $\underline{12}$ [通り]

Round 20. ゲーム・パズル ——次の一手を見極める

算数仮面の解説 本問の硬貨の置き方は，まさしくチェスの駒の1つである「ナイト」の動き方だった．そして，「ナイト」は白，黒のマス目を交互に移動することがわかる．この性質を踏まえて，次に移動するマスの対象が絞られてくる．また，前問【問題1】と同様，地道に調べてもよいが，効率よく対称性を利用して調べる方法が重要だ．「ナイト」の動き方に関する問題は，洛星中学校などでも出題されている．

本問を拡張して，「ナイト」でチェス盤のすべてのマス目を通過できるか検証してみよう．

【問題3】

(1) 7×7マスのチェス盤上の任意のマス目に，ナイトを1つ置く．ナイトを49回の移動で，このチェス盤のすべてのマス目を1回ずつ通過して元のマス目に戻ることが不可能であることを示せ．

(2) 4×7マスのチェス盤上の任意のマス目に，ナイトを1つ置く．ナイトを28回の移動で，このチェス盤のすべてのマス目を1回ずつ通過して元のマス目に戻ることが不可能であることを示せ．[1]

▶解答

(1) 題意のチェス盤は全49マスと奇数個なので，白のマスの総数と黒のマスの総数は一致しない．よって，ナイトは，白，黒のマスを交互に移動するので，はじめにナイトを置いたときのマスの色と，49回の移動後のマスの色は異なり，元のマス目に戻ることはないといえる．　　　　　　　　　　　　　　　　　　　　　（証明終）

(2) 図のように塗ったチェス盤（右側）において，以下のことがいえる．

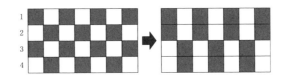

- 1, 4 行目の任意の黒のマスからの移動は, 2, 3 行目の黒のマスにしか移動できない．……①
- 1, 4 行目の任意の黒のマスへの移動は, 2, 3 行目の黒のマスからしか移動できない．……②
- 1, 4 行目の黒のマスの総数は, 2, 3 行目の黒のマスの総数と等しい．……③

「ナイトを 28 回の移動で，このチェス盤のすべてのマス目を 1 回ずつ通過して元のマス目に戻ることが可能である」と仮定する．
このとき，②・③より，
「2, 3 行目の黒のマスを通過したナイトは, 1, 4 行目の黒のマスへ移動しなければならない　……④」ことがいえる．よって, ①・④より，
「1, 4 行目の黒のマスを通過したナイトは, 2, 3 行目の黒のマスへ移動し, 2, 3, 行目の黒のマスを通過したナイトは, 1, 4 行目の黒のマスへ移動する」
ので，ナイトは黒のマスしか移動できない．

これは，仮定に矛盾するので，題意のチェス盤のすべてのマス目を 1 回ずつ通過することはない．　　（証明終）

算数仮面の解説　本問の (1) では，チェス盤のマス目の総数が奇数個のとき，(2) では偶数個のときである．マス目の総数が偶数個あると，白，黒のマスを交互に移動する「ナイト」の性質を利用したマスの色の判定だけでは難しい．チェス盤のすべてのマス目を 1 回ずつ通過しているかは，検証できない．そこで，マスの色を塗り替えることにより，矛盾が引き出しやすくなる．

同様の発想で以下のような問題がある．「8×8のオセロ盤から右上と左下の2マスを取り除いた盤に，2マス分の長方形を隙間なく敷き詰めることができるのだろうか．」これは「タイル張り問題」として有名な問題で，チェス盤に色を塗り替えると判定しやすくなることで知られている．

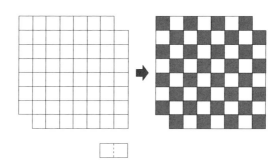

この長方形を任意に置くと，必ず白のマスと黒のマスが1マスごと同時に敷き詰められることになる．このチェス盤は，白30マス，黒32マスで同数でないので，この盤は敷き詰めることはできない．

 ## 2. 不可能性の証明問題

前問【問題3】のような「不可能性」を証明する問題は，意外にも中学入試で出題されている．

【問題4】

ひとし君の家には，右の図のように横向きの畳2枚と縦向きの畳6枚からなる，8畳の和室があります．なお，畳の長い方の辺の長さは，短い方のちょうど2倍であるとします．

(1) この8畳の和室を，横向き，縦向きそれぞれ4枚の畳を用いてしきつめる方法をすべて求め，図示しなさい．5種類以上あ

る場合には，そのうちの4種類を書きなさい．ただし，回転させると同じになるものや，互いに線対称なものは，一つのものとして考えます．

(2) 畳8枚のうち，横向きの畳が奇数枚あると，和室をしきつめることができないことを説明しなさい．

(駒場東邦中学校)

▶解答

(1) 図のような4種類が考えられる．

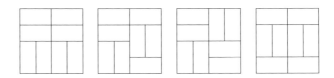

回転や線対称で作られるものを除くと，この4種類に帰着される．

(2) 畳のしき方のパターンは，回転や線対称で作られるものを除くと，図の3種類に帰着される．

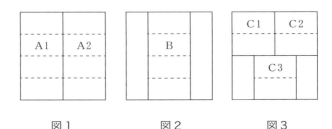

図1　　　　　　図2　　　　　　図3

（i）図1で，横向きの畳を奇数枚しくには，A1, A2の一方に偶数枚(0枚も含む)，他方に奇数枚の畳を横向きにしくことになる．奇数枚をしいた方の残りの部分を，縦向きの畳だけでしきつめることは不可能である．

（ii）図2で，Bの部分に横向きの畳を奇数枚しくには，Bの残りの部分を，縦向きの畳だけでしきつめることは不可能である．

（iii）図3で，横向きの畳を奇数枚しくには，C3には偶数枚(0枚

も含む)を横にしくことになり，C1，C2 の一方に偶数枚 (0 枚も含む)，他方に奇数枚の畳を横向きにしくことになる．奇数枚をしいた方の残りの部分を，縦向きの畳だけでしきつめることは不可能である．

(ⅰ)，(ⅱ)，(ⅲ) のいずれにしても，横向きの畳を奇数枚しくことで，和室全体をしきつめることはできない．

算数仮面の解説　可能性を示す場合は，1 つ例示すればよいが，不可能性を示す場合は，直接的に不可能だと主張する方法が見当たらないので，難しい．

3. 碁石並べ

チェスの次は，囲碁だ．ただし，囲碁盤は利用していなく，碁石並べに関する問題である．前問【問題 4】と奇しくも同年に出題された東京大学の証明問題をみてみよう．

【問題 5】
白石 180 個と黒石 181 個の合わせて 361 個の碁石が横に一列に並んでいる．碁石がどのように並んでいても，次の条件を満たす黒の碁石が少なくとも一つあることを示せ．
　その黒の碁石とそれより右にある碁石をすべて除くと，残りは白石と黒石が同数となる．ただし，碁石が一つも残らない場合も同数とみなす．
（2001 年・東京大学・文科）

▶**解答 1**（格子点で考える）
左から $k+1$ 番目の黒石より左側にある白石の個数を $f(k)$ とする．$f(k)$ は k に関して(広義の)単調増加で，

$$0 \leq f(0) \leq f(1) \leq \cdots \leq f(180) \leq 180$$

が成り立つ．ここで，

$$f(l) = l, \quad 0 \leq l \leq 180$$

を満たす l の存在を示せばよい．

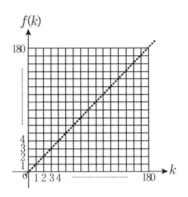

図のように k 軸と $f(k)$ 軸で張られる平面を考え，この上で 181 個の格子点

$$(0, f(0)), (1, f(1)), \cdots, (180, f(180))$$

を順に結んだ経路を考える．経路は右または右斜め上にのみ進むが，点 $(0, f(0))$ と点 $(180, f(180))$ とは図の点線上に乗るか，または点線に関して反対側にあるので，経路上のどこかに点線との交わりがある．その点 (l, l) が $f(l) = l$ を満たす．

したがって，題意は示された．

▶**解答 2**（数直線で考える）

一列に並べた碁石の色を左から読み取りながら，白ならば -1，黒ならば $+1$ と数直線上で原点からスタートしてコマを動かしていく．

　左端が黒のときは，この黒石が明らかに条件を満たしており，右端が黒のときにも，黒石が 1 個多いことからこの黒石が条件を満たしているので，コマの動きとしては，

　「はじめ負の側の -1 に移動することで始まり，

最終的に $+2$ から $+1$ に止まる」
を考えればよい．

コマの動きは -1 または $+1$ の連続性があるので，途中で 0 から $+1$ に移動する瞬間が存在するのは明らかである．このときに対応する黒石が条件を満たしている．したがって，題意は示された．

▶解答3（場合分けする）

361個の碁石を手元に持ち，右端から順に並べていく．このとき，ある黒石を置いたときに手元に白石と黒石が同時あれば，その黒石が問題の条件を満たしている．

(i) はじめに黒石を右端に置いたとき

この時点で手元には白，黒同時の石があるので条件を満たす．すなわち，あとの碁石を適当に並べて，一番右端の碁石を選べばよい．

(ii) はじめに白石を右端に置いたとき

この時点で手元には白石179個，黒石181個があり，手元において（白の碁石）＜（黒の碁石）である．

(a) （白の碁石）＜（黒の碁石）が常に保たれるとき

このときには最後に黒石が2個残る．よって，左端には黒石が来る．したがって，一番左端の黒石を選べばこの黒石が問題の条件を満たしている．

(b) (a)でないとき

このときにはどこかで（白の碁石）＝（黒の碁石）となることがある．はじめて（白の碁石）＝（黒の碁石）となるときを考える．この直前は（白の碁石）＜（黒の碁石）が成り立っている．よって，（白の碁石）＝（黒の碁石）となるためには，最後に置かれる石は黒である．この黒石を選べば問題の条件を満たす．

以上より，どのような並べ方をしても，問題の条件を満たす黒石が存在する． (証明終)

算数仮面の解説　本問は，3通りの解法を示した．解答3の考え方だと，言い回しを易しくすれば，小学生でも理解できるだろう．また前問【問題4】は「不可能性」の証明だったが，本問は，「存在」の証明となるので，難易度は高くなっている．

4. ハノイの塔

中学入試では，チェスなどのボードゲームの他に，パズルを題材とした問題が度々出題されるが，その1つに「ハノイの塔」がある．高等学校の数学の教科書にも掲載されているほど著名なパズルで，玩具店で入手可能だ．「ハノイの塔」は1883年にフランスの数学者E.リュカが考案したゲームである．「ハノイの塔」の形状やルールは，以下の問題に示されているので，次の問題をみてみよう．

【問題6】

図Iのように3本の棒が立てられた台があり，左の棒から順にA, B, Cと名前をつけることにします．最初，中心に穴の開いた直径の異なる何枚かの円盤が，Aの棒に下から直径

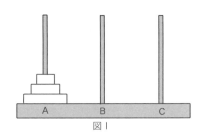

図I

の大きい順に積み上げてあります．この台と円盤を使って，次のようなルールのゲームを行うことにします．

【ルール】
1. Cの棒に，すべての円盤を移動したらゲームは終了となります．
2. 1度に移動できる円盤は1枚とし，必ず他の棒に移動させます．また，円盤を重ねるときは，必ず大きい円盤の上に小さい

円盤を重ねます.

2枚の円盤をAの棒からCの棒に移動することを〈2, A, C〉と表すとき,次の各問いに答えなさい.

(1) 次の文章の空らんに適切な数または文字を記入しなさい.

　最初に図Ⅱのように,Aの棒に2枚の円盤があったならば,〈2, A, C〉の移動を行えばよいことになります.具体的には,図Ⅲ,図Ⅳ,図Ⅴのように1枚ずつ動かすことになりますから,最初の円盤の移動(図Ⅱから図Ⅲ)は〈1, A, B〉,2番目の円盤の移動(図Ⅲから図Ⅳ)は〈1, A, C〉と表すことができます.そして,3番目の円盤の移動(図Ⅳから図Ⅴ)は〈 (ア) , (イ) , (ウ) 〉と表すことができます.

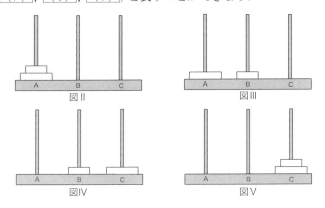

(2) (1)から〈2, A, C〉の移動は1枚ずつの円盤の移動で表すと,〈1, A, B〉〈1, A, C〉〈 (ア) , (イ) , (ウ) 〉の3つの移動に分けて考えることができます.このことを「+」の記号を使用して,

〈2, A, C〉=〈1, A, B〉+〈1, A, C〉+〈 (ア) , (イ) , (ウ) 〉

と表すことにします.

それでは,図ⅠのようにAの棒に3枚の円盤があったならば,〈3, A, C〉の移動を行えばよいことになりますが,この円盤の移動を1枚の移動にまで分けるとどのようになりますか.上の式のように〈 〉と+を使って表しなさい.

(3) 最初にAの棒に9枚の円盤があったならば，1枚ずつの円盤の移動で考えた場合，このゲームが終了するまでに，もっとも少なくて何回の移動をすることになりますか．

(高輪中学校)

▶解答

(1) 〈1, B, C〉

(2) 図のように動く．

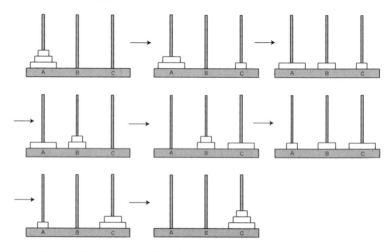

〈3, A, C〉 = 〈1, A, C〉+〈1, A, B〉+〈1, C, B〉+〈1, A, C〉
　　　　　　+〈1, B, A〉+〈1, B, C〉+〈1, A, C〉

(3) (1)・(2)より，円盤が2枚のとき，3回の移動，円盤が3枚のとき，7回の移動でゲームが終了する．

円盤が n 枚のとき，円盤の移動の流れとしては，

　ア：小さい方の $n-1$ 枚をAからBに移動

　イ：一番大きい1枚をAからCに移動

　ウ：小さい方の $n-1$ 枚をBからCに移動

となっている．よって，

　(円盤が n 枚のときの移動回数)

　　=(円盤が $n-1$ 枚のときの移動回数)×2＋1

で求めることができる．

したがって，円盤の枚数と移動回数の関係は以下の表のようになり，円盤が9枚のときの移動回数は，

$255 \times 2 + 1 = \underline{511}$ [回]

円盤の枚数[枚]	2	3	4	5	6	7	8	9
移動回数[回]	3	7	15	31	63	127	255	511

算数仮面の解説　「ハノイの塔」は灘中学校で出題されたあと，東京女学館中学校などで出題されている．自分で実際に「ハノイの塔」を動かして，どういう規則で別の棒に移動できるか理解しておかないと，初見では結構手間取るだろう．円盤が n 枚のときの最少移動回数 a_n を求める場合，漸化式 $a_n = 2a_{n-1} + 1$ を立てる必要がある．なお，漸化式を解くと，$a_n = 2^n - 1$ となる．大学入試でも，慶応義塾大学をはじめ，度々出題されている．

また，「ハノイの塔」の柱の本数を3本から4本に拡張すると，円盤が n 枚のときの最少移動回数は複雑になる．4本版ハノイの塔は，DVD「月刊 算数仮面 7 月号『ハノイの塔』」（プリパス知恵の館文庫）で解明しているので，興味ある方はご覧なっていただきたい．

参考文献

[1] 秋山仁『数学の視覚的な解きかた』駿台文庫 1989 年

Round 21　カードシャッフル
―― 算術師からの切り札

 1. カードをきろう

　前章は，「チェス」のようなボードゲームや「ハノイの塔」のようなパズルを題材とした問題を紹介した．本章は，ゲームつながりということで，トランプのようなカードをきる（カードの順番をかき混ぜる）操作，つまり，カードを「シャッフル」する操作に関する問題をテーマとする．まずは，入試問題で初めて出題されたカードの「シャッフル」問題をみてみよう．

【問題1】
　次の A, B を読んで，後の問いに答えなさい．
A　偶数枚のカードが重ねてあります．これを同じ枚数ずつ上下2組に分け，図のように交互に重ねていきます．これを「カードをきる」ということにします．

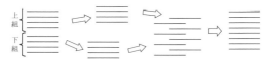

B　8 枚のカードをきるとき，はじめに下から 2 枚目にあったカードは下から 3 枚目に，はじめに下から 3 枚目にあったカードは下から 5 枚目に，はじめに下から 5 枚目にあったカードは下から 2 枚目に移ります．このカードの動き次のように書くことができます．

```
1  2  3  4  5  6  7  8
↓  ↓  ↓  ↓  ↓  ↓  ↓  ↓
☆  3  5  ☆  2  ☆  ☆  ☆
```

(☆には1,4,6,7,8のうちのどれか1つがあてはまります.)

はじめに下から2枚目,3枚目,5枚目にあったカードは3回きるとそれぞれはじめの位置にもどります.そして,2枚目,3枚目,5枚目のカードは,その3枚の中だけで入れかわっていくので同じグループと考え,カードが動く順に(2,3,5)と書きます.1,4,6,7,8枚目のカードについてもその動きを考えてグループに分けることができます.

(1) 22枚のカードを1回きるとき,それぞれのカードの動きを下の表に書き入れなさい.

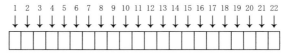

(2) この22枚のカードをBと同じようにその動きに従ってグループ分けしなさい.そのとき各グループの中の数字はカードが動く順に書きなさい.

(3) 22枚のカードすべてが初めて,はじめの位置にもどるのは何回のカードをきったときですか.

(4) 22枚のカードを15回きったとき,はじめの位置にもどっているカードは,はじめに下から何枚目にあったカードですか.すべてあげなさい.

(麻布中学校)

▶解答

(1) 1~11のカードのグループ(下組)と12~22のカードのグループ(上組)に分ける.交互に重ねるので,1~11(下組)は下から奇数枚目,12~22(上組)は下から偶数枚目となる.

よって,カードの動きは,下の表のようになる.

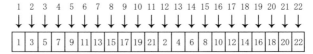

(2) (1)と同様に，カードの動きを下の表に示す．初めて，はじめの位置にもどるカードに○をつける．

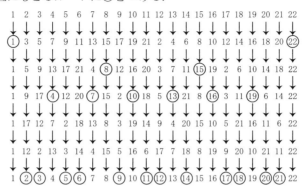

よって，グループ分けすると，

(1), (2, 3, 5, 9, 17, 12), (4, 7, 13), (6, 11, 21, 20, 18, 14), (8, 15), (10, 19, 16), (22) となる.

(3) (2)の表より，カードすべてが初めて，はじめの位置にもどるのは，<u>6回</u>カードをきったときである．

(4) 15回きったとき，はじめの位置にもどっているカードは，1回または3回ではじめの位置にもどるカードである．

よって，求めるカードは，下から

<u>1, 4, 7, 13, 10, 19, 16, 22 枚目</u>のカードである．

算数仮面の解説 本問の(3)は，1回，2回，3回，6回ではじめの位置にもどるグループに分けられる．よって，1, 2, 3, 6の最小公倍数を考えて，6回のカードをきることで，カードすべてが初めて，はじめの位置にもどる．

また，「カードをきる」という操作は，まさしく「置換」の操作である．そして，本問(2)の(4, 7, 13)のようなグループは，全部の並びを1つずつずらす置換を繰り返して一巡する「巡回置換」である．

2. リフルシャッフル

カードの「シャッフル」には，様々な手法がある．例えば，カードを片手に持ち，カードの束の下から何枚か束の上に移動させることを繰り返す「ヒンズーシャッフル」は，カルタや花札を切るときによく使われる手法である．他に，カードを半分ずつ持って，交互に重ねていく「リフルシャッフル」と呼ばれる手法などがある．

カードの「シャッフル」問題は，1982年に中学入試で出題されてからは，入試問題では出題されることはなかった．しかし，20年の時を経て，東京大学で再び出題されたのだ．「シャッフル」の手法の1つの「リフルシャッフル」を題材にした問題をみてみよう．

【問題 2】

N を正の整数とする．$2N$ 個の項からなる数列
$$\{a_1, a_2, \cdots, a_N, b_1, b_2, \cdots, b_N\}$$
を
$$\{b_1, a_1, b_2, a_2, \cdots, b_N, a_N\}$$
という数列に並べ替える操作を「シャッフル」と呼ぶことにする．並べ替えた数列は b_1 を初項とし，b_i の次に a_i，a_i の次に b_{i+1} が来るようなものになる．また，数列 $\{1, 2, \cdots, 2N\}$ をシャッフルしたときに得られる数列において，数 k が現れる位置を $f(k)$ で表す．

たとえば，$N = 3$ のとき，$\{1,2,3,4,5,6\}$ をシャッフルすると $\{4,1,5,2,6,3\}$ となるので，$f(1) = 2, f(2) = 4, f(3) = 6, f(4) = 1, f(5) = 3, f(6) = 5$ である．

(1) 数列 $\{1,2,3,4,5,6,7,8\}$ を3回シャッフルしたときに得られる数列を求めよ．

(2) $1 \leq k \leq 2N$ を満たす任意の整数 k に対し，$f(k) - 2k$ は $2N+1$ で割り切れることを示せ．

(3) n を正の整数とし，$N = 2^{n-1}$ のときを考える．数列 $\{1, 2, 3, \cdots, 2N\}$ を $2n$ 回シャッフルすると，$\{1, 2, 3, \cdots, 2N\}$ にもどることを証明せよ．

(2002 年・東京大学・理科)

▶解答

(1) $\{1, 2, 3, 4, 5, 6, 7, 8\}$

　　　$\to \{5, 1, 6, 2, 7, 3, 8, 4\}$

　　　$\to \{7, 5, 3, 1, 8, 6, 4, 2\}$

　　　$\to \underline{\{8, 7, 6, 5, 4, 3, 2, 1\}}$

(2) $a_1, \cdots, a_k, \cdots, a_N, b_1, \cdots, b_l, \cdots, b_N$

$$\Rightarrow \begin{cases} \underbrace{b_1, a_1, \cdots, b_{k-1}, a_{k-1}, b_k}_{2(k+1)+1 = 2k-1}, a_k, \cdots, b_N, a_N \\ \underbrace{b_1, a_1, \cdots, b_{l-1}, a_{l-1}}_{2(l-1)=2l-2}, b_l, a_l, \cdots, b_N, a_N \end{cases}$$

(i) $1 \leq k \leq N$ のとき，$a_k = k$ の位置は，

$$f(k) = (2k-1)+1 = 2k$$

$$\Leftrightarrow f(k) - 2k = 0 \cdots\cdots 2N+1 \text{ の倍数}$$

(ii) $1 \leq l \leq N$ のとき，$b_l = N+l$ の位置は，

$$f(N+l) = (2l-2)+1 = 2l-1$$
$$= 2(N+l) - 2N - 1$$

よって，$k = N+l$ とおくと，$N+1 \leq k \leq 2N$ のとき，

$$f(k) = 2k - (2N+1)$$

$$\Leftrightarrow f(k) - 2k = -(2N+1) \cdots\cdots 2N+1 \text{ の倍数}$$

(i)，(ii) より，題意は示された．

(3) 2 度目のシャッフルにおいて，$f(k)$ 番目にあった k の移動先を考えれば，(2) により，

$$f(f(k)) - 2 \times f(k) \equiv 0 \pmod{2N+1}$$

これを

$$f^{(2)}(k) - 2 \times f^{(1)}(k) \equiv 0 \pmod{2N+1}$$

と書いて，同様に繰り返せば，

$$f^{(2n)}(k) - 2 \times f^{(2n-1)}(k) \equiv 0 \pmod{2N+1}$$

となり，$f^{(2n)}(k) = k$ であることを示せばよい．

$$f^{(2n)}(k) - 2^1 \times f^{(2n-1)}(k)$$
$$\equiv f^{(2n)}(k) - 2^2 \times f^{(2n-2)}(k)$$
$$\equiv f^{(2n)}(k) - 2^3 \times f^{(2n-3)}(k)$$
$$\equiv \cdots \equiv f^{(2n)}(k) - 2^{2n-1} \times f^{(1)}(k) \pmod{2N+1}$$
$$\therefore \quad f^{(2n)}(k) \equiv 2^{2n} \times k \pmod{2N+1}$$

ここで，

$$2^{2n} \times k = (2^{n-1})^2 \times 4k = N^2 \times 4k = 4N^2 \times k$$

であって，

$$4N^2 \times k \equiv (-4N - 1) \times k$$
$$\equiv \{-2(2N+1) + 1\} \times k$$
$$\equiv k \pmod{2N+1}$$

よって，

$$f^{(2n)}(k) - k \equiv 0 \pmod{2N+1}$$

ここで，$0 \leq f^{(2n)}(k) \leq 2N$，$0 \leq k \leq 2N$ に注目すれば，

$$f^{(2n)}(k) - k \equiv 0 \pmod{2N+1}$$
$$\Leftrightarrow f^{(2n)}(k) = k$$

を得るので，$2n$ 回シャッフルすると，元の位置にもどることがいえる．（証明終）

算数仮面の解説　本問(3)の解答は，数学的帰納法を用いて証明することもできるが，合同式を用いることによって，証明が記述しやすくなった．また，このシャッフルは，下の図のようなアミダくじとして考えることができる．

Round 21. カードシャッフル ——算術師からの切り札

$N=2$ のとき
(1回シャッフルと同様)

```
1 2 3 4
│ │ │ │
3 1 4 2
```

$N=4$ のとき
(1回シャッフルと同様)

```
1 2 3 4 5 6 7 8
│ │ │ │ │ │ │ │
5 1 6 2 7 3 8 4
```

$N=2$ のとき
(4回シャッフルと同様)

```
1 2 3 4
│ │ │ │
1 2 3 4
```

$N=4$ のとき
(6回シャッフルと同様)

```
1 2 3 4 5 6 7 8
│ │ │ │ │ │ │ │
1 2 3 4 5 6 7 8
```

$N=2$ のとき,4回シャッフルすると,全ての数が元の位置にもどり,同様 $N=4$ のとき,6回シャッフルすると,元の位置にもどることがわかる.

「リフルシャッフル」は,「ヒンズーシャッフル」に比べてカードに偏りがないシャッフルと思われがちだ.しかし,カードが 2^n 枚のとき,「リフルシャッフル」を $2n$ 回繰り返すと元に戻る性質があることがわかった.この性質を用いて,トランプ・マジックに応用させることもある.

3. 完全シャッフル

2002年に東京大学の入試問題で出題されてからは，度々中学入試でも出題されるようになった．その中でも，「完全シャッフル」と呼ばれる手法の「シャッフル」問題をみてみよう．

【問題 3】

1から52までの数字が書かれている52枚のカードを左から順番に並べます．

　　　1　2　3　……　51　52

このカードを次の規則にしたがって並びかえていきます．

① 一列に並んでいるカードを真ん中で半分に分け，左と右の2つの組にする．

② 分けた2つの組を左の組から順に交互に並べていく．

たとえば，カードが8枚の場合は，

　　　1　2　3　4　5　6　7　8

に，この操作を1回行うと，

　　　1　5　2　6　3　7　4　8

となります．このような並べかえ方を「完全シャッフル」と呼ぶことにします．

このとき，次の問いに答えなさい．

(1) 52枚のカードに完全シャッフルを1回行うと，2のカードは左から数えて3番目にあります．この状態から完全シャッフルを2回行いました．2のカードは左から数えて何番目にありますか．

(2) はじめ，51のカードは左から数えて51番目にあります．52枚のカードに完全シャッフルを4回行うと，51のカードは左から数えて何番目にありますか．

(3) はじめ，51のカードは左から数えて51番目にあります．52枚のカードに完全シャッフルを何回か行うと，51のカードが元の位置にもどってきます．はじめて元の位置にもどるのは何回目ですか．

(吉祥女子中学校)

Round 21. **カードシャッフル** ――算術師からの切り札

▶解答

(1) 完全シャッフルを1回行った後の位置の変化は，下の表のように移動する．

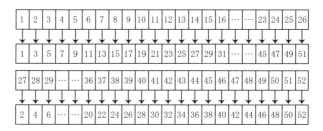

$\boxed{2}$のカードは，操作を3回行うと左から数えて，

2番目→3番目（1回目：表の$\boxed{2}$→$\boxed{3}$）

→5番目（2回目：表の$\boxed{3}$→$\boxed{5}$）

→<u>9番目</u>（3回目：表の$\boxed{5}$→$\boxed{9}$）

(2) $\boxed{51}$のカードは，操作を4回行うと左から数えて，

51番目→50番目（1回目：表の$\boxed{51}$→$\boxed{50}$）

→48番目（2回目：表の$\boxed{50}$→$\boxed{48}$）

→44番目（3回目：表の$\boxed{48}$→$\boxed{44}$）

→<u>36番目</u>（4回目：表の$\boxed{44}$→$\boxed{36}$）

(3) (2)の続きで，はじめて元の位置にもどるまで操作を行う．

……→20番目（5回目：表の$\boxed{36}$→$\boxed{20}$）

→39番目（6回目：表の$\boxed{20}$→$\boxed{39}$）

→26番目（7回目：表の$\boxed{39}$→$\boxed{26}$）

→51番目（8回目：表の$\boxed{26}$→$\boxed{51}$）

よって，はじめて元の位置にもどるのは<u>8回目</u>である．

算数仮面の解説　パーフェクトシャッフルまたはファローシャッフルとも呼ばれる「完全シャッフル」は，前問【問題1】と全く同じシャッフル手法だったが，扱う枚数が倍以上違う．毎操作の並び方を全カード調べることはできないので，1回操作を行った後のカードの位置の変化に注目して，対象のカードの移動の仕方だけを調べればよかっ

た．なお，52枚は，ジョーカーを除いたトランプ1組（スペード，クラブ，ハート，ダイヤのA, 2, …, 10, J, Q, Kで，$13 \times 4 = 52$枚分）の枚数と同数であり，2009年・浅野

中学校ではトランプの「完全シャッフル」を題材として出題している．また，本問は，前問【問題2】の「リフルシャッフル」と若干違い，1と52のカードを固定した2〜51までの「リフルシャッフル」であった．他の類題として，2006年・灘中学校では，カードの表示形式を変えて出題している．

1	7
2	8
3	9
4	10
5	11
6	12

⇒

1	4
7	10
2	5
8	11
3	6
9	12

⇒

1	8
4	11
7	3
10	6
2	9
5	12

⇒ …

 4. 分割シャッフル

次に，前問【問題3】の2分割によるシャッフルから，3分割，5分割によるシャッフルの問題だ．

【問題4】

18枚のカードが積み重ねられていて，上から順に1から18の整数が記入してあります．このカードの束に対して次の2つの操作を組み合わせて何回か行います．

| 1 ||||| を | 1 | 2 | 3 | 4 | …… | 18 | と表します．

操作① カードの束を2等分して，上下の位置を入れかえる．

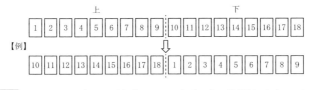

操作② カードの束を3等分して，上中下の位置を入れかえる．

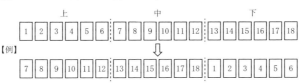

【例】では，上中下を中下上のように入れかえていますが，どのように入れかえてもよいものとします．次の各問いに答えなさい．

(1) 操作①，②を組み合わせて何回か行ったところ，上から順に次のようになりました．空らんになっているカードに整数を記入しなさい．

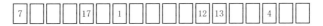

(2) 360枚のカードが積み重ねられていて，上から順に1から360の整数が記入してあります．今度は，このカードの束に対して，操作①，操作②および次の操作③を組み合わせて何回か行いました．

操作③ カードの束を5等分して，5つの束の位置を入れかえる．

すると，上から40番目と80番目のカードはともに13の倍数で，40番目のカードの方が80番目のカードより大きい数になりました．このとき，それぞれのカードの数字を求めなさい．

(麻布中学校)

▶解答

(1) 操作①によるカードの切れ目は，

$$18 \div 2 = 9 \, [枚]ずつ，$$

操作②によるカードの切れ目は，

$$18 \div 3 = 6 \,[枚]\text{ずつなので},$$

9と6の最大公約数が3より，操作①，操作②によるカードの切れ目は，3の倍数の直後に限られる．

よって，$(3n-2, 3n-1, 3n)$ は必ず連続するので，カードは下のように並ぶ．

| 7 | 8 | 9 | 16 | 17 | 18 | 1 | 2 | 3 | 10 | 11 | 12 | 13 | 14 | 15 | 4 | 5 | 6 |

(2) 操作①によるカードの切れ目は，
$$360 \div 2 = 180 \,[枚]\text{ずつ},$$
操作②によるカードの切れ目は，
$$360 \div 3 = 120 \,[枚]\text{ずつ},$$
操作③によるカードの切れ目は，
$$360 \div 5 = 72 \,[枚]\text{ずつである．}$$

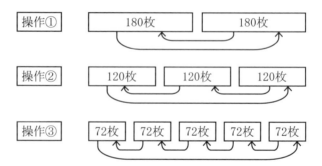

いずれの操作によっても，切れ目は12の倍数の直後に限られる．12枚の並びは，12で割った余りが $(1, 2, 3, \cdots, 10, 11, 0)$ と並ぶ．40番目のカードは，$40 = 12 \times 3 + 4$ より，12で割って4余る．80番目のカードは，$80 = 12 \times 6 + 8$ より，12で割って8余る．いずれも13の倍数なので，そのような数の候補は，

40番目 → 52　　または　　$52 + 12 \times 13 = 208$

80番目 → 104　　または　　$104 + 12 \times 13 = 260$

40番目のカードの方が，番号が大きいので，

40番目は <u>208</u>, 80番目は <u>104</u>

Round 21. カードシャッフル ——算術師からの切り札

算数仮面の解説 本問は，どんなに操作をしても，必ずカードの切れ目ができないところが存在するので，切れ目の位置を考えなくてはいけない．(1)は，操作①の2分割シャッフルと操作②の3分割シャッフルの組み合わせで，3枚ずつに切れ目が入るというのはわかるだろう．しかし，(2)で，操作③の5分割シャッフルが入ることによって，難易度が高くなった．(1)と同様，操作①で180枚ずつ，操作②で120枚ずつ，操作③で72枚ずつ切れ目が入ることによって，1～12, 13～24,…の12枚ずつのまとまりとなることに気付けばよい．

5. ルービックキューブ

これまで，カードの「シャッフル」という題材による「巡回置換」の問題を取り上げてきた．しかし，「シャッフル」問題以外にも「巡回置換」の問題は中学入試に出題されている．最後に，立方体の回転移動に関する問題をみてみよう．

【問題5】

図のように，同じ番号をすべての面に書きこんだ同じ大きさの立方体8個を積んでおく．番号は1から8までとし，この積み方を「最初の位置」と呼ぶことにする．

右上の図で見えない立方体の番号は8である．

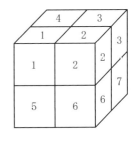

この立体で，番号1の立方体を番号2の位置に移すことを $1 \to 2$ のように書くことにする．

次の左の図のように，前面に積んだ4個の立方体を矢印の向き

319

に1つずつ位置を変えるのを回転Sと呼び，次の右の図のように，側面に積んだ4個の立方体を矢印の向きに1つずつ位置を変えるのを回転Tと呼ぶことにする．

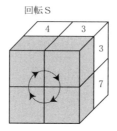
回転S

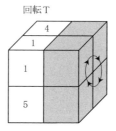
回転T

次の表は回転Sによる最初の位置の番号の移り変わりを示している．

$1 \to 2$, $2 \to 6$, $3 \to 3$, $4 \to 4$,
$5 \to 1$, $6 \to 5$, $7 \to 7$, $8 \to 8$

図を参考にして，次の各問いに答えよ．

(1) 回転Tによる最初の位置の番号の移り変わりを( )内に記入せよ．

$1 \to ($ $)$, $2 \to ($ $)$, $3 \to ($ $)$, $4 \to ($ $)$,
$5 \to ($ $)$, $6 \to ($ $)$, $7 \to ($ $)$, $8 \to ($ $)$

(ST)は回転Sをしてからひきつづき回転Tをすることを表すものとする．

(2) (ST)による最初の位置の番号の移り変わりを( )内に記入せよ．

$1 \to ($ $)$, $2 \to ($ $)$, $3 \to ($ $)$, $4 \to ($ $)$,
$5 \to ($ $)$, $6 \to ($ $)$, $7 \to ($ $)$, $8 \to ($ $)$

(3) (ST)を2回することにより，最初の位置の番号1の立方体はどこに移るか．

(4) $1 \to 5$ となるのは(ST)を最小限何回したときか．

(5) すべての立方体が最初の位置にもどるのは，(ST)を最小限何回したときか．簡単に理由をつけて答えよ．ただし，書いてある数字の向きは考えないものとする．

(灘中学校)

Round 21. **カードシャッフル**——算術師からの切り札

▶**解答**

(1) $2, 3, 6, 7$ が，右回りに1つずつ位置を変えるので，

$1 \to (\underline{1}), 2 \to (\underline{3}), 3 \to (\underline{7}), 4 \to (\underline{4})$,
$5 \to (\underline{5}), 6 \to (\underline{2}), 7 \to (\underline{6}), 8 \to (\underline{8})$

(2) $1 \to 2 \to 3, 2 \to 6 \to 2, 3 \to 3 \to 7, 4 \to 4 \to 4, 5 \to 1 \to 1$,
$6 \to 5 \to 5, 7 \to 7 \to 6, 8 \to 8 \to 8$ と位置を変えるので，

$1 \to (\underline{3}), 2 \to (\underline{2}), 3 \to (\underline{7}), 4 \to (\underline{4})$,
$5 \to (\underline{1}), 6 \to (\underline{5}), 7 \to (\underline{6}), 8 \to (\underline{8})$

(3) (2) より，$1 \to 3 \to \underline{7}$

(4) (2) より，$1 \to 3 \to 7 \to 6 \to 5$ の <u>4</u> 回

(5) (2) より，$2, 4, 8$ は，(ST) では位置が変わらない．(3) より，1 は $1 \to 3 \to 7 \to 6 \to 5 \to 1$ の5回の (ST) で最初の位置にもどる．同様に，$3, 5, 6, 7$ も5回の (ST) で最初の位置にもどる．よって，最小限 <u>5</u> 回の (ST) ですべての立方体が最初の位置にもどる．

算数仮面の解説 これはまさしく，$2 \times 2 \times 2$ の「ルービックキューブ」の動きだった．なお，$2 \times 2 \times 2$ から $5 \times 5 \times 5$ までのルービックキューブに関する詳細な解法や分析は，米谷達也著『論理解法 ルービックキューブ』（日本論理教育学会，2010年）で解説してあるので，興味ある方は参考にしてもらいたい．

なお，このような「置換」に関する問題として，カードの「シャッフル」や「ルービックキューブ」の他に，15ゲームやアミダくじなどのゲームやパズルが注目されている．身近な知的遊戯でも，論理思考が試されているのだ．

15		3	5		1	2	3	4
6	2	8	14		5	6	7	8
4	7	10	1	⇒	9	10	11	12
11	12	13	9		13	14	15	

大事なことは

覚えてはいけない

理解するのだ

算数仮面

Round 22

周回運動とダイヤグラム
──円周上のカーチェイス

1. 2地点の最短経路の長さの和の変化

　本章から，中学入試で必ず出題される「速さと位置関係」に関する問題を紹介していく．その中でも「周回運動」をテーマとする．まずは，ある動点から各2地点までの最短経路の長さの和に関する大学入試と中学入試の問題を，連続で2問みてみよう．

【問題1】

図に示すように，池のまわりに1周200mの道があり，2点 P_1, P_2 の間に長さ40mの橋がかかっている．P_1 から P_2 に池の周囲を通って行くときは，どちらをまわっても同じ距離である．P_1 から周にそって左側20mのところに点A，右側30mのところに点Bがある．Aから池を左に見ながら周にそって距離 x m 進んだところにある点をQとする ($0 \leqq x < 200$)．QからAへの最短距離の長さとBへの最短距離の長さとの和を $f(x)$ とする．$f(x)$ のグラフが x 軸に平行になる区間は □(1)□ ヶ所で，$f(x)$ が最大値 □(2)□ をとるような x の範囲は □(3)□ $\leqq x \leqq$ □(4)□ である．

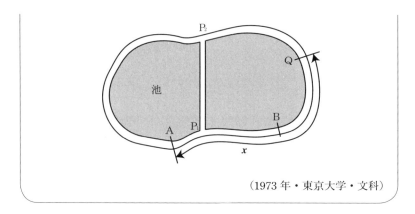

(1973 年・東京大学・文科)

▶**解答** 分類(場合分け)の基準は次の通りとなる.

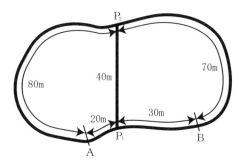

(a) $\overparen{AQ} = x$ と $\overparen{AB} = 50$ の大小の変わり目 ($x = 50$)

(b) $\overparen{ABQ} = x$ と $\overparen{AP_1P_2Q} = 180 - x$ の大小の変わり目 ($x = 90$)

(c) $Q = P_2$ となる $x = 120$

(d) 左回りの $\overparen{AQ} = 80 - (x - 120) = 200 - x$ と,

$\overparen{AP_1P_2Q} = 60 + (x - 120) = 200 - x$ の大小の変わり目 ($x = 130$)

※ 訂正: $\overparen{AP_1P_2Q} = 60 + (x-120) = x - 60$

(e) $\overparen{BAQ} = 50 + 80 - (x - 120) = 250 - x$ と,

$\overparen{BP_1P_2Q} = 70 + (x - 120) = x - 50$ の大小の変わり目 ($x = 150$)

よって, (a)〜(e) より, QA の最短経路の長さと QB の最短経路の長さの和 $f(x)$ は,

（ⅰ）$0 \leqq x \leqq 50$ のとき

$$f(x) = \overparen{AQ} + \overparen{QB} = x + (50-x) = 50$$

（ⅱ）$50 \leqq x \leqq 90$ のとき

$$f(x) = \overparen{AQ} + \overparen{QB} = x + (x-50) = 2x - 50$$

（ⅲ）$90 \leqq x \leqq 120$ のとき

$$f(x) = \overparen{AP_1P_2Q} + \overparen{QB}$$
$$= (180-x) + (x-50) = 130$$

（ⅳ）$120 \leqq x \leqq 130$ のとき

$$f(x) = \overparen{AP_1P_2Q} + \overparen{BP_1P_2Q}$$
$$= (x-60) + (x-50) = 2x - 110$$

（ⅴ）$130 \leqq x \leqq 150$ のとき

$$f(x) = \overparen{AQ} + \overparen{BP_1P_2Q}$$
$$= (200-x) + (x-50) = 150$$

（ⅵ）$150 \leqq x < 200$ のとき

$$f(x) = \overparen{AQ} + \overparen{BAQ}$$
$$= (200-x) + (250-x) = 450 - 2x$$

（ⅰ）〜（ⅵ）より，$f(x)$ の増減表は，以下のようになる．

x	0	$\cdots$	50	$\cdots$	90	$\cdots$	120	$\cdots$	130	$\cdots$	150	$\cdots$	200
$f(x)$	50	→	50	↗	130	→	130	↗	150	→	150	↘	50

従って，$f(x)$ のグラフが x 軸と平行になる区間は $_{(1)}\underline{3}$ ヶ所ある．また，$f(x)$ の最大値は $_{(2)}\underline{150}$ で，$_{(3)}\underline{130} \leqq x \leqq {}_{(4)}\underline{150}$ のときである．

【問題2】

　湿原の周りに図のような一周200mの遊歩道と，その上の2点A, Bを結ぶ長さ40mの木道があります．AからBまでの遊歩道の長さはどちらも同じです．

　遊歩道上でAの左側20mのところに点X，右側30mのところに点Yがあります．この遊歩道をP君はAを出発して湿原をつねに左手に見ながら毎秒1mの速さで一周します．湿原の中には入れないものとして，次の各問いに答えなさい．

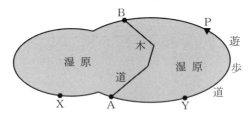

(1) P君が出発してからの時間と，P君がいるところからYまでの最短距離の長さとの関係をグラフに表しなさい．ただし，最短距離としては木道も含めて考えるものとします．

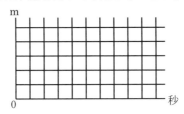

(2) P君のいるところから，Xまでの最短距離の長さとYまでの最短距離の長さとが等しくなるのは，出発してから何秒後ですか．

(3) P君のいるところから，Xまでの最短距離の長さとYまでの最短距離の長さとの和が最も長くなるのは，出発してから何秒後ですか．

(駒場東邦中学校)

Round 22. 周回運動とダイヤグラム ——円周上のカーチェイス

▶解答

(1) 次のようなグラフとなる.

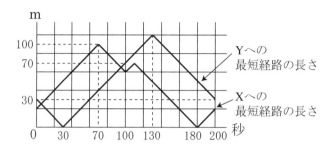

(2) (1)のグラフの交点を見て, <u>5秒後と95秒後</u>

(3) 2つの最短距離の和の変化を, 表にまとめる.

時間[秒]	0〜30	〜70	〜100	〜110	〜130	〜180	〜200
距離の和	一定	増す	一定	増す	一定	減る	一定

以上から, 和が最も長くなるのは, 出発してから<u>110秒後</u>から130秒後までである.

 算数仮面の解説　なんと, この2問の問題設定は, 与えられた数値までそっくりな瓜二つの問題だった. どちらの問題も, 池（湿原）を横切る道を使うか否かの判別を調べる必要があった. そこで,【問題1】は, 1次関数の x の範囲による分類を行った.【問題2】は, (1)で「ダイヤグラム」を正確に示すことによって, 視覚的に明瞭化した.

2. 消えた!? ダイヤグラム

「ダイヤグラム」とは, 鉄道などの交通機関の運行時刻を表した線図のことで, ダイヤモンド状に敷き詰められた様子が語源となっている. 前問のように, 中学入試では「ダイヤグラム」を利用して解く問題は山ほどあるが, その中でも珍しい「ダイヤグラム」の問題を紹介しよう.

【問題3】

S君，A君，B君，C君の4人が下の図のような水路を使い，流しそうめんをします．S君はそうめんを流す係で，1玉目を流した瞬間から時間をはかり始め，2秒に1玉そうめんを流し，A君，B君，C君は自分の所に流れてきたそうめんを食べます．A君，C君はそうめん1玉食べるのに5秒，B君は7秒かかります．

S君，A君，B君，C君の間隔はそれぞれ2mとし，水が水路を毎秒50cmの速さで流れ，そうめんもこの速さで流れます．30秒後に，S君が最後の16玉目を流しました．

このとき，次の問いに答えなさい．ただし，食べ終わった瞬間から，次に流れてきたそうめんを取って食べることにし，食べ終わるまで，次のそうめんが流れてきても食べることはできません．

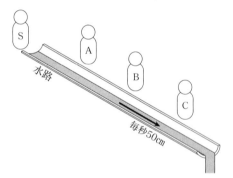

(1) 初めてそうめんが誰にも食べられずに通過するのは，最初から数えて何玉目ですか．
(2) 3人のうち，2人以上が同時にそうめんを取るのは何秒後ですか．考えられる場合をすべて答えなさい．
(3) A君が3玉目を食べた後，もしA君が4玉目から1玉食べるのに7秒かかったとするとA君，B君，C君はそれぞれ全部で何玉ずつ食べることになりますか．ただし，B君，C君の食べる速さは変わらないものとします．

（聖光学院中学校）

▶解答

(1) そうめんが流れて，誰かに食べられる様子をダイヤグラムにすると，次のようになる．

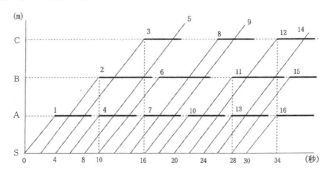

初めてそうめんが誰にも食べられずに通過するのは，最初から数えて 5 玉目 である．

(2) (1)のダイヤグラムを見れば，2人以上が同時にそうめんを取るのは，10 秒後，16 秒後，28 秒後，34 秒後 である．

(3) A君が4玉目から1玉食べるのに7秒かかる場合を考える．A君が食べた4玉目は，S君が流した10玉目に当たる．10玉目以降のダイヤグラムを書き直すと次のようになる．

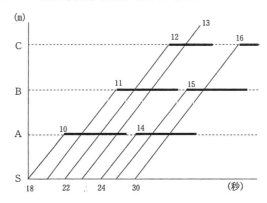

A君が食べたのは，5玉 (1, 4, 7, 10, 14 玉目)
B君が食べたのは，4玉 (2, 6, 11, 15 玉目)
C君が食べたのは，4玉 (3, 8, 12, 16 玉目)

算数仮面の解説　「ダイヤグラム」を扱う場合は，一般的に列車の時刻表のような連続性をもった変化をグラフにしたものが多い．しかし，本問は，「そうめん」が食べられて消えてしまうので，途中で途切れるという面白いダイヤグラムとなった．

数学の問題でも，ダイヤグラムで示すと，途中で途切れるグラフになるケースもある．次の東京大学の入試問題をみてみよう．

【問題4】

C を半径1の円周とし，A を C 上の1点とする．3点 P, Q, R が A を時刻 $t=0$ に出発し，C 上を各々一定の速さで，P, Q は反時計回りに，R は時計回りに，時刻 $t=2\pi$ まで動く．P, Q, R の速さは，それぞれ，$m, 1, 2$ であるとする．（したがって，Q は C をちょうど一周する．）ただし，m は $1 \leq m \leq 10$ をみたす整数である．△PQR が PR を斜辺とする直角二等辺三角形となるような速さ m と時刻 t の組をすべて求めよ．

（2010年・東京大学・文科）

▶解答　$C: x^2+y^2=1$ 上に A(1, 0) を固定する．P, Q, R の偏角はそれぞれ $mt, t, -2t$ となる．

時刻 $t\ (0 \leq t \leq 2\pi)$ を横軸に，偏角を縦軸にとってダイヤグラムをかく．PR が

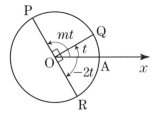

円 C の直径となり，かつ，$\angle POQ = \angle QOR = \dfrac{\pi}{2}$ となる場合を探す．

$\angle POQ = \angle QOR = \dfrac{\pi}{2}$ となる場合は，$Q_i, R_i\ (1 \leq i \leq 6)$ がある $t = \dfrac{2i-1}{6}\pi$ のときである．

各々についての $P_i\ (1 \leq i \leq 6)$ は図の通りとなる．

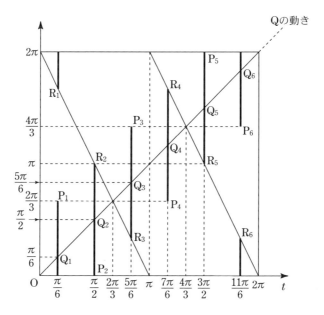

Qの動き

そこで，Pの偏角 mt を検討する．

(ⅰ) $t = \frac{\pi}{6}$ のとき，

$$m \cdot \frac{\pi}{6} = \frac{2\pi}{3} + 2k\pi \Leftrightarrow m = 4 + 12k \ (k \in \mathbb{Z})$$

(ⅱ) $t = \frac{\pi}{2}$ のとき，

$$m \cdot \frac{\pi}{2} = 0 + 2k\pi \Leftrightarrow m = 4k \ (k \in \mathbb{Z})$$

(ⅲ) $t = \frac{5\pi}{6}$ のとき，

$$m \cdot \frac{5\pi}{6} = \frac{4\pi}{3} + 2k\pi \Leftrightarrow m = \frac{8 + 12k}{5} \ (k \in \mathbb{Z})$$

(ⅳ) $t = \frac{7\pi}{6}$ のとき，

$$m \cdot \frac{7\pi}{6} = \frac{2\pi}{3} + 2k\pi \Leftrightarrow m = \frac{4 + 12k}{7} \ (k \in \mathbb{Z})$$

(ⅴ) $t = \frac{3\pi}{2}$ のとき，

$$m \cdot \frac{3\pi}{2} = 0 + 2k\pi \Leftrightarrow m = \frac{4k}{3} \ (k \in \mathbb{Z})$$

(ⅵ) $t = \dfrac{11\pi}{6}$ のとき，

$$m \cdot \dfrac{11\pi}{6} = \dfrac{4\pi}{3} + 2k\pi \Leftrightarrow m = \dfrac{8+12k}{11} \ (k \in \mathbb{Z})$$

m は $1 \leqq m \leqq 10$ をみたす整数なので，この範囲におさまるように整数 k を与えると，

$$(t, m) = \underline{\left(\dfrac{\pi}{6}, 4\right)}, \underline{\left(\dfrac{\pi}{2}, 4\right)}, \underline{\left(\dfrac{\pi}{2}, 8\right)}, \underline{\left(\dfrac{5\pi}{6}, 4\right)},$$
$$\underline{\left(\dfrac{7\pi}{6}, 4\right)}, \underline{\left(\dfrac{3\pi}{2}, 4\right)}, \underline{\left(\dfrac{3\pi}{2}, 8\right)}, \underline{\left(\dfrac{11\pi}{6}, 4\right)}$$

算数仮面の解説　時刻に対する偏角の変化を，算数の発想同様，ダイヤグラムで検討することにより，視覚的かつ確実に判断することができる．

3.　相対的な位置関係

最後に，周回運動における出会いの回数を問う問題を検討してみよう．まずは，大学入試の問題からだ．

【問題5】

A, B をトラックの相異なる 2 点とする．ランナー a は A から，ランナー b は B から同時に出発して，反対向きに走りはじめ，a はトラックを m 回まわり，b は n 回まわって，それぞれ出発点 A, B に同時に着いた．この間に a, b は何回出会ったか．ただし，a, b の速度は一定とは限らないものとする．

（1980 年・学習院大学・理）

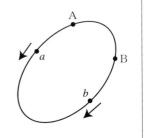

Round 22. 周回運動とダイヤグラム ——円周上のカーチェイス

▶**解答 1**（長さに着目する）

一周の長さを L とし，短い弧 AB の長さを l とする $(0 < l < L)$.
a, b がそれぞれ A, B を出発してから，両者が走った距離の和は，

最初に出会うまで，$L - l$
2 度目に出会うまで，$L \times 2 - l$
3 度目に出会うまで，$L \times 3 - l$
　　　………
N 度目に出会うまで，$L \times N - l$

となる．一方，a, b がそれぞれ m 回，n 回ずつまわったとき，両者が走った距離の和は，$L \times (m+n)$ となる．

したがって，それぞれが出発点 A, B に同時に着くまでに両者が出会った回数を N とすると，

$$L \times (m+n-1) < L \times N - l < L \times (m+n)$$

となる．これを満たす整数 N は，$N = m+n$ に限る．
よって，出会った回数は，<u>$m+n$</u> [回]

▶**解答 2**（相対的な位置関係を考える）

a からみると，b は，相対的に $(m+n)$ 回まわっていることになるので，出会った回数は，<u>$m+n$</u> [回]

算数仮面の解説　本問の設定では「速度は一定とは限らない」ということなので，考え難いかもしれない．走行距離に注目する（解法 1），ダイヤグラムを書いたりする，などの解法が考えられる．しかし，解法 2 のように各ランナーの立場に注目して相対的位置関係をみると，劇的に容易になるのだ．

そして，周回運動における出会いの回数に関する中学入試の問題だ．

【問題6】

A君，B君，C君，D君の4人が下の図の状態から1時間，それぞれ矢印の向きに池の周りを走りました．左回りに走る3人については，A君は常にB君より速い速度で，B君は常にC君より速い速度で走りました．また，同時に同じ場所で，ある3人が出会うことも，4人全員が出会うこともありませんでした．

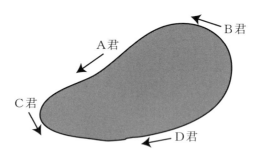

(1) A君とC君が最初に出会ってから次に出会うまでの間に，A君とB君は何回出会いましたか．考えられる場合をすべて答えなさい．

(2) A君とD君が最初に出会ってから次に出会うまでの間に，A君とD君が他の2人（B君，C君）と出会った回数は，合わせて何回ですか．考えられる場合をすべて答えなさい．

1時間の間に，A君とB君は15回，A君とC君は25回，A君とD君は100回出会いました．

(3) 1時間の間にB君とC君は何回出会いましたか．考えられる場合をすべて答えなさい．

(4) 1時間の間にD君は他の3人と合計何回出会いましたか．考えられる場合をすべて答えなさい．求め方も書きなさい．ただし，(1)～(4)とも出会わなかった場合は，0回と答えなさい．

(栄光学園中学校)

Round 22. 周回運動とダイヤグラム —— 円周上のカーチェイス

▶**解答1**（ダイヤグラムを考える）

(1) 池の周りの長さ L をとる．A君とC君の道のりの差が L だけ，周Cまでの間のダイヤグラムをかく．

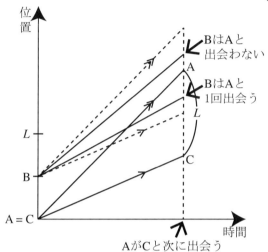

速さについて，A君＞B君＞C君 の関係なので，この間にB君がA君と出会うのは，<u>0回または1回</u>

(2) この間にA君とD君が2人合わせて池を1周する．B君はA君またはD君のいずれかと1回だけ出会う．C君もA君またはD君のいずれかと1回だけ出会う．よって，A君，D君が他の2人と出会った回数は，合わせて<u>2回</u>

(3) 図のダイヤグラムは，60分の間にA君とB君が15回出会うこと，A君とC君が25回出会うことを表している．

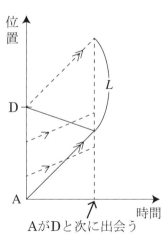

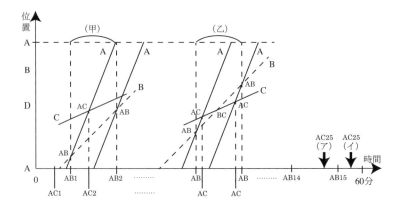

A君とB君が出会ってから次に出会うまでの間に,

　(甲) A君とC君が1度だけ出会う場合と,

　(乙) A君とC君が2度出会う場合とがある.

(甲)の場合には, BCは出会わない. (乙)の場合には, BCは一度だけ出会う.

したがって, 60分の間に(乙)の場合が何回あるのかを数えればよい.

Aがスタートした後, Bと出会う前にCと出会う(AC1の方が, AB1よりも先に実現する).

AB15とAC25の前後関係は,

　(ア) AC25が先に起こる場合と,

　(イ) AB15が先に起こる場合とがある.

AB1からAB15までの間に「ABが出会ってから次に出会うまでの区間」は, 14個ある.

この14個の区間に, (ア)の場合にはAC2からAC25までの24個が, (イ)の場合にはAC2からAC24までの23個が, 入ることになる.

一つの区間に入るACの出会いの個数は, 1個または2個である.

　(ア) 14個の区間に24個のACが入る場合

(乙)となるのは $24-14=10$ [回]である．

(イ) 14個の区間に23個のACが入る場合

(乙)となるのは $23-14=9$ [回]である．

以上より，1時間の間にB君とC君が出会った回数は<u>9回または10回</u>

(4) 図のダイヤグラムで，A君とD君が出会うまでの間に，(a)〜(c)の場合を考える．

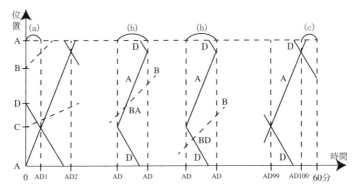

(a) ADが初めて出会うまでの間にCはAまたはDのいずれか一方と1回出会う．

(b) ADが出会ってから次に出会うまでの間にBはAまたはDいずれか一方と1回出会う．よって，BA, BD, CA, CDの出会いが合わせて2回ある．AD1からAD100までの間に区間が99個あるから，この間にBA, BD, CA, CDの出会いは合わせて，$2\times 99=198$ [回]ある．

(c) ADが最後に出会った後，BはAまたはDいずれか一方と0回または1回出会う．

以上を合わせると，BA, BD, CA, CDの出会いは合わせて，
$1+198+(0\text{または}1)+(0\text{または}1)=198\text{または}200\text{または}201$ [回]となる．

このうち，BA が 15 回，CA は 25 回出会うので，BD，CD の出会いは合わせて，

(199 または 200 または 201) − (15 + 25) = 159 または 160 または 161 [回] となる．

さらに，AD が 100 回出会うので，AD, BD, CD の出会いは合わせて，<u>259 回または 260 回または 261 回</u>となる．

▶**解答 2**（相対的な位置関係を考える）

(1) B 君が止まっていると考えて，相対的な位置関係を考える．A 君はもとと同じ向きでやや遅くなって動く．C 君は後ろ向きの姿勢で反対方向に回る．A 君と C 君が最初に出会ってから次に出会うまでの間に，B 君は A, C 君にはさみうちにあうので，A, C 君のどちらか一方に 1 回だけ出会う．よって，A 君と B 君は，<u>0 回または 1 回</u>出会う．

(2) A 君，B 君，D 君の関係に注目する．B 君が止まっていると考えて，相対的な位置関係を考える．A 君と D 君が最初に出会ってから次に出会うまでの間に，B 君は A, D 君にはさみうちにあうので，A, D 君のどちらか一方に 1 回出会う．

A, C, D 君の関係に注目する．C 君が止まっていると考えて相対的な位置関係を考える．A 君と D 君が最初に出会ってから次に出会うまでの間に，C 君は A, D 君に 1 度はさみうちにあうので，A, D 君のどちらかに合わせて 1 回出会う．

以上から，1 + 1 = <u>2</u> [回]

(3) 1 時間の間に，A 君と B 君は 15 回，A 君と C 君は 25 回出会った．B 君を止めて考えると (B を基準とした相対位置で観察すると)，A 君と C 君が逆回りに回っているように見える．1 回目の出会い (A 君と C 君は 1 周離れる) のときから，24 回の，はさみうちにあう．よって，B 君は A 君と C 君に合わせて，24 回出会ったあと，B 君が C 君に会うこともあり得る．

24-15 = 9［回］または 9＋1 = 10［回］

(4) A君とD君は100回出会う間にC君を100回，B君を99回，はさみうちにする．

よって，C君はA君かD君に合わせて100回出会い，B君はA君かD君に合わせて99回出会う．

その後，B君がC君に会うこともあり得る．

B君は 99-15 = 84［回］　D君と出会う．
C君は 100-25 = 75［回］　D君と出会う．

　　　84＋75 = 159

A君とD君は100回出会ったあと，B君またはC君がD君に出会うこともあり得る．

よって，AD，BD，CDの出会いは合わせて，259回または260回または261回となる．

算数仮面の解説　本問の特色は，具体的な値が与えられていないところである．池の周囲の長さも，各人の速さも，分からない．さらに，元になっていると思われる前問【問題5】より，本問の方が，対象人数が多いのではるかに難しい．特に，本問の(3)，(4)は，近年稀にみるヘビーな難問だった．解法1のようにダイヤグラムを使って考えてもよいが，この解法をとると，本問の(4)は，中学入試とは言い難い難問になる．

そこで，速度の向きと大小だけが分かっているので，解法2のように4人の中の誰かの立場に立って，「相対速度」を考えてみるとよい．絶対的な位置関係でアプローチするか，相対的な位置関係でアプローチするかで見える世界も大きく変わってくるのだ．

「道」
この問いを解けばどうなるものか
危ぶむなかれ
危ぶめば解はなし
書き出せば
その一行が鍵となり
その一行が解となる

迷わず解けよ
解けば受かるさ

Round 23　相対的な位置関係
―― 天動説派？ 地動説派？

1. 回れ，メリーゴーランド

前章は，「速さと位置関係」に関する問題で，「ダイヤグラム」による視覚的な解法を中心に紹介した．そして「周回運動」の問題で，「ダイヤグラム」を用いた解法以外に，相対的な位置関係を考える解法を紹介した．本章は，前章の続きということで，「相対速度」に関する中学入試の問題を紹介していく．まずは，メリーゴーランドの問題だ．

【問題 1】

　ある遊園地のメリーゴーランドを上から見ると図 1 のようになり，中心を同じくする 3 つの円周上に乗り物が等間隔に並んでいます．いちばん外側の円周上にある乗り物は，全部で 12 台あって，1 周 15 秒で時計回りに回ります．真ん中の円周上にある乗り物は全部で 12 台あって，1 周 18 秒で時計回りに回ります．いちばん内側の円周上にある乗り物は全部で 8 台あって，1 周 30 秒で時計回りに回ります．

　いま，P 君，Q 君，R 君の 3 人が図 1 に示す位置の乗り物に乗り込み，すべての乗り物が同時に動き出しました．メリーゴーランドは 5 分間運転されるものとして，次の問いに答えなさい．

　ただし，図 1 において，P 君，Q 君，R 君および 3 つの円の中心 O は一直線上に並んでいるものとします．

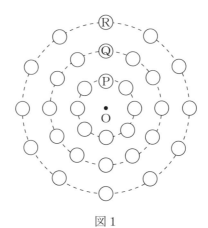

図1

(1) Q君,R君,円の中心Oがはじめて一直線上に並ぶのは,メリーゴーランドが動き出してから何秒後ですか.

(2) メリーゴーランドの運転時間中に,Q君がいちばん内側の乗り物を追い抜く回数は全部で何回ですか.ただし,1台追い抜くごとに1回と数えるものとします.

(3) 角POQと角PORがはじめて等しくなるのは,メリーゴーランドが動き出してから ア 秒後で,そのときの2つの角度の大きさは イ 度です.

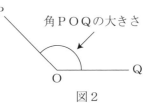

図2

ア , イ にあてはまる数を答えなさい.ただし,角POQの大きさとは,図2のような180度以下の角度とします.

(聖光学院中学校)

▶解答

(1) 1秒あたり,Q: $\dfrac{360}{18} = 20$ [度/秒], R: $\dfrac{360}{15} = 24$ [度/秒] ずつ時計回りに回る.Qを固定して考えると,R: $24 - 20 = 4$ [度/秒]の時計回りの回転とみなすことができるので,Q,R,Oがはじめて一直線上に並ぶのは,$\dfrac{180}{4} = \underline{45 [秒]}$

(2) P:$\frac{360}{30}=12$［度/秒］時計回りに回る．P を固定して考えると，Q:$20-12=8$［度/秒］の時計回りの回転とみなすことができる．よって，メリーゴーランドの運転時間中の 5 分間に，Q は，$\frac{8\times 60\times 5}{360}=\frac{20}{3}\left(=6\frac{2}{3}\right)$［周］するので，いちばん内側の乗り物を追い抜く回数は全部で，

$$8\times\frac{20}{3}=\frac{160}{3}\left(=53\frac{1}{3}\right) \to \underline{53\text{ 回}}$$

(3) P を固定して考えると，

Q:$20-12=8$［度/秒］，

R:$24-12=12$［度/秒］

の時計回りの回転とみなすことができる．角 POQ と角 POR がはじめて等しくなるとき，図より，Q と R は 360°（1 周分）の回転となる（P 固定）．

よって，求める時間は，

$$\frac{360}{8+12}=_{\mathcal{T}}\underline{18}\text{［秒］}$$

また，2 つの角度の大きさは，$8\times 18=_{\mathcal{A}}\underline{144}$［度］

算数仮面の解説　本問のように，複数の動点がある場合は，1 点を止めて，他点が相対的に動いていると考えるとよい．この相対的な位置関係の考え方は，前回の最後の【問題 6】の栄光学園中学校の入試問題と同様だった．

2.　進化した"時計算"

中学入試の算数では，特徴的な問題に名称がつけられている．その中の 1 つに「時計算」と呼ばれるものがある．「時計算」とは，時計の時

針（短針）と分針（長針）のなす角が，指定された角度になったときの時刻を求める問題のことをいう．次に紹介する問題は，時針，分針の2本の針だけでなく，秒針を含む3本の針による「時計算」の問題だ．

【問題2】

10 時 10 分から 11 時 10 分までの 60 分間の，時計の時針（短針），分針（長針），秒針について，次の問いに答えなさい．

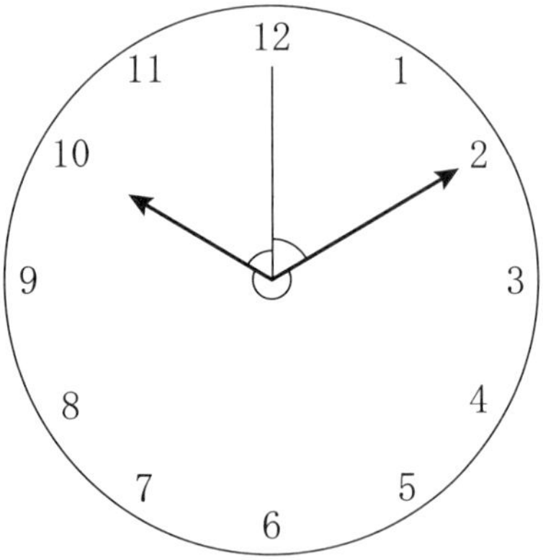

(1) 時針と分針が重なる時刻を求めなさい．ただし，秒の値のみ分数を用いて答えること．

(2) 時針，分針，秒針の3つの針が，どの2つも重なっていないときを考えます．このとき，図のように時計の中心は3つの角に分かれます．(1)で求めた時刻から 11 時 10 分までの間に，このうち2つの角が等しくなる回数と，最後に2つの角が等しくなる時刻を求めなさい．ただし，時刻については秒の値のみ分数を用いて答えること．

(開成中学校)

▶解答 (1) 10 時の両針の角度は，時針から見て分針が

$30 \times 10 = 300$ [度] 先にある．時針，分針の分速は，

時針：$\frac{360}{60} = 6$ [度 / 分]，分針：$\frac{30}{60} = 0.5$ [度 / 分]

なので，$\frac{300}{6 - 0.5} = \frac{600}{11} = 54\frac{6}{11}$ [分後] に重なる．

$\frac{6}{11} \times 60 = \frac{360}{11} = 32\frac{8}{11}$ [秒] より，

10 時 54 分 $32\dfrac{8}{11}$ 秒

(2) (1)の時刻から時計を動かすと，2つの角が等しくなるとき，時針・分針・秒針の位置関係は次の図(a)〜(d)のようになる．秒針が1周する1分間に4回，2つの角が等しくなる．

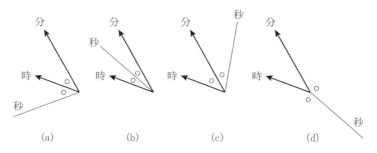

(a)　　　　(b)　　　　(c)　　　　(d)

11 時 10 分 -10 時 54 分 $32\dfrac{8}{11}$ 秒 $= 15$ 分 $27\dfrac{3}{11}$ 秒で，秒針は 15 周する．16 周目では，11 時 10 分までに図(a)の 1 回しか起こらない．よって，求める回数は，$4 \times 15 + 1 =$ <u>61 [回]</u>

また，最後に2つの角が等しくなるとき，11時10分から逆回転させて考える．時針と秒針の真ん中になるように動く針を針Xとおくと，針Xと分針が重なればよい．

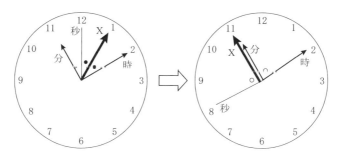

11時10分のとき，針Xと秒針の角は，

$30 - 0.5 \times 10 = 25$ [度]

針Xの分速は，$(60 + 300) \times \dfrac{1}{2} = 183$ [度 / 分]なので，

$$\frac{25+30}{183-0.5} = \frac{22}{73} \text{ [分]}$$

$$\to \frac{22}{73} \times 60 = \frac{1320}{73} = 18\frac{6}{73} \text{ [秒]}$$

よって，求める時刻は，

$$11 \text{ 時 } 10 \text{ 分} - 18\frac{6}{73} \text{ 秒} = 11 \text{ 時 } 9 \text{ 分 } 41\frac{67}{73} \text{ 秒}$$

算数仮面の解説 本問の(1)は，時針（短針）からみた分針（長針）の相対的な角速度を利用している．また，時計を題材としているが，本質は前問【問題1】のような周回運動と変わりはない．

本問の(2)は，針Xのような架空の針を設定することにより，2本の針で考えればよいので，問題が容易になる．なお，求める時刻のときの等しい角を方程式で表した解法は，以下のようになる．

▶**別解**（数学的解法）

最後に2つの角が等しくなる時刻から11時10分までの時間を t [分] とおくと，このときの等しい角は，

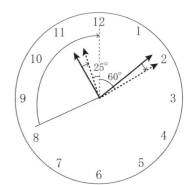

$$360t - 25 - 0.5t$$
$$= 85 - 6t + 0.5t \text{ [度]}$$

$$\therefore t = \frac{22}{73} \text{ [分]}$$

$$\to \frac{22}{73} \times 60 = \frac{1320}{73} \left(= 18\frac{6}{73}\right) \text{ [秒]}$$

よって，求める時刻は，

$$11 \text{ 時 } 10 \text{ 分} - 18\frac{6}{73} \text{ 秒} = 11 \text{ 時 } 9 \text{ 分 } 41\frac{67}{73} \text{ 秒}$$

Round 23. 相対的な位置関係 ——天動説派？ 地動説派？

 3. 進化した"流水算"

中学入試の算数で，流れる川を上り・下りする船の速さを求めたり，かかる時間を求めたりする問題は「流水算」と呼ばれている．近年は船の川上りや川下りだけでなく，さらに複雑な設定となっている．それでは，次の「流水算」の問題をみてみよう．

【問題3】

 静水時に時速 7.2km の速さで進む全長 48m の船 A と船 B がある．この 2 せきの船にはそれぞれロボットがついており，このロボットは船首（船の最前部）と船尾（船の最後尾）の間をまっすぐ一定の速さで進み，8 分で 1 往復している．時速 1.2km で流れている川で，A は上流から下流へ，B は下流から上流へ進んでいる．

 ある日の 8 時 50 分に，A の船首と A より下流にある B の船首との距離を測ったところ 32.4km であった．またこのとき，両方の船のロボットはいずれも船尾にあった．次の問いに答えなさい．
(1) 2 せきの船がすれちがい始めるのは，船 B が何 km 進んだときですか．
(2) 2 せきの船がすれちがい終わるのは何時何分何秒ですか．
(3) ロボットどうしがすれちがうとき，ロボットは船首から何 m のところにありますか．

（慶應義塾湘南藤沢中等部）

▶解答

(1) 川を下る船 A の時速： $7.2+1.2=8.4$ [km/時]

 川を上る船 B の時速： $7.2-1.2=6.0$ [km/時]

 2 せきの船がすれちがい始めるのは，

$$\frac{324}{8.4+6.0}=2.25 \text{ [時間後]}$$

347

それまでに船Bが進む距離は，

$6.0 \times 2.25 = \underline{13.5 \, [\text{km}]}$

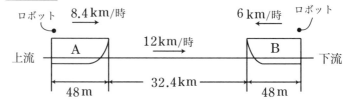

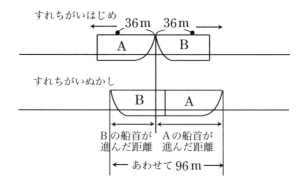

(2) 船Aの分速：$8.4 \, [\text{km}/\text{時}] \to \dfrac{8400}{60} = 140 \, [\text{m}/\text{分}]$

船Bの分速：$6.0 \, [\text{km}/\text{時}] \to \dfrac{6000}{60} = 100 \, [\text{m}/\text{分}]$

2せきの船がすれちがい始めてからすれちがい終わるまでに進む距離の合計は，$48 + 48 = 96 \, [\text{m}]$であり，それにかかる時間は，

$\dfrac{96}{140 + 100} = \dfrac{2}{5} \, [\text{分}] \to 60 \times \dfrac{2}{5} = 24 \, [\text{秒}]$

である．すれちがい終わる時刻は，

8時50分 + 2時間15分 + 24秒 = $\underline{11\text{時}5\text{分}24\text{秒}}$

(3) 2せきの船がすれちがい始める時点でのロボットの位置を求める．

2時間15分 = 135分 = 8分 × 16 + 7分

なので，すれ違い始める時点で，ロボットは8分1往復の周期の中で7分経過した位置にいる．

Round 23. 相対的な位置関係 ——天動説派？地動説派？

ロボットの船上での分速は，$\frac{48}{4} = 12$ [m/分] であることから，ロボットの位置は，それぞれ船首から 36 m の位置で，船尾に向かっている．

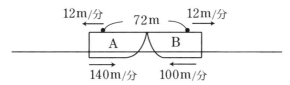

それぞれのロボットの実際の分速は，

船 A のロボット：$40 - 12 = 128$ [m/分]

船 B のロボット：$100 - 12 = 88$ [m/分]

である．2 せきの船がすれちがい始めてから，2 つのロボットがすれちがうまでの時間は，

$$\frac{72}{128+88} = \frac{72}{216} = \frac{1}{3} \text{ [分]}$$

であり，この間にそれぞれのロボットは船尾に向かって，$12 \times \frac{1}{3} = 4$ [m] だけ進む．

よって，ロボットがすれちがうときの位置は，船首から $36 + 4 = 40$ [m] の位置にある．

算数仮面の解説 本問の (3) は，川の流水速度による船の動き以外にも，

(ロボットの絶対速度)
　＝(船の速度)＋(ロボットの船上での相対速度)

を踏まえた上で，船上のロボットの動きも考慮しなくてはいけない．小学生にとっては難易度が高かった．

そして，川の流れから「動く歩道」へと設定が現代版にアレンジされた．それが次の問題だ．

【問題 4】

A 地点と B 地点を結ぶ「動く歩道」があります．お父さんと聖君は A 地点を同時に出発し，「動く歩道」を利用して B 地点まで歩いたところ，お父さんは 175 歩で歩き，聖君はお父さんより 12 秒遅れて着きました．お父さんが，A 地点から B 地点まで「動く歩道」を利用しないで歩くと 280 秒で着きます．なお，お父さんと聖君は 2 人とも歩く速さは一定で，歩幅はそれぞれ 60 cm, 36 cm です．また，お父さんが 3 歩進む間に聖君は 4 歩進みます．

このとき，次の問いに答えなさい．ただし，(2), (3) の比は最も簡単な整数の比で答えるものとします．

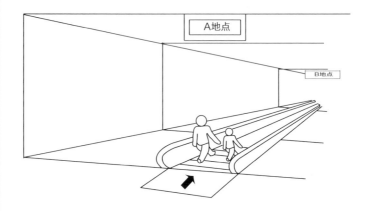

(1) A 地点から B 地点までの距離は何 m ですか．
(2)「動く歩道」を利用しないでお父さんが歩く速さと，「動く歩道」の進む速さの比を求めなさい．
(3)「動く歩道」を利用しないとき，お父さんが歩く速さと聖君が歩く速さの比を求めなさい．
(4)「動く歩道」の進む速さは毎分何 m ですか．

(聖光学院中学校)

Round 23. 相対的な位置関係 ——天動説派？ 地動説派？

▶**解答**

(1) お父さんは，A 地点から B 地点まで，歩幅 60 cm で 280 歩進んで着くから，

$$0.6 \times 280 = \underline{168}\,[\text{m}]$$

(2) A 地点から B 地点まで，お父さんの足で 280 歩のところ，「動く歩道」上を歩くと 175 歩で行けるということは，「動く歩道」によって 105 歩分だけ前進を助けられている．つまり，お父さんが 175 歩移動するのと同じ時間で，動く歩道は 105 歩分だけ移動する．お父さんが歩く速さと，「動く歩道」の進む速さの比は，

$$175 : 105 = \underline{5 : 3}$$

(3) お父さんと聖君の歩幅の比は，$60 : 36 = 5 : 3$

お父さんが 3 歩進む間に聖君は 4 歩進むことから，速さの比は，

$$(5 \times 3) : (3 \times 4) = \underline{5 : 4}$$

(4) お父さん，聖君,「動く歩道」の速さの比は，

$$5 : 4 : 3$$

「動く歩道」を利用する場合のお父さん，聖君の速さの比は，

$$(5+3) : (4+3) = 8 : 7$$

「動く歩道」を利用する場合のお父さん，聖君の A 地点から B 地点までの時間の比は，速さの比の逆比であるから，$7 : 8$

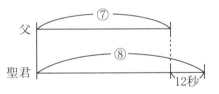

この時間差が 12 秒であることから，お父さんが A 地点から B 地点まで移動するのにかかる時間は，

$$12 \times 7 = 84\,[\text{秒}]$$

この 84 秒間に「動く歩道」が進んだ距離は，お父さんの歩幅で 105 歩分なので，

$$0.6 \times 105 = 63\,[\text{m}]$$

したがって,「動く歩道」の速さは，

$$\frac{63}{84}\,[\text{m/秒}] \to \frac{63}{84} \times 60 = \underline{45}\,[\text{m/分}]$$

> **算数仮面の解説**　本問の A 地点が川の上流，B 地点が川の下流に相当する．歩幅の比と歩数の比がそれぞれ与えられているので，速さの比を求めることができた．なお，速さの比と同距離間でかかる時間の比は，「逆比」の関係であるが，「逆比」に関しては，次回のテーマとして取り上げる．

4. ドップラー効果

「時計算」「流水算」のような相対的な位置関係，相対速度を用いた観点をかえた考え方は，高校数学ではベクトルの考え方へとつながっていく．また，高校物理では，様々な物体の運動場面で問われている．そして，中学入試では，算数だけでなく理科でも相対速度を用いた問題は出題される．それは，音に関する問題だ．

【問題 1】
　長い直線の道路の上で，A 君と B 君はたいこの音がどのように聞こえるかを調べました．各問に答えなさい．ただし，音はたいこが止まっていても動いていても，まったく変わらずに 1 秒間に 340m 進みます．

(1) 図 1 のように，反射板（音を反射する板），A 君，B 君が並んでいます．A 君と B 君の距離は 680m です．A 君がたいこを 1 秒ごとに 1 回ずつたたいたところ，B 君は 0.5 秒ごとに 1 回ずつ，たいこの音を聞きました．A 君と反射板の距離は何 m ですか．

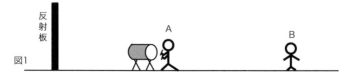
図1

Round 23. 相対的な位置関係 ——天動説派？ 地動説派？

(2) 図2のように，A君とたいこを乗せたトラックを，左側からある一定の速さでB君に近づけました．次の(a),(b)の問いに答えなさい．

図2

(a) トラックがB君から680mの距離に来たとき，A君がたいこをたたき始めました．B君が最初にたいこの音を聞くのは，A君がたいこを始めてから何秒後ですか．

(b) A君がたいこを1秒ごとに1回ずつたたいたとき，B君は0.9秒ごとに1回ずつたいこの音を聞きました．トラックは1秒間に何m進んでいますか．

(早稲田中学校)

▶解答

(1) B君が0.5秒ごとに聞いた音は，直接聞こえる音と，反射板で反射して聞こえる音とが交互にB君に届いているものである．たいこから出た音が，反射板を経て，たいこの位置に戻るまでの1往復に0.5秒かかったということである．その間に音が進む距離は，

$$340[\text{m/秒}] \times 0.5[\text{秒}] = 170[\text{m}]$$

であるから，A君から反射板までの距離は，その半分の

$$170 \times \frac{1}{2} = \underline{85[\text{m}]}$$

(2)(a) たいこから出た音はB君に届くまで680mだけ進むから，それにかかる時間は，

$$\frac{680}{340} = \underline{2[\text{秒}]}$$

(b) トラックは1秒間に,

340[m/秒] × 0.1[秒] = 34[m] 進んでいる.

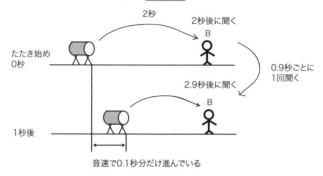

算数仮面の解説　中学入試では理科として出題されているが，事実上，算数の問題と言ってよいだろう．本問は，まさしく高校物理で学習する「ドップラー効果」だ．「ドップラー効果」とは，音源や光源などの発生源と観測者との相対速度により，波の周波数が異なって観測される現象のことである．

5. プトレマイオスの天動説

相対的な位置関係に関する問題は，物理の分野だけではない．地学の分野でも問われている．最後に，次の中学入試の理科の問題をみてみよう．

【問題1】
　私達の生活の中で「太陽が昇る」「星が動いた」などの表現が使われているように，昔の人々は，地球が中心にあり動かない存在であるとし，そのほかの天体が動いているとする天動説を長い間支持してきました．古代のプトレマイオスという人は実際に見えている現象をもとにして，体系図を作成しました．
　［図］は，プトレマイオスが表現した天動説の図の一部です．図

中の点線はそれぞれの天体の公転軌道と考えます．

ただし，金星や火星は公転しながら小さな円を描く動きをして自転のような動きをしているものとします（図をみやすくするため省略してあります）．また，地球と①の軌道と②の軌道を結んでいる線は，地球から見た①と②が連動していることを表しています．

(1) プトレマイオスの体系図のもとになった現象は次のとおりです．
- 太陽が東の方向から昇る．
- 金星は朝と夕方にしか見られない．
- 火星は真夜中に南中することがある．
- 夏に見える星座で，冬には見えなくなるものがある．

これらの事実から，[図]の①〜④の軌道を公転する天体の組み合わせはどれになりますか．もっとも適切なものを[表]のア〜クの中から一つ選び，その記号で答えなさい．

	①	②	③	④
ア	金星	星座	太陽	火星
イ	金星	星座	火星	太陽
ウ	金星	火星	太陽	星座
エ	金星	太陽	火星	星座
オ	火星	太陽	金星	星座
カ	火星	星座	金星	太陽
キ	火星	金星	太陽	星座
ク	火星	星座	太陽	金星

(2) 地動説では説明できて，天動説では説明できないことはどれですか．次のア〜エの中から一つ選び，その記号で答えなさい．
- ア　新しい惑星の発見
- イ　他の惑星にある衛星の存在
- ウ　日食が起こる
- エ　金星が月のように満ち欠けをする

(3) 略

（浅野中学校）

▶解答
(1) 内惑星の水星と金星は太陽からのずれが少ないので，天動説では太陽と連動していることになる．また「金星は朝と夕方にしか見られない」，太陽が隠れた真夜中に金星も見えないことからも，金星と太陽が連動していると考えられた．　答．エ
(2) 天動説では，各惑星が時々逆行して見える理由として，惑星は公転軌道上を回りながら，さらに小さな円軌道（周転円）を描く自転のような動きをしていると説明した．しかし，惑星の周りを回る衛星の動きを，さらに別の円軌道で説明することができなかった．
　答．エ

算数仮面の解説　プトレマイオスの天動説は，図のように，惑星は単に決まった軌道上を回るのではなく，軌道上に中心がある小さな円軌道（周転円）の上を，1年の周期で回ると考えた．

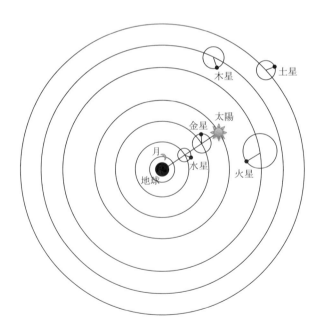

Round 23. 相対的な位置関係 ——天動説派？ 地動説派？

　以前，小学校上級生に行ったアンケートの結果で，「天動説を信じている人が過半数近くいる」というショッキングなニュースが話題となった．本書 Round 12 の「空間内の位置関係」のときにも，天体の問題を扱ったが，小学理科で「日の出と日の入り」などの天体の扱いは，完全に天動説の動きである．しかし，地球の公転や惑星の動きは，太陽を中心とした地動説の考え方で学ぶので，小学生にとっては混乱する人も多い．

　問題を考えるためには一定の知識は必要だが，本問を正しく読んで考えれば，多くの専門的な知識を持たずとも解けるように作問されている．ここで問われているのは知識ではなく，分析力や思考力である．そして，地動説を天動説で考えることにより，地球から見た惑星を相対的な位置関係に置き換えることのできる想像力が必要だ．

Chance favors the prepared mind.
by Louis Pasteur

パスツールのことば
チャンスは準備のある心に舞い降りる

Round 24 逆比
——跳べ！フライング・クロスチョップ！

1.「逆比」という飛び道具

前々章，前章と続けて「速さ」に関連したテーマを取り上げてきた．算数において，「速さ」の問題では「比」の関係が多く利用される．そして，「逆比」関係を利用することが算数の解法の道具として有効だ．本章は，「逆比」を活用した中学入試問題を中心に紹介していきたいと思う．まずは，「速さと比」に関する問題からいってみよう．

【問題 1】

A，B，C の 3 人がそれぞれ P 地から 24 km はなれた Q 地へ向かいます．B は A より 5 分おくれて P 地を出発すると，B が出発してから 15 分後に A に追いつき，また，C が B より 5 分おくれて出発すると，C が出発してから 15 分後に B に追いつきます．このとき，次の問いに答えよ．

(1) A，B，C の速さの比を簡単な整数の比で表しなさい．
(2) A，C が P 地から Q 地へ行くのに要する時間の差が 1 時間 15 分であるとき，B の速さは毎時何 km ですか．

(ラ・サール中学校)

▶解答

(1) P 地から，B が A に追いつくまでにかかる A, B の時間の比は，
$$A:B = (5+15):15 = 20:15 = 4:3$$
そのときの A, B の速さの比は，

時間の比… $A:B = 4:3$

逆比

速さの比… $A:B = 3:4$

同様に，B, C の速さの比は， $B:C = 3:4$

よって，A, B, C の速さの比は，

$$\begin{array}{rl} A:B &= 3:4 \quad (\times 3) \\ B:C &= 3:4 \quad (\times 4) \\ \hline A:B:C &= \underline{9:12:16} \end{array}$$

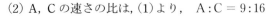

(2) A, C の速さの比は，(1)より， $A:C = 9:16$

A, C の同じ移動距離にかかる時間の比は，

速さの比… $A:C = 9:16$

逆比

時間の比… $A:C = 16:9$

A が P 地から Q 地へ行くのに要する時間は，

$$1\frac{15}{60}\,[\text{時間}]\times\frac{16}{16-9}=\frac{75}{60}\times\frac{16}{7}=\frac{20}{7}\,[\text{時間}]$$

A の速さは， $24\div\dfrac{20}{7}=\dfrac{42}{5}\,[\text{km/時}]$

B の速さは， $\dfrac{42}{5}\times\dfrac{4}{3}=\dfrac{56}{5}=\underline{11.2}\,[\text{km/時}]$

算数仮面の解説 　速さの比と同距離間でかかる時間の比との「逆比」の関係を利用した．前章【問題 4】の「動く歩道」の問題のときにも登場した．(速さ)×(時間)=(移動距離)の積が一定という条件がないと「逆比」関係は利用できないことに注意しなくてはいけない．中学入試の速さの問題は「逆比」の考え方を利用すると，「フライング・クロスチョップ」並みに切れ味鋭くあっさり解ける問題が多い．

2. 食塩水の濃度に関する問題

　算数の問題で，積が一定の関係になるものは，「逆比」関係となる．具体的には，
- 同面積の長方形の縦の長さと横の長さ
- 同面積の三角形の底辺と高さ
- 同体積の角円柱の底面積と高さ
- 移動が同距離のときの速さ（一定）と経過時間
- かみ合っている歯車の歯の数と回転数
- 一定の仕事量で働く人数と仕事にかかる日数

に関する問題が挙げられる．それ以外のものとして，食塩水の濃度に関する問題を次に紹介しよう．

【問題 2】
　5 % の食塩水と 15 % の食塩水を混ぜて 1000 g の食塩水をつくる．このときできる食塩水の濃度を 10 % 以上 12 % 以下にするには，5 % の食塩水を ア g 以上 イ g 以下にすればよい．

（2006 年・北海道工業大学）

▶**解答**　5 % の食塩水 x g と 15 % の食塩水 $(1000-x)$ g を混ぜたとき，題意を満たす x の範囲は，

$$1000 \cdot \frac{10}{100} \leqq \frac{5}{100}x + \frac{15}{100}(1000-x) \leqq 1000 \cdot \frac{12}{100}$$

$$\Leftrightarrow 1000 \leqq 1500 - x \leqq 1200$$

$$\therefore \underline{300} \leqq x \leqq \underline{500}$$

算数仮面の解説　食塩の量は，食塩水を混ぜた後でも一定なので，食塩の量を基準にするのが基本．本問は単純な x の 1 次不等式にすぎなかった．

大学入試問題の次は，中学入試問題だ．

【問題 3】
　8 ％の食塩水 ア g に，12 ％の食塩水 イ g と食塩 10 g を加えてよくかき混ぜると，10 ％の食塩水 800 g できる．

(灘中学校)

▶解答　8 ％の食塩水 (ア) g と 12 ％の食塩水 (イ) g の 2 種類をかき混ぜた食塩水において，

食塩：$800 \times \dfrac{10}{100} - 10 = 70 \,[\mathrm{g}]$

食塩水：$800 - 10 = 790 \,[\mathrm{g}]$

濃度：$\dfrac{70}{790} \times 100 = \dfrac{700}{79} \,[\%]$

となる．縦をこの 2 種類の食塩水の濃度，横を食塩水の量，面積を食塩の量とした図を次のように表す．

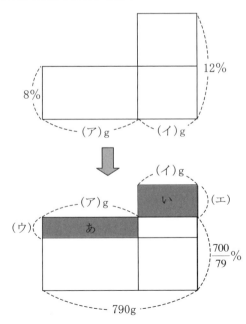

かき混ぜた食塩水内の食塩の量は，この2種類の食塩水内の食塩の量の和と等しいので，(あ)と(い)の面積は等しい．
よって，

濃度の比 $\cdots$ (ウ):(エ) $= \left(12 - \dfrac{700}{79}\right) : \left(\dfrac{700}{79} - 8\right)$

$= \dfrac{248}{79} : \dfrac{68}{79}$

$= 62 : 17$

逆比

食塩水の比 $\cdots$ (ア):(イ) $= 17 : 62$

となり，食塩水の量の和(ア)+(イ) $= 790\,[\mathrm{g}]$ なので，

(ア) $\cdots 790 \times \dfrac{62}{62+17} = \underline{620}\,[\mathrm{g}]$

(イ) $\cdots 790 \times \dfrac{17}{62+17} = \underline{170}\,[\mathrm{g}]$

$(790 - 620 = 170)$

算数仮面の解説 (食塩水の量)×(食塩水の濃度)＝(食塩の量)の積が一定なので，「逆比」関係を利用することができた．
また別解として，面積図ではなく，次のような天秤図を利用することもある．

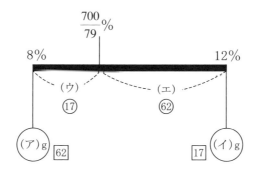

積が一定である「てこの原理」：
　　(支点と力点間の距離)×(力点に加える力)
　　　＝(支点と作用点間の距離)×(作用点で得られる力)

と「逆比」関係がうまく対応していることから編み出された解法だ．ただし，算数仮面としては，「逆比」の対応の意味をわからないまま，何となく素早く解けるからと，いきなり天秤図を用いた解法の指導方法に警鐘を鳴らす．

（食塩水の量）×（食塩水の濃度）＝（食塩の量）を用いる食塩の量を基準に考えた一番基本の解法ができるようになり，それから「逆比」関係の意味を踏まえた上で面積図を用いて解いてもらいたい．

3. 最後の砦 " ニュートン算 "

万有引力の法則で有名な科学者アイザック・ニュートンは，ケンブリッジ大学での講義を行った．そのときの講義録が，後の 1707 年に「Arithmetica Universalis」というタイトルで出版された．そのなかに「Newton's Problem of Fields and Cows」という問題があった．その問題が「ニュートン算」の由来と言われている問題である．さっそく見てみよう．

【問題4】
a 頭の牛は b 個の牧場の牧草を c 日で食べ尽くす．
a' 頭の牛は b' 個の牧場の牧草を c' 日で食べ尽くす．
a'' 頭の牛は b'' 個の牧場の牧草を c'' 日で食べ尽くす．
　このとき，a, a', a''，b, b', b''，c, c', c'' の間の関係はどうなるか．ただし，各牧場の牧草の量は等しく，また各牧場の牧草の 1 日の生長量は一定，それぞれの牛の 1 日の食べる量も一定であるとする．［1］

▶解答　牧場の牧草 1 個の量を M，牧場の牧草の 1 日の生長量を m，牛の 1 日の食べる量を Q とする．a 頭の牛が b 個の牧場の牧草を c

日間食べたときに残る牧場の牧草の量は，$bM + cbm - caQ$ となる．題意により，c 日で食べ尽くしたので，
$$bM + cbm - caQ = 0$$
$$\therefore bM + cbm = caQ \quad \cdots\cdots ①$$
同様に，$b'M + c'b'm = c'a'Q \quad \cdots\cdots ②$
$$b''M + c''b''m = c''a''Q \quad \cdots\cdots ③$$
① ・ ② より，
$$M = \frac{cc'(ab' - ba')}{bb'(c' - c)}Q, \quad m = \frac{bc'a' - b'ca}{bb'(c' - c)}Q$$
これらを③に代入すると，
$$b''cc'(ab' - ba') + c''b''(bc'a' - b'ca)$$
$$= c''a''bb'(c' - c)$$
$$\therefore b''cc'ab' - b''cc'ba' + c''b''bc'a'$$
$$- c''b''b'ca - c''a''bb'c' + c''a''bb'c = 0$$
よって，
$$\begin{vmatrix} b & bc & ca \\ b' & b'c' & c'a' \\ b'' & b''c'' & c''a'' \end{vmatrix} = 0$$
と行列式で表せる関係となる．［2］

算数仮面の解説 本問題は設定が複雑だが，特殊な解法を用いたわけでもなく，一般的な連立方程式の解を導いたものだった．他の問題では，具体的な数値が与えられた牧場の草を食べる牛の例題も記述されていた．

そして，算数の特殊算として有名な「ニュートン算」とは，ある数量が一方では一定の割合で増え，もう一方では減っていくとき，初めの数量や時間数を求める問題のことをいう．具体的な状況として，
- 受付窓口で客を処理する一方で，客が次々と並ぶような状況
- 牧場で牛が草を食べる一方で，草が生えてくるような状況

- ポンプで水をくみ出す一方で水が注ぎ込まれるような状況

などが挙げられる．それでは，まずこの問題から考えてみよう．

【問題5】
　ある貯水池で現在の流入量が続けば，今後80日間放水できる予定であった．ところが最近の日照りのため今後は流入量が現在の20％減ずるので，現在の放水量を続けると60日間しか放水できないという．予定どおり80日間放水を続けるためには，今後は現在の放水量を何％減少すればよいか．

(1958年・慶応義塾大学・工)

▶解答　現在の貯水量を k，現在の1日あたりの流入量を x，放水量を y とすると，題意により，

$$80(y-x) = k,\ 60\left(y - \frac{80}{100}x\right) = k$$

$$\therefore\ (x, y) = \left(\frac{k}{48}, \frac{k}{30}\right) \cdots\cdots ①$$

予定通り80日間放水を続けるために，今後は現在の放水量を z ％減少するものとすれば，

$$80\left\{\left(1 - \frac{z}{100}\right)y - \frac{80}{100}x\right\} = k$$

①を代入して，

$$80\left\{\left(1 - \frac{z}{100}\right)\cdot\frac{k}{30} - \frac{80}{100}\cdot\frac{k}{48}\right\} = k$$

$$\therefore\ z = \underline{12.5}\,[\%]$$

算数仮面の解説　方程式を用いたニュートン算の解法だ．1950〜60頃の大学入試では出題されていたが，近年ではこのレベルは出題されていない．文字式を設定できれば，連立方程式の容易な問題であった．

Round 24. 逆比 ——跳べ！フライング・クロスチョップ

　それでは最後に，中学入試の「ニュートン算」の問題をやってみよう．

【問題6】
　底面の面積が $22.5\mathrm{m}^2$ の直方体の水そうがあります．この水そうには，たえず一定の量の水が流れこんでいます．水の深さが 40cm の状態から全部をはい水するには，5台のポンプでは30分かかり，7台のポンプでは18分かかります．ポンプのはい水能力はすべて同じです．
　このとき，次の問いに答えなさい．
(1) 水そうの水の量が減っていくためには，最低何台のポンプが必要ですか．
(2) ポンプが1台しかないとき，水の深さが 50cm になるのは何分何秒後ですか．
(麻布中学校)

▶解答　(1) 1分間にポンプ1台で排水する水量を1とすると，(初めの水量)＋(流れ込む水量)＝(ポンプで排水する水量) という関係が成り立つので，

　　(あ)：(初めの水量)＋(30分間で流れ込む水量)
　　　　　$= 1 \times 5 [台] \times 30 [分]$
　　(い)：(初めの水量)＋(18分間で流れ込む水量)
　　　　　$= 1 \times 7 [台] \times 18 [分]$
　　(あ)と(い)の差：(12分間で流れ込む水量)
　　　　　$= 1 \times 5 \times 30 - 1 \times 7 \times 18 = 24$

よって，1分間に流れ込む水量は，$\frac{24}{12} = 2$ となるので，水そうの水量が減っていくためには，最低 3 台 のポンプが必要．

(2) はじめの水そうの水量は，(1)の(あ)の関係式から，
　　$1 \times 5 \times 30 - 2 \times 30 = 90$
また，実際のはじめの水そうの水量は，

$$22.5\,[\text{m}^2] \times 0.4\,[\text{m}] = 9\,[\text{m}^3]$$

よって，1分間にポンプ1台で排水する水量は，

$$9 \times \frac{1}{90} = \frac{1}{10} = 0.1\,[\text{m}^3]$$

1分間に流れ込む水量は，$0.1 \times 2 = 0.2\,[\text{m}^3]$ となる．

よって，ポンプが1台のとき，水の深さが50cmになるのは，

$$\frac{22.5 \times (0.5 - 0.4)}{0.2 - 0.1} = 22.5\,[\text{分後}] \rightarrow \underline{22\,\text{分}\,30\,\text{秒}}$$

算数仮面の解説 ニュートン算のポイントは，基本となる数量を1とし，長時間に得られる数量から短時間に得られる数量までの差から，単位時間当たりの増減量を導くことだ．

また，補助的に下の面積図などの図を用いることもある．

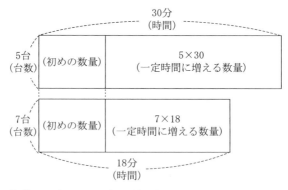

ただし，算数の世界では，負の数を扱わないので，式を立てるにしても，図でも表しにくい．そこで，小学生向け算数仮面オリジナルの単位数量を扱う図を考案してみた．まず，右図は以下の4つの数量を表す．

(1) 初めの数量

(2) 一定時間(単位時間)に増える数量

(3) 一定時間(単位時間)に減る数量

(4) 実際に減る数量(差) そして，実際

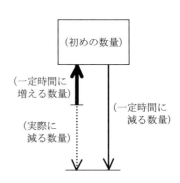

Round 24. 逆比 ——跳べ！フライング・クロスチョップ

に減る数量の比と，かかる時間の比の関係が「逆比」関係であることを利用すればよい．では，この図を用いて別の解法を示そう．

▶**別解**

(1) 1分間にポンプ1台で排水する水量を①とすると，それぞれのポンプでかかる時間比と，実際に減る水量比は，

- 時間の比…(ポンプ5台)：(ポンプ7台)＝ 30：18
$$= 5:3$$

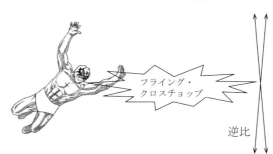

- 実際に減る水量比

　…(ポンプ5台)：(7台)＝ 3：5

ポンプ5台，7台のときの減る水量の比に注目すると，図より，

差 ⑦ － ⑤ ＝ ② と

差 5 － 3 ＝ 2 は等しいので，

　　2 ＝ ②　　∴　1 ＝ ①

一定に流れこむ1分間の水量は，

　　5 - 3 ＝ ⑤ － ③ ＝ ②

ちょうどポンプ2台分に相当するので，水そうの水量が減るためには，<u>最低3台</u>のポンプが必要．

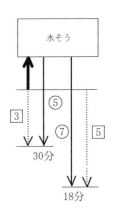

(2) 水の深さが40cmのときの水量は，

　　3 × 30 [分] ＝ ③ × 30 ＝ ㊉

　　(5 × 18 [分] ＝ ⑤ × 18 ＝ ㊉)

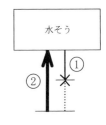

水の深さが初め(40cm)から50cmまで増えた水量は,

$$⑨⓪ \times \frac{50-40}{40} = \widehat{22.5}$$

よって,求める時間は,

$$22.5 \div (② - ①) = \widehat{22.5} \, [分後] \rightarrow \underline{22 分 30 秒}$$

算数仮面の解説　最後は,華麗に比を使いこなしたため,初めの水そうの水量を求めなくても解を導くことができた.

今回の問題を見てもわかる通り,中学受験算数の実態は,中学レベルの1次方程式だけでなく,連立方程式,1次不等式,連立不等式,2次方程式,不定方程式で表すことができる問題が多い.しかし,算数では方程式を扱えないので,様々な必殺技を駆使しなくてはいけない.そこで,方程式の代わりに使われる必殺技として,比の利用,さらに,「逆比」関係が成り立っている場合は,「逆比」を活用することによって,解への活路を見出すことができる.そして,比をフル活用するために,面積図や線分図の利用による図解が,算数の世界では重宝されているのだ.

ここまでを通じて,大学入試問題の数学と中学入試問題の算数の共通点や相違点,また算数ならではの解法など奥深い算数の世界を紹介してきた.この「算数MANIA」が算数から数学への架橋(ブリッジ)となれば幸いである.

参考文献

[1] 数学セミナー編集部 (1999)「数学100の問題—数学史を彩る発見と挑戦のドラマ」日本評論社
[2] Heinrich Dörrie (1965) Triumph der Mathematik:
　hundert berühmte Probleme aus zwei Jahrtausenden mathematischer Kultur

　私たちの作品『算数 MANIA』を読了いただき，ありがとうございます．いかがでしたでしょうか．算数の学習が，その後の中学・高校・大学へと続く数学の学習と連続性をもってつながっている様子が伝わっていれば嬉しく思います．そうして，現状の算数（本書の中身ではなく中学受験塾で一般に教えられている受験指導としての算数を指す）と数学の学びの間に，断裂があるということもお分かりいただけるのではないかと思います．「いやあ，こんな難しい数学は，小学生には無理でしょ」という声が聞こえてきそうな気もしますが，そういう意図で（小学生に数学を教えるべきだという主張で）数学の問題を紹介しているのではありません．現状の中学受験の世界を塾側から，また受験生側から観察したときに，受験勉強として学ぶ算数の問題解法が，暗記の対象になっているという事実に危惧感を持っていることの現れなのです．その原因はおそらく，指導者の側が「目先の中学受験の問題が解けるように指導する」ということに邁進しているからでしょう．問題解法を教えこんで，大量のドリルをやらせて（それをこなせない子どもは塾の宿題を終わらせられない自分が悪いのだと思い込んでしまう），テストの点数が上がって，希望の学校に合格するのだから何が悪いんだ！　というのが，提供側の言い分です．このように訓練に訓練を重ねて中学校に合格した生徒たちを，私達はたくさん見ています．数学の指導の場で，何が起こっているのか．本書 Round 13 から，引用しておきましょう；

　【算数仮面の解説】確かに，正解だ．ところが，子供たちに「なぜ，このように解くと正解が得られるのか」と問うと，（答えが合っているの

にどうして，と言わんばかりの）怪訝な顔をして，「合ってるでしょ」と言う．「うん，合ってるんだけどさあ，どうしてこの解き方をするの」「塾で習ったよ」ここに，学力低下問題の本質の一つが見え隠れしている．この子の名誉のために一言添えておくと，塾での偏差値は高い．テストの得点力も優れている．だから，難関の中学校に合格した．

でも，本当は，学力は着々と下がっているのではないか，という疑いがあることも確かだ．ここでいう「学力」とは，ペーパー・テストで測定しきれない「何か」を指している．この手の議論をする際には，ことばの定義に気を遣う必要があるものだ．ともあれ，塾に行けば行くほど，得点力と引き換えに，思考力を失っていくカラクリがあるのだ，と私は考えている．（引用以上）

このような光景をどう捉えるか．問題の解き方は覚えた．試験でも点数が獲れる．ところが，じつは意味が分かっていない，という中学生・高校生たちを大量に生み出しています．

近年，AI（人工知能）が目覚ましく進歩・発達しています．AIは考えているように見えますが，実際には考えていません．覚えたものを参照しているのです．この手のパターン認識力にかけては，人間はAIに太刀打ちできません．AIが「学習する」という言葉遣いがありますが，それは覚えるとか，データベースを蓄積する，ビッグデータの参照方法を（人が教えて）身に付ける，というものです．このような覚える部分で人が勝負を挑んでも，どうにもならないのです．逆に，考えることについては，人間でなければできない領域です．ここを鍛えてはじめて，人が為すべき領域に入っていけるのです．

その道は，小学生の算数の学習の時点で，もう始まっています．

この問いを解けばどうなるものか
　危ぶむなかれ
　　危ぶめば解はなし
　　　書き出せば
　　　　その一行が鍵となり
　　　その一行が解となる
　　迷わず解けよ
　解けば受かるさ

　　　　　　　　2017 年 1 月吉日
　　　　　　　　　初　代算数仮面
　　　　　　　　　弐代目算数仮面

著者紹介：

算数仮面：
子供たちを学力低下の淵から救い出す使命を帯びた覆面の貴講師．無意味な暗記型学習が蔓延する中学受験塾業界の潮流に疑問を呈し，中学・高校・大学での数学の学習につながる真の算数学習法を提案する．著作および DVD 講義作品として，『闘う算数ジュニアヘビー級』DVD 講座，『闘う算数ヘビー級』DVD 講座，『解法の連写術』DVD 講座，『殿堂入りの算数』，『秒殺の世界』（いずれもプリパス・知恵の館文庫）がある．2 人の仮面の活躍ぶりは，『プレジデントファミリー』（2014 年 3 月 1 日号）においても特集記事が組まれた．算数の指導・執筆だけでなく，長野県のご当地プロレス団体『信州プロレスリング』に所属し，プロレスの試合を通じて子供たちにやる気と勇気を与え続けている．

初代算数仮面：

小学生から中学生・高校生・大学生・社会人・教員までに対する算数・数学の指導歴を持つ．自身の教室では数学オリンピック日本代表メダリストを輩出するなど，算数・数学の指導に通暁する．

弐代目算数仮面：

中学受験指導の経験が豊富で，初代のセコンドを経て弐代目算数仮面になる．現在は某有名中高一貫校に所属して新機軸の中学入試問題を作問するなど，算数・数学指導の世界で活躍を続けている．

算数 MANIA

	2017 年 1 月 20 日　　初版 1 刷発行
検印省略	著　者　　初代算数仮面・弐代目算数仮面
	発行者　　富田　淳
© Sansu-Kamen, 2017	発行所　　株式会社　現代数学社
Printed in Japan	〒606-8425 京都市左京区鹿ヶ谷西寺ノ前町 1
	TEL 075 (751) 0727　FAX 075 (744) 0906
	http://www.gensu.co.jp/
	印刷・製本　　亜細亜印刷株式会社
ISBN 978-4-7687-0457-8	落丁・乱丁はお取替え致します．